改訂 10 版

野菜と果物の
品目ガイド

GUIDEBOOK of VEGETABLES and FRUITS

発行　農経新聞社

本書の利用方法

1. この品目のトレンドは？
2. 必須知識！鮮度の見分け・保存条件
3. 含まれる栄養分とその機能
4. プロのひと手間！調理のコツ
5. 代表的な質問への答えも用意！
6. 的確なアドバイスでお客様に話しかけよう！
7. 最低限知っておいてほしい品種を紹介
8. このPOPを参考に競合店との差別化を！
9. 都道府県別の生産量もわかりやすく
10. 産地リレー表で旬の産地を把握！

1、科名・英語表記は代表的なものを採用しております。
2、各品目・品種の写真は、出荷時期・等階級・産地などにより、大きさ・形状・色回りなどが変わることがあります。
3、保存方法は目安です。居住地域の環境、時期などの条件に左右されます。
4、健康効能に関する表記・Q＆Aの回答は、あくまで知識としてご活用下さい。その際に、薬事法、健康増進法などに抵触しないよう十分ご留意下さい。青果物を含む一般食品を販売しようとする業者・個人が、店頭表記・包装・広告・口頭での説明などにより、具体的な病名や体質改善効果をあげたうえで、「○○が治る、予防できる」「○○の改善に」「○○に！」などと表記することは禁止されています。生鮮食品には客観的な栄養成分のみ表示できます。「おなかの調子を整えます」など、特定の保健の目的が期待できることを表示する「機能性食品」としての表示を行うには、科学的根拠に基づきデータを揃えるなどしたうえ、消費者庁への届出が必要です。
5、都道府県別の生産量シェア、東京・大阪市場の主要産地シェア、および出回り時期の表（月ごとの色分け）は、重量ベースによるおおよその目安です。
6、電子レンジの加熱時間は、現在家庭で主流となっている 600W 型を目安にしています。
7、本書の内容を無断で転載・出版・配布（無償を含む）することは著作権の侵害となります。一部引用する場合は必ず出典を明記して下さい。
8、内容には万全を期しておりますが、万一、誤植・誤記などがあった場合には修正箇所を弊社ウェブサイト（http://www.nokei.jp）に掲載します。

目 次

野菜編

根菜類
だいこん‥‥‥‥‥‥‥‥‥ 8
かぶ‥‥‥‥‥‥‥‥‥‥‥ 12
にんじん‥‥‥‥‥‥‥‥‥ 14
ごぼう‥‥‥‥‥‥‥‥‥‥ 16
たけのこ‥‥‥‥‥‥‥‥‥ 18
れんこん‥‥‥‥‥‥‥‥‥ 20

葉茎菜類
キャベツ‥‥‥‥‥‥‥‥‥ 22
レタス‥‥‥‥‥‥‥‥‥‥ 24
はくさい‥‥‥‥‥‥‥‥‥ 28
こまつな‥‥‥‥‥‥‥‥‥ 30
ほうれん草‥‥‥‥‥‥‥‥ 32
チンゲンサイ‥‥‥‥‥‥‥ 34
しゅんぎく‥‥‥‥‥‥‥‥ 36
長ねぎ（ねぎ）‥‥‥‥‥‥ 38
青ねぎ（葉ねぎ）‥‥‥‥‥ 40
みず菜‥‥‥‥‥‥‥‥‥‥ 42
パセリ‥‥‥‥‥‥‥‥‥‥ 43
みつば‥‥‥‥‥‥‥‥‥‥ 44
ふき‥‥‥‥‥‥‥‥‥‥‥ 46
クレソン‥‥‥‥‥‥‥‥‥ 47
あしたば‥‥‥‥‥‥‥‥‥ 47
うど‥‥‥‥‥‥‥‥‥‥‥ 48
せり‥‥‥‥‥‥‥‥‥‥‥ 49
にら‥‥‥‥‥‥‥‥‥‥‥ 50
セロリ‥‥‥‥‥‥‥‥‥‥ 52
アスパラガス‥‥‥‥‥‥‥ 54
ブロッコリー‥‥‥‥‥‥‥ 56
カリフラワー‥‥‥‥‥‥‥ 58
菜の花‥‥‥‥‥‥‥‥‥‥ 60

果菜類
きゅうり‥‥‥‥‥‥‥‥‥ 62
かぼちゃ‥‥‥‥‥‥‥‥‥ 64
なす‥‥‥‥‥‥‥‥‥‥‥ 66
トマト‥‥‥‥‥‥‥‥‥‥ 70
ピーマン‥‥‥‥‥‥‥‥‥ 76
パプリカ‥‥‥‥‥‥‥‥‥ 78
ししとう‥‥‥‥‥‥‥‥‥ 79
とうがらし‥‥‥‥‥‥‥‥ 80
おくら‥‥‥‥‥‥‥‥‥‥ 81

とうもろこし‥‥‥‥‥‥‥ 82
ゴーヤー（にがうり）‥‥‥ 84
ズッキーニ‥‥‥‥‥‥‥‥ 85
とうがん‥‥‥‥‥‥‥‥‥ 86

豆類
グリーンピース（えんどう・実えんどう）‥‥ 87
えだまめ‥‥‥‥‥‥‥‥‥ 88
そらまめ‥‥‥‥‥‥‥‥‥ 90
いんげん‥‥‥‥‥‥‥‥‥ 92
さやえんどう‥‥‥‥‥‥‥ 94

土物類
じゃがいも‥‥‥‥‥‥‥‥ 96
さつまいも‥‥‥‥‥‥‥‥ 100
らっきょう‥‥‥‥‥‥‥‥ 103
さといも‥‥‥‥‥‥‥‥‥ 104
やまのいも‥‥‥‥‥‥‥‥ 106
たまねぎ‥‥‥‥‥‥‥‥‥ 108
にんにく‥‥‥‥‥‥‥‥‥ 110

香辛野菜
しょうが‥‥‥‥‥‥‥‥‥ 112
しそ‥‥‥‥‥‥‥‥‥‥‥ 114
みょうが‥‥‥‥‥‥‥‥‥ 115
ハーブ‥‥‥‥‥‥‥‥‥‥ 116
わさび‥‥‥‥‥‥‥‥‥‥ 118

小物・特殊野菜
豆苗‥‥‥‥‥‥‥‥‥‥‥ 119
スプラウト‥‥‥‥‥‥‥‥ 120
もやし‥‥‥‥‥‥‥‥‥‥ 122
食用菊‥‥‥‥‥‥‥‥‥‥ 124
エディブルフラワー‥‥‥‥ 125
春の七草‥‥‥‥‥‥‥‥‥ 126
プチヴェール‥‥‥‥‥‥‥ 126
芽キャベツ（子持甘藍）‥‥‥‥ 127
ラディッシュ（二十日大根）‥‥‥‥ 127
エゴマ‥‥‥‥‥‥‥‥‥‥ 128
サンチュ‥‥‥‥‥‥‥‥‥ 128
タアサイ‥‥‥‥‥‥‥‥‥ 129
空芯菜（ヨウサイ）‥‥‥‥‥ 129
くわい‥‥‥‥‥‥‥‥‥‥ 130

目 次

ゆり根	130
まこもだけ	131
行者にんにく	131
つるむらさき	132
ヤーコン	132
からし菜	133
モロヘイヤ	133
ぎんなん	134
白瓜	134
ゆうがお	135
まくわうり	135
食用ほおずき	136
山椒の実	136
ザーサイ	137
アピオス	137
エシャロット(シャロット)	138
エシャレット	138
エンダイブ	139
カーボロネロ	139
スイスチャード	140
コールラビ(蕪甘藍・球茎甘藍)	140
サボイキャベツ	141
サルシフィー	141
チコリ	142
アイスプラント	142
トレビス	143
パクチー	144
セロリアック	144
花ズッキーニ	145
パールオニオン・ルビーオニオン	145
ビーツ	146
ルバーブ	146
フローレンスフェンネル	147
ルッコラ	147
プンタレッラ	148
パースニップ	148
ホースラディッシュ(山わさび・わさびだいこん)	149
ベビーリーフ	149
リーキ	150
ルタバガ	150
壬生菜	151
金時草	151
アロエの芽	152
四角豆	152
へちま	153

青パパイヤ	153
ドラゴンフルーツのつぼみ	154
アーティチョーク	154

山菜・つま物

たらのめ	155
ふきのとう	155
わらび	156
ぜんまい	156
じゅんさい	157
おかひじき	157
こごみ	158
かたくり	158
のびる	158
うるい	159
みず	159
やぶれがさ	159
ほじそ	160
つるな	160
とんぶり	160
芽ねぎ(姫ねぎ)	161
木の芽	161
たで	161
菊芋	162
ぼうふう	162
しどけ	162
ちょろぎ	163
つくし	163
芽じそ	163

きのこ類

しいたけ	164
まつたけ	166
ぶなしめじ	168
えのきたけ	169
まいたけ	170
エリンギ	171
なめこ	172
マッシュルーム	173
きのこ品種紹介	174

果物編

みかん	176
ハウスみかん	178
不知火(デコポン)	179
いよかん	180
夏みかん	181
はっさく	181
ポンカン	182
清見	182
文旦	183
河内晩柑	183
たんかん	184
はるみ	184
日向夏	185
きんかん	185
セミノール	186
シークワシャー	186
せとか	187
晩白柚	187
柑橘品種紹介	188
ゆず	190
すだち	190
かぼす	190
りんご	192
ふじ	194
つがる	195
王林	196
ジョナゴールド	197
りんご品種紹介(早生)	198
りんご品種紹介(中生)	199
りんご品種紹介(晩生)	202
りんご収穫時期一覧	203
なし	204
幸水	205
豊水	205
新高	206
二十世紀	206
あきづき	207
南水	207
西洋なし	210
かき	214
富有	215
平核無	216
刀根	216

干し柿	219
ぶどう	220
巨峰	221
デラウェア	221
ピオーネ	221
シャインマスカット	222
アレキサンドリア	222
キングデラ	222
ナガノパープル	223
甲斐路	223
キャンベルアーリー	223
いちご	228
すいか	232
メロン	234
アールスメロン	235
アンデス	236
タカミ	236
クインシー	237
夕張	237
キンショウ	238
ハネジュー(ハネデュー)	238
もも	240
すもも	244
ネクタリン	246
びわ	247
キーウィ(キウイフルーツ)	248
さくらんぼ(桜桃)	250
くり	252
うめ	254
いちじく	256
あんず	257
プルーン	257
ざくろ	258
かりん	258
あけび	259
ブルーベリー	259
ラズベリー	260
ブラックベリー	260
カラント(すぐり)	261
やまもも	261
パッションフルーツ	262
ソフトタッチ	262

目 次

輸入果物編

バナナ	264	ライム	279
パイナップル	266	ライチ	280
グレープフルーツ	268	フィンガーライム	280
オレンジ（スイートオレンジ）	270	ランブータン	281
レモン	272	スターフルーツ	281
パパイヤ	273	チェリモヤ	282
アボカド	274	キワノ	282
マンゴー	276	ココヤシ	283
ドリアン	278	ミラクルフルーツ	283
マンゴスチン	278	バナナハート	284
ピタヤ（ドラゴンフルーツ）	279	アテモヤ	284

📖 コラム

冷凍野菜も上手に活用	91	「ベジフルフラワー」で、もっと	
新じゃがって品種？	98	野菜を楽しもう！	177
らっきょうの漬け方	103	便利グッズとセットで販促	209
豆苗の人気の秘密！	119	西洋なしでランタンづくり	211
機能性成分に注目のスプラウト	121	果実酒のつくりかた	213
伝統守る「大鰐温泉もやし」	123	家庭で簡単！ジッパー付きポリ袋で	
干ししいたけ	165	漬ける梅干し	255
		簡単！アボカドの皮のむき方	275

索 引 ……………………………… 286

野菜編
VEGETABLES

根菜類

だいこん　Radish　アブラナ科

品種の多さが魅力！部位による食べわけを

各地に根付いた地方品種が多く存在し、日本における品種数は世界で最も多いといわれる。国内では『古事記』にも記載がみられるほか、春の七草の「すずしろ」としても知られ、最も古くから親しまれている野菜のひとつ。
品種は青首系と白首系の2つが中心で、そのうち流通の主流は、根の上部が淡緑色の青首だいこん。栽培しやすいだけでなく、甘みが強く辛みが少ないため人気が高い。一方の白首だいこんは地方品種に多くみられ、辛みが強かったり身が硬いものが多いため、煮物や漬物、刺身のつまに利用されている。最近では強い辛みの品種や、赤、紫、黒、縞模様といった色とりどりの品種も注目を集めている。

鮮度の見分け方

- 葉つきの場合は、葉がみずみずしいもの。葉を切り落としてある場合は切り口がみずみずしいもの
- 皮にツヤとハリがあり、ずっしりとしているもの
- ひげ根の穴があまり深くなく目立たないもの
- 流通の多数を占める青首大根の場合、葉の近くは青く白い部分はしっかりと白くなっているもの
- カットされているものは、断面を確認し、スが入っていないものがよい

最適な保存条件

葉と根を切りはなして保存する。根は丸ごとの場合、新聞紙に包んで夏場は野菜室へ。冬場はベランダでも保存できるが、日光や風が当たらないように注意すること。カットしたものはラップに包んで野菜室に保存し早めに食べきるのが望ましい。葉はすぐにしなびるため、購入後すぐにゆで、冷蔵か冷凍で保存する。

栄養＆機能性

唾液などに含まれ、でんぷんを分解する酵素のアミラーゼ、肝臓などに含まれる酵素のカタラーゼなどを多く含む。これらは熱に弱いため生で食べるとよい。さつまいもの天ぷらや焼き魚に添える大根おろしは胃もたれも防ぎ、理にかなっている。

下ごしらえのポイント

- 煮物にするときは下ゆでが基本。下ゆでは皮をむき、煮崩れないように切り口の角をとる（面取り）。厚めの輪切りにした場合は、裏面に浅く十文字に切り込みを入れておくと火の通りがよい。鍋にかぶるくらいの水を入れ火にかけ、竹串がとおり、全体的に透き通ってきたらゆであがり。

- 葉は緑黄色野菜として食べるとよい。油との調理でカロテンが体内に吸収されやすくなるため、炒めるなどの調理がおすすめ。ビタミンCも豊富に含むので、根と一緒に浅漬けにしたり、さっとゆでてから細かく刻んで、菜飯や汁物の青みにしてもよい。

- 皮をむいた場合、皮も捨てずに利用する。辛みがあるので、きんぴらや漬物に。

おすすめ料理

煮物	焼き物	汁物
炒め物	切干し	おろし
漬物	サラダ	

だいこん　根菜類

だいこん品種紹介

レディーサラダ
辛みが弱く繊維質がやわらかいため、サラダなどに利用される。三浦だいこんと海外の品種のかけ合わせで、神奈川県三浦市で多く栽培される

Q 輪切りにしたらスが入っていて、そこが青くなっている。薬品が使用されている?

スの周辺が青黒くなっているのは、老化に伴う生理現象で「青アザ症」と呼ばれる。

Q 外部の黒いスジは何?

栽培時にホウ素が欠乏すると外部に黒いスジとして現れることがある。

Q 切ったら内部が薄い暗緑色になっていたが、なぜ?

ダイコンのトウがたつ（花茎が成長し、食用に適さなくなること）直前に中心部が変質し、薄い暗緑色になることがある。中心部が硬くなったり網状になる前兆。

Q 輪切りにしたところ、翌日に断面が灰色になったのはなぜ?

何らかの原因で生育中に障害を受け、組織の一部が壊死したため変色したと考えられる。理由としては、生理障害（生育条件の悪いほ場で連作した）、栽培障害（窒素肥料が多すぎた）、秋季の高温（10月には産地が冷涼地から平地に移るが、この時期に気温が高いと障害を受けやすい）など。

販売アドバイス

・ひげ根の穴が縦に一直線に並んでいるものは、辛みが少ないといわれている。
・部位によって甘みや辛みが違うため、部位によっての使い分けをするとよい。「煮中・漬け尻・生かしら」といい、用途が広い真ん中の部分は、おでんなど量を使う煮物など、辛い下の部分は漬物、甘い上部（頭・かしら）は生でサラダがおすすめ。
・煮込むと甘みが引き立ち、保存も利くので一本使い切るのに便利。
・ビタミン類は皮にも豊富に含まれている。捨てずに浅漬けや切干に利用するとよい。
・葉を成長させるため根から葉に養分が流れるので、葉つきのものは購入後すぐに葉を切り落とし、保存するとよい。
・常温で保存する場合は、風や日光に当たらないように注意すること。

POP
● 皮にも豊富なビタミン 捨てずに漬物、切干に
● 大根おろしで消化をお助け 焼き魚、ステーキに添えて
● コトコト煮込むと 甘みじんわり

生産動向

生産量　2016年　1,362,000t
　　　　2015年　1,434,000t
　　　　2014年　1,452,000t

2016年生産量 上位5位

- 千葉　155,700t (11.4%)
- 北海道　147,100t (10.8%)
- 青森
- 鹿児島　126,800t (9.3%)
- 神奈川　97,300t (7.1%)
- その他　88,700t (6.5%)

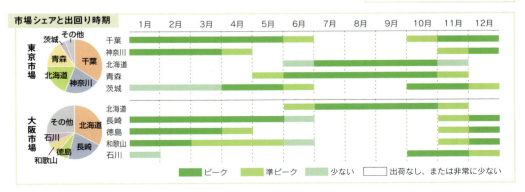

市場シェアと出回り時期

東京市場：千葉、神奈川、北海道、青森、茨城、その他
大阪市場：北海道、長崎、徳島、和歌山、石川、その他

ピーク　準ピーク　少ない　出荷なし、または非常に少ない

根菜類

だいこん品種紹介

亀戸大根
茎が白く、きめ細かい肌と肉質が特徴。生では辛みが強いため煮物、漬物にされる。江戸東京野菜のひとつで、出回りは10月中旬〜翌4月中旬

大蔵大根
江戸東京野菜のひとつ。もともと世田谷区の大蔵で栽培されていたもの。筒型で太さが均一で、煮崩れしにくいため、おでんなどの煮物に。11月上旬〜12月下旬

練馬大根
東京の練馬で栽培されている江戸東京野菜。80cmほどになる大型のだいこんで、主にたくあん漬けにされている。出回りは11月〜翌1月

紅しぐれ
太く短い姿でグラデーションのある紫色が特徴。身の中心もやや紫がかる。この紫はポリフェノールの一種で、酢に漬けると赤に変化する

紅化粧
皮は真っ赤だが、中は白い。20〜25cmほどの中型のだいこん。辛みが少なめで、水分が多く歯ごたえがよい。サラダなどに生で利用される

三浦大根
神奈川県三浦半島特産。中太りの大型のだいこんで、市場には年末の一時期しか流通しない。煮物やなますなどに利用される

だいこん品種紹介　　根菜類

からす大根（黒大根）
ヨーロッパ原産の黒だいこん。黒い皮と対照的に身は真っ白。加熱すると甘くなり、ややホクホクとした食感になる。炒め物や煮込み料理に

ねずみ大根
根が長くしもぶくれの姿がねずみの後ろ姿に似ていることからその名がついた。辛みが強く、おろしても水分が出にくいため、そばやうどんの薬味に使われる

紅芯大根
中国原産。水分が多く甘みが強い。生で食されるほか、カービングなどで皮ごと加工しやすいため、料理の飾りなどにも利用される

桜島大根
鹿児島県で栽培される大型の丸だいこん。通常6kg前後だが10kgを超えるものも多く、世界最大といわれる。出回りは12月〜翌2月。煮物や漬物に

聖護院だいこん
京野菜のひとつで、丸く肉質が柔らかいのが特徴。煮崩れしにくいため、主に煮物に利用される。出回りは10月下旬〜翌2月下旬

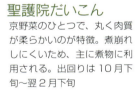

源助だいこん
加賀野菜のひとつ。全長25cm、太さが直径8〜10cmでずんぐりとした形。主に煮込み料理全般に利用される。10月下旬〜12月下旬

根菜類

かぶ Turnip アブラナ科

アクが少なくやわらか！
カラフル品種はサラダにも

古来から栽培が奨励されていた野菜のひとつで地方独特の品種も多い。春の七草では「すずな」とも呼ばれる。大きさにより大かぶ・中かぶ・小かぶに分類される。大かぶは漬物などの加工品としての利用が多く、青果では小かぶが一般的。近年は赤・黄・紫などカラフルな品種も人気がある。

鮮度の見分け方
- 葉にピンとハリがあり、胚軸が丸く整っているもの
- 肌のきめが細かくツヤがあり、ひびのないもの
- 茎の付け根が淡い緑色のもの
- 育ちすぎているものは、スジが硬くス入りの場合も

最適な保存条件
家庭では、葉を切り落とし、ビニール袋かラップに包んで別々に野菜室で保存する。葉はしなびやすいため当日の調理がよいが、硬めの塩ゆでをして水気を切り、小分けに冷凍保存をすると、青みが欲しいときにとても便利。

栄養&機能性
胚軸にはだいこん同様、消化を促進するアミラーゼが豊富。また体の発達や造血に欠かせない栄養素の葉酸も多く、特に胎児の正常な発育に重要な役割を担っている。葉にはカロテンのほか、糖質の代謝に関わるビタミンB1、脂質の代謝に関わるB2のほか、皮膚の健康を保ち風邪の予防にもつながるとされるビタミンCも多い。ビタミンCは、かぶ1束でほうれん草1束に匹敵する。

（葉）

Q 皮の表面に茶色いシミや変色があるが食べられる？

シミや変色は古くなっている証拠。食べても問題はないが、水分が抜けビタミン類などの量が低下している。

下ごしらえのポイント
- アクが少ないので下ゆでなしで加熱調理ができる。
- 火が通りやすいため、ほかの材料と煮るときは、最後に加えるとよい。
- 本来のうま味や甘みを活かすため、味付けは薄めに仕上げるとよい。

おすすめ料理

漬物	蒸し物	煮物
汁物	スープ	サラダ

POP
- 生でシャキシャキ！煮るとトロトロ
- 葉も捨てないで！茹でて冷凍、青みに活用
- 浅漬けやサラダに！葉にはビタミンも豊富

かぶ　根菜類

かぶ品種紹介

日野菜かぶ
肉質が硬く主に漬物用。上が赤紫色の細長い胚軸が特徴。滋賀県特産

黄かぶ
ヨーロッパの品種で加熱すると中身も黄色になる。煮込み料理向き

あやめ雪
肉質はち密で甘い小かぶ。用途が広く、酢に漬けると赤紫色はピンク色になる

聖護院かぶ
国内最大級のかぶで、1.5kgほど。京野菜のひとつで千枚漬の材料にも

赤かぶ（温海かぶ）
外は赤紫色だが、中は白い。主に漬物用。山形での焼畑栽培が多い

販売アドバイス

・胚軸は消化酵素をたくさん含む。消化酵素は熱に弱いため、煮物などの加熱調理だけでなく、浅漬けやサラダとして生で利用するのもおすすめ。
・大ぶりのものは加熱をした際に甘みを強く感じるため煮物に。小ぶりのものはサラダや漬物に。
・皮を厚くむいて煮ると、白く美しく仕上がる。むいた皮はきんぴらや浅漬けにするとよい。
・葉には緑黄色野菜といえるほどカロテンが多く、ビタミンCなども豊富に含まれる。
・葉はゆでてから冷凍保存すると、汁物の青みに活用できる。冷凍のまま調理をするとよい。

生産動向

生産量		
2016年	128,700	t
2015年	131,900	t
2014年	130,700	t

2016年生産量 上位3位

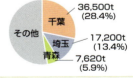

千葉　36,500t（28.4%）
埼玉　17,200t（13.4%）
青森　7,620t（5.9%）
その他

根菜類

にんじん Carrot セリ科

カロテン豊富な緑黄色野菜の女王！

家庭の常備野菜として定着するほか、菓子やジュースの材料にも適している。現在は明治以降に導入された西洋種がほとんどで、中でも五寸人参が主流。おせちに使われる紅色の金時人参は東洋種で、江戸時代からある。このほか、白、黄、紫など、近年は色を楽しむ品種も増えてきている。

鮮度の見分け方

- 茎のつけ根の軸が細いもの
- みずみずしくずっしりとしたもの
- 表面がなめらかでハリとツヤがあるもの
- 鮮やかなオレンジ色で黒ずみがないもの

最適な保存条件

家庭での保存は、新聞紙に包み、ポリ袋に入れてから夏は野菜室に、冬は冷暗所に。水気があると腐敗してしまうため、水気を拭いてから保存するのがよい。土つきは、洗わずそのまま新聞紙に包んだほうが、鮮度が保たれる。

下ごしらえのポイント

- 葉つきにんじんは、購入後すぐに根と葉を別々にすると根の栄養が逃げない。
- ニンジンに多く含まれるカロテンは油とともに摂取すると吸収が高まるといわれている。

おすすめ料理

揚げ物	炒め物	サラダ
漬物	煮物	スープ

Q 表面が黒ずんでいるもの、肩の部分が緑色になっているのは病気？

表面が黒や緑色になっているものは、病気ではなく、日焼けや凍傷による障害の場合が多い。

Q 身は甘いが、皮を食べたら苦いのはなぜ？

低温貯蔵ののち高温で調理すると、酵素の作用により苦味が出ることがまれにある。

栄養&機能性

緑黄色野菜の代表である西洋にんじんにはカロテンが豊富。カロテンは体内でビタミンAに変わり、体内の活性酸素を抑える抗酸化作用を発揮するほか、皮膚や粘膜を丈夫に保つ働きがある。また、ビタミンB1、Cをはじめカリウム、カルシウム、鉄分などバランスよく含まれる。

カロテン　食物繊維　カリウム

販売アドバイス

- にんじんに多く含まれるカロテンの語源は、英語の「キャロット」。
- カロテンやリコピンなどの成分は皮の近くにあるため、よく洗ってきんぴらなどに利用する。
- 油と一緒に調理するとカロテンの吸収が高まるため、加熱では炒め物やかき揚げなどにするとよい。
- 生で野菜ジュースにする場合、良質のエゴマ油などを少量加えたり、サラダの場合はゴマドレッシングを選ぶなど、油とともに摂取する工夫をするとカロテンの吸収率が上がる。
- 葉は炒めて醤油で味付けするとご飯のお供に。

にんじん　根菜類

にんじん品種紹介

金美
身は黄色く芯は黄白色で甘みが強い。沖縄の島人参を改良したもの

馬込三寸にんじん
長さが3寸（約10cm）と短い。馬込三寸は江戸東京野菜のひとつ

紫にんじん
芯も紫のものと、芯がオレンジ色のものがある。サラダの彩りに人気

金時にんじん
東洋系にんじんの代表で赤色はリコピンによるもの。11月上旬〜翌1月

白にんじん（スノースティック）
甘く硬い白人参。日に当たるとすぐに褐変してしまう。生食向き

POP
- 皮もおいしく丸ごと使って栄養満点！
- 冷蔵庫に常備してる？和洋中を彩りよく
- カロテンたっぷり油で吸収UP！

生産動向

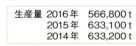

生産量	
2016年	566,800 t
2015年	633,100 t
2014年	633,200 t

2016年生産量 上位3位

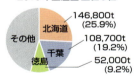

- 北海道 146,800t (25.9%)
- 千葉 108,700t (19.2%)
- 徳島 52,000t (9.2%)

市場シェアと出回り時期

根菜類

ごぼう Gobo キク科

食物繊維のチャンピオン
消臭効果で肉の薬味にも

細長い長根と短く太い短根に分類される。一般家庭用としては長根の滝野川ごぼう系が主流。他国では薬用に多く利用されており、食用としての利用は日本のみといわれていた。近年は健康によいという理由から、中国や台湾でも好まれるようになり、欧米でも注目され日本名の「gobo」の名で流通している。

滝野川ごぼう
主流品種で、発祥は東京の滝野川とされる。江戸東京野菜のひとつ

新ごぼう
12月から初夏に出回り、茎がついて販売される。香りが高くやわらかい

鮮度の見分け方
・ひびやしわがないもの
・すらりとしていて太さが均一のもの
・新ごぼうは葉柄が新鮮なもの
・泥つきのほうが風味も鮮度も保ちやすい

最適な保存条件
家庭では、泥つきごぼうは新聞紙にくるみ冷暗所に保存。洗いごぼうや新ごぼうはラップにくるんで野菜室に入れるとよい。見た目にはわかりにくいが、新しいほうがやわらかく香りが高いため、できるだけ早めに使いきるのが望ましい。

栄養＆機能性
食物繊維は100g中5.7gと、主力野菜では最も多い。独特の歯ごたえは食物繊維。リグニンなどの不溶性食物繊維が消化されずに水分を取り込み、腸の運気を活発にし整腸作用を助けるといわれる。イヌリンなどの水溶性食物繊維は、糖質の吸収を穏やかにする効果があるとされる。さらにカリウムも豊富で高血圧の予防効果が期待される。

食物繊維　マグネシウム　ポリフェノール

下ごしらえのポイント
・白く仕上げたいときは酢水にさらすとよい。

・臭みを消すため、肉や魚に合わせるとよい。

・香りが苦手な場合は、味付けに牛乳を使うと食べやすくなる。牛乳との相性は抜群で、ポタージュスープなど洋食のメニューにも近年活用されている。

おすすめ料理

煮物	揚げ物	炒め物
サラダ	鍋物	

Q ごぼうとこんにゃくを鉄鍋で一緒に煮たら、煮汁が緑色になった。なぜ？

ごぼうに含まれるポリフェノールの一種が鉄鍋の鉄かこんにゃくの凝固剤のアルカリに反応したものと思われる。

Q 鶏肉と煮たら鶏肉が黒くなった。色を綺麗に仕上げるにはどうしたらよいか？

見た目良く仕上げるには、下ごしらえでごぼうを水や酢水につけるとよい。

POP
●鍋料理のうま味UP
　ささがきにして具材に
●おなかを調える
　食物繊維のチャンピオン
●素揚げごぼうは大活躍
　サラダやおつまみに

ごぼう　根菜類

ごぼう品種紹介

大浦ごぼう
日本最大級の大きさ。直径10cm以上長さは60cm～1mにも。中は空洞であることが多い

葉ごぼう
葉から根まで食べることができる若採り。別名は若ごぼうで3月が旬

堀川ごぼう
長さ50cm、直径6～9cm、重さは1kgにもなる。繊維がやわらかく味がしみやすい。芯は空洞になる

ごぼ丹
30cmほどの持ち帰るのに便利な短形ごぼう。アクが少ない。丹後（現在の京都府北部）が産地

販売アドバイス

・切ってから保存する場合は、切り口を酢水に浸けると変色を抑えることができる。ただし、切り口や傷から鮮度が低下するので、早めに食べること。
・香りとうまみは皮の付近にあるため、皮を洗いすぎないこと。同様の理由から、酢水にさらしすぎないよう注意すること。
・茎の付け根が香りが強く、根の先のほうがやわらかく甘みがある。茎はきんぴらなどにして香りを楽しみ、先は細さを活かしピクルスや和え物に使うとよい。
・ささがきにして鍋の具にすると、臭みを消し、うまみが引き立つ。
・素揚げごぼうはそのまま食べるだけでなく、サラダのアクセントにも使える。
・新ごぼうは強壮効果があるとされるアルギニンを多く含む。江戸時代からドジョウの柳川鍋などに使われ、夏を乗り切る食べ物といわれていた。

生産動向

生産量		
2016年	137,600	t
2015年	152,600	t
2014年	155,100	t

2016年生産量 上位3位
- 青森　48,700t（35.4%）
- 茨城　15,200t（11%）
- 北海道　12,300t（8.9%）
- その他

根菜類

たけのこ　Bamboo shoot　イネ科

春の楽しみ
買ったらすぐに下ゆでを

春の季節感の演出に欠かせない。多数のうま味成分を含み、欧米のシェフからも注目されている。地方独特の品種も多いが、一般的には直径10〜30cm、長さ30cm前後、重さ1〜3kgの孟宗竹が主流。近年、家庭では下ゆでなどに手間がかかるため、水煮などの加工品が重宝されている。

鮮度の見分け方

・皮が薄茶色で、穂先が黄緑〜黄色のもの。穂先が黒いものは鮮度が落ちている場合がある
・切り口の変色が少なくみずみずしいもの
・全体が砲弾型でずんぐりとした形のもの

最適な保存条件

家庭では、基本、下ゆでしてから皮をむき、水に浸けて保存する。少なくとも3日以内に食べきるのがよい。冷凍もできるが、風味がなくなり、歯ごたえも悪くなるため、あまり向かない。

栄養&機能性

便秘の予防、改善につながるとされる食物繊維が豊富。余分なコレステロールを排出するのを助ける効果も期待できる。さらに食物繊維は、胃や腸の中で水分を吸収して膨らみ満腹感をあたえ、ダイエットにも有効といえる。カリウムには、塩に含まれるナトリウムを排出する作用があることから、むくみの解消、高血圧予防も期待できる。少量だがビタミンB1、B2、C、Eも含んでいる。

下ごしらえのポイント

・下ゆでの方法は、まず穂先を斜めに切り、縦に一本切れ目を入れ、お湯に一握りの米ぬかと赤とうがらしを2本入れ、弱火で根元に竹串が通るくらいまでゆでる。冷めるまでゆで汁の中においておくのがポイント。使うときは水でよく洗い、皮をむいて使う。

おすすめ料理

汁物（穂先・姫皮）	
和え物（穂先）	煮物（中央）
炒め物（中央）	揚げ物（中央）
炊き込みご飯（根元）	

販売アドバイス

・購入後、すぐに下ゆでするのがおすすめ。(「下ごしらえのポイント」参照)
・部位による使い分けで上手に食べきるとよい。たとえば下ゆで後、やわらかい穂先は汁物や和え物に。中央部は同じ大きさにしやすく火の通りが均等になるため、煮物・炒め物・揚げ物に。根元は硬いため、薄切りにして炊き込みご飯にするなど。
・穂の先の部分のやわらかい皮部分（姫皮）は、とてもおいしい。剥きすぎないように注意すること。

POP

●春の楽しみ
　花見弁当やちらし寿司に
●姫皮はやわらかく美味
　一本買いの楽しみに
●鮮度が命！
　買ったらすぐに下ゆでを

たけのこ　**根菜類**

たけのこ品種紹介

姫竹
日本原産の長さ20cmほどの細長いたけのこ。香りがよく山菜として人気

緑竹
他のたけのこと違い夏が旬。孟宗竹に比べ表面がなめらかでアクが少ない。台湾原産とされており、主に鹿児島、熊本で栽培されている

四方竹
晩秋に出回る。歯ごたえがよい。切り口が四角いのが名の由来

京たけのこ
孟宗竹で、京野菜のひとつ。象牙色のものが最高級とされ、やわらかい食味が特徴。3月下旬〜5月上旬に出回る

Q 購入して2〜3日後にゆでて食べたら、えぐ味が強かった。なぜ？

収穫後時間がたつほどえぐ味や苦みが増すため、購入直後の調理が望ましい。えぐ味は切った時に出る白い物質のチロシンから由来するホモゲンチジン酸によるもので、先端の部分が強く、根元のほうが弱いといわれている。

生産動向

生産量		
2016年	35,619 t
2015年	28,980 t
2014年	36,364 t

2016年生産量 上位3位

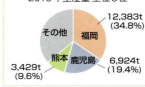

福岡 12,383t (34.8%)
鹿児島 6,924t (19.4%)
熊本 3,429t (9.6%)
その他

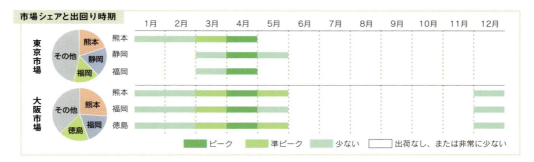

根菜類

れんこん Lotus root ハス科

調理によって食感が変化！
好みにあわせて家庭の味に

はすの地下茎を食用とするもの。縁起物として伝統行事に欠かせない食材。現在の主流は、ずんぐりとして節間が詰まっている中国種。ほっそりとした日本在来の品種もあり、粘質でやわらかく食味の評価が高いが、栽培の手間や低温に弱く収量が少ないなどの理由から、ごく少量出回るのみ。

鮮度の見分け方

- 肉質がち密で硬くしまり、太くまっすぐなもの
- 穴が均一で、切り口が小さく白いもの
- 肌の色は自然な白〜淡黄色で、色ムラがないもの

最適な保存条件

カットされたものは、切り口をきっちりラップで包み、野菜室に保存し、早めに使い切るのがよい。土つきのもの、丸ごとのものは表面が乾燥しないようにぬれた新聞紙に包み、ビニール袋に入れて野菜室に保管するとよい。

Q 鉄鍋で煮物をつくったら、赤色に変色した。なぜ？

れんこんに含まれるタンニンが鉄鍋の鉄と反応して発生したタンニン鉄と思われる。れんこんは切ったまま放置していると赤紫色に変色するが、これもタンニンが空気中の酸素にふれて酸化するため。

栄養＆機能性

ビタミンCは免疫力を高め、コラーゲン生成を促すビタミンとしても注目される。一般的に熱に弱いが、れんこんにはビタミンCを熱から守る成分も含まれている。また、切ったときに糸を引くのは、たんぱく質や脂肪の消化を促進して胃腸の働きを助ける多糖類の一種による。食物繊維も多く、整腸作用や血中コレステロールの低下作用があるとされる。

下ごしらえのポイント

- 切ったあとすぐに酢水につけ2〜3分置くと色がきれいに仕上がる。ただし、長くつけるとビタミンCが流出するので短時間にとどめること。また、煮物で

ホクホク感を出したい場合は、酢につけないで調理する。酢につけた後に煮ると、シャキシャキとなる。

- ゆでる際に少量の酢を加えると白く仕上がる。

おすすめ料理

煮物	炒め物	揚げ物
ちらし寿司	汁物	

POP
- 「先を見通す」縁起物 お祝いのお料理に
- 加熱でホクホク 酢ばすシャキシャキ
- パパもボクもやみつき！ れんこんチップス

れんこん　根菜類

れんこん品種紹介

岩国れんこん
もともとの在来種は赤花で穴がひとつ多いといわれているが、現在栽培されているのは白花の中国種がほとんど。中国種は肉厚でシャキシャキとしている

茨城れんこん
関東周辺に出回る。歯ごたえが良くシャキシャキとしている

加賀れんこん
加賀野菜のひとつ。肉厚で節が太く、節間は短め。加熱するともっちりとした食感になる

販売アドバイス

・穴が開いている形状から「先を見通す」につながり縁起物とされる。お祝いのお料理に活用するとよい。
・土を洗い落とした後、切り分けるまで置いておく場合は、水につけて浮かないようにしておくとよい。
・れんこんのネバネバに関わる多糖類の一種は、胃腸の粘膜を保護して、消化を助ける働きがあるといわれている。
・長い加熱でホクホク、すりおろしてから加熱するとモッチリ、酢に漬けると独特のシャキシャキ感が楽しめる。好みにあわせて、調理するとよい。
・れんこんチップスは手作りおやつになるだけでなく、スープの浮き実やサラダにも利用できる。

生産動向

生産量		
2016年	59,800 t
2015年	56,700 t
2014年	56,300 t

2016年生産量 上位3位

茨城　28,000t（46.8%）
佐賀　7,210t（12.1%）
徳島　5,920t（9.9%）
その他

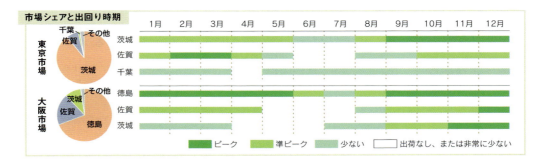

21

葉茎菜類

キャベツ Cabbage アブラナ科

季節ごとの味わいも楽しみ 丸ごと使い切って！

和洋中、どの料理にも使いやすい。天候不順等での価格変動が大きい。多くの品種が存在するが、日本では季節に合った品種が開発され、周年供給されている。主な分類は、やわらかい春玉、高冷地で生産される夏・秋のキャベツ、冬に出回る巻きの固い寒玉の3種となっている。

寒玉
冬に出回る扁平のキャベツ。葉の巻きが固い。加熱すると甘みが増す

下ごしらえのポイント

・葉を破らないようにはがすには、芯をくりぬいて、その部分から流水をそそぎ、葉と葉の間に水が浸透したのを確認してはがすとよい。数枚使う程度なら1枚ずつはがす。

・千切りにする場合は芯を切り取り、くるくるとタバコ状に巻いて、端から切るときれいに仕上がる。

おすすめ料理

炒め物	汁物	サラダ
焼きそば	お好み焼き	

鮮度の見分け方

・外葉が濃緑で、芯の切り口が新しいもの
・巻きが固く、重量のあるものがよい
・カットものは、芯の切り口が黒ずんでおらず、芯の高さが3分の2以下のもの

最適な保存条件

家庭での保存は、芯をくりぬき、水で濡らしたキッチンペーパーを差し込み、ビニール袋に入れて野菜室へ。カットものは、ラップで包み早めに食べきること。

栄養＆機能性

なんといっても、キャベツにもっとも多く含まれ胃腸薬の成分となっているビタミンU（別名キャベジン）が有名である。特に中心に近い、黄色い葉に多く含まれているといわれる。また、皮膚や粘膜の健康維持に役立つとされるビタミンCは、淡色野菜のなかでもかなり多く100g中44mg。カルシウムや食物繊維も多い。

Q 切り口に黄褐色の付着物がある。カビではないか。

これは、植物が切断などで傷つけられたとき、その部分を修復するため細胞が分裂して作られた黄褐色の組織で、害はない。

Q キャベツに石油のような異臭がする。

キャベツなどアブラナ科の植物には、イソチオシアネートなどの辛み成分がある。この辛み成分が分解してできるジメチルジサルフィドは、その濃度が高くなるに従って、石油に似た異臭がする。

キャベツ　葉茎菜類

販売アドバイス

・春玉は葉がやわらかく、内部まで黄緑色を帯び、生食に最適。付け合わせには、繊維にそって千切りに。繊維に直角に切ると、口当たりがやわらかくなりサラダ向きになる。
・冬の寒玉は加熱すると甘みが増すので、ポトフやロールキャベツなど煮込み料理に向く。
・ビタミンC、Uは水に溶けやすく熱にも弱いので生の場合は水にさらしすぎないこと。煮る場合は加熱時間を短めにし、煮汁ごと食べるとよい。
・重なった部分から腐敗し始めるので、上にものを重ねて保存しないこと。

POP

● ラップしてレンジ！カンタン蒸しキャベツ
● 生でよし！煮てもよし！丸ごとがお得！
● 冷水につければシャキッと千切り！

グリーンボール

重さ1kg前後で小ぶりのボール形。中まで緑色を帯び肉厚でやわらかい

春玉
春に出回る、葉がやわらかいキャベツ。巻がゆるく形は丸い。生食に

ポインテッド
先のとがったタケノコ型のキャベツ。サカタのタネの「みさき」は葉がやわらかく生食に向く

赤キャベツ（紫キャベツ）
鮮やかな紫色で葉肉は白い。肉厚で巻きが固い。サラダやピクルスに

生産動向

生産量　2016年　1,446,000 t
　　　　2015年　1,469,000 t
　　　　2014年　1,480,000 t

2016年生産量 上位3位

群馬　260,400t（18%）
愛知　251,600t（17.4%）
千葉　129,000t（8.9%）

葉茎菜類

レタス Lettuce キク科

世界では加熱調理も一般的
食べ方の幅を広げて

シャキッとしており、何にでも合わせやすい万能野菜。品種が多く存在するが、大きくはクリスプヘッド型（結球型）、非結球型、バターヘッド型、立ち型に分類できる。主力はレタスの代名詞となっている結球型と、サニーレタスなどに代表される非結球型。結球レタスは外食産業には欠かすことのできない野菜のひとつで、一般家庭においてもサラダの素材として消費は定着している。一方の非結球レタスは、葉がやわらかいため肉などを巻いて食べる料理によって消費が伸びている。バターヘッド型はサラダ菜などで、立ち型はシーザーサラダなどに使われるロメインレタスに代表される。また、葉だけを商品化したサンチュ（かきちしゃ・128ページ）も焼肉用に出回っている他、葉ではなく茎を食用とする茎レタス（茎ちしゃ）があり、乾燥させて「やまくらげ」などの加工品に多く利用されている。

サニーレタス
葉先が濃い赤紫で、中央から下は緑から薄緑になる。全体に薄くやわらかい。折れにくいため、巻き物料理に向くが、ちぎってサラダにしてもよい

鮮度の見分け方

- 切り口は小さい方がよく、10円玉の大きさが目安で、押して弾力があるものが新鮮
- 持ったときに、見た目よりも軽いもの
- みずみずしく、弾力があるもの
- 結球レタスは葉に色ツヤがあり、全体に巻きがふんわりとしているもの
- 一般的な結球レタスは淡緑色の方が、収穫時期が適正で食味がよい。濃緑色の葉は苦味がある可能性が高い
- 非結球レタスは葉先の色が鮮やかなものがよい

最適な保存条件

切り口に水にぬらして固くしぼったキッチンペーパーを当て、外皮でくるみ、ポリ袋にいれて野菜室へ。余計な水分が多いと葉が傷むので、しっかり水気は切ること。葉が折れやすいので、上に重ねないように注意する。使う分だけ手ではがして食べるとよいが、切り口が褐変しやすいので注意すること。

栄養＆機能性

ビタミンKは骨の形成に関わり、骨粗しょう症を予防する効果があるといわれている。食物繊維が豊富に思われるが、100g中わずか1.1g（総量）にすぎず、野菜の中でも少ない。「食物繊維が豊富」とはいいがたいので注意する。

レタス　葉茎菜類

下ごしらえのポイント

・包丁で切ると細胞が押しつぶされ、また鉄分と反応して苦みが強くなり、切り口も褐色に変わるため、鉄の包丁を使わないのが基本。

・丸ごと使う場合は、芯をくりぬき、その穴から水を流し込みながら洗うとよい。

・サラダなどに使うとき洗ってから、食べやすくちぎると栄養が逃げにくいといわれる。

・食べる前にシャキッとさせたいときは、ちぎったものを冷水につけるとよい。

・千切りにする際は、ステンレスの包丁を使うこと。切った後はすぐに酢やドレッシングなどで味付けをすれば変色を防ぐことができる。

・加熱する場合は短く。炒める場合は一瞬で。湯がく場合は湯にくぐらす程度で。

おすすめ料理

サラダ	巻物	炒め物
炒飯	スープ	

POP
- 加熱してたっぷり摂取　しゃぶしゃぶがおすすめ
- 肉やピラフを巻いて　今夜はホームパーティー
- 芯に甘みとうま味　さっと湯がいて味わって

Q 苦くて食べられない。農薬が付着しているの？

レタスは、ヨーロッパの野生のトゲチシャを改良したものといわれている。この野生種には、苦味成分としてセスキテルペンラクトンが含まれており、このレタスにもこの成分が多く含まれていたと考えられる。適量であれば問題はない。

Q 中心部のみが腐敗している。なぜ？

冬場にレタスを腐敗させる土壌細菌が繁殖したと考えられる。これに被害を受けたレタスは、低温のため全体に腐敗が進行せずに、往々にして内部のみが腐敗することがある。外見上は正常品と区別できないため、販売されてしまう場合がある。

販売アドバイス

・傷から褐変がはじまるので、葉はできるだけ傷をつけないようにする。
・芯の切り口に10%の酢水を浸したタオルを当てると乳液の流出がとまる。
・半分に切ったものは切り口にレモン汁をつけ、切り口が空気と触れないようぴったりとラップするか、水につけておくとよい。
・さっと湯をかけてしんなりさせ、いろいろな具を包む食べ方は簡単なうえに、生の時よりもカサが減るため、量を多く食べることができる。
・中国料理では炒め物に使われることが多く、牛肉とオイスターソース炒めにしたり、クリーム煮やスープの具にするとおいしい。
・手巻き寿司にしたり、大皿に盛ったピラフを包んで食べれば、パーティーメニューに最適。
・芯も甘みがあるので、スライスして湯がけばサラダに使用できる。

生産動向

生産量　2016年　585,700 t
　　　　2015年　568,000 t
　　　　2014年　577,800 t

2016年生産量 上位3位

- 長野　205,800t（35.1%）
- 茨城　86,100t（14.7%）
- 群馬　50,400t（8.6%）
- その他

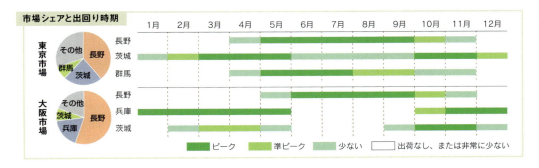

市場シェアと出回り時期

東京市場：長野、茨城、群馬、その他
大阪市場：長野、兵庫、茨城、その他

ピーク　準ピーク　少ない　出荷なし、または非常に少ない

葉茎菜類

レタス品種紹介

フリルレタス
非結球レタスだが、結球レタスのように葉が厚く、シャキシャキとした歯ごたえが特徴。葉が取り外しやすく、洗いやすい。サラダ向き

サラダ菜
バターヘッド型の代表。肉厚でやわらかく、味もクセがないため食べやすい。水耕栽培されており、価格も安定している。サラダや巻物に

ブーケレタス
水耕栽培の非結球レタスのひとつで千葉でつくられているブランド名。パック詰めのため、通常のレタスよりも鮮度を長期間保つことができる

グリーンリーフ
葉先が細かいカールになるのが特徴の非結球レタス。グリーンカールとも呼ばれる。やわらかく、他の食材とも合わせやすいため、巻き物に

ピンクロッサ
エンダイブとレタスの交配種。葉先が赤紫色になり、葉の縮れが細かいのが特徴の非結球レタス。ピンクロースター、シルクレタスとも呼ばれている

レタス品種紹介　　**葉茎菜類**

ロメインレタス
（ローメインレタス・コスレタス）
シーザーサラダに使われる立ち型のレタス。肉厚で歯ごたえがあり、炒めたりスープにするなど加熱調理にも向いている。別名コスレタス

レッドロメイン
葉の中央から先にかけて赤褐色に色づく。葉が厚く生食向き

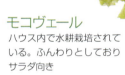

モコヴェール
ハウス内で水耕栽培されている。ふんわりとしておりサラダ向き

オークリーフレタス
葉に大きな切れ込みがある。葉の硬い品種とやわらかい品種がある

茎レタス（ステムレタス）
茎ちしゃ、ステムレタスとも呼ばれている。若い葉と茎を食用とする。和食にも使われる。「やまくらげ」として乾物にも利用されている

葉茎菜類

はくさい

Chinese cabbage　アブラナ科

淡泊な味で広い用途
夏はさっぱりサラダなどにも

クセがなくいろいろな料理に使うことができる。特に鍋物、漬物には欠かせない。日本では結球型が主流だが、半結球型、不結球型品種もある。近年、中心部に近い葉の色が黄色のほかオレンジ色も出回っている。最盛期は11月～翌2月。業務用では年間を通して需要があるため、産地リレーや品種を変えて周年出回る。

下ごしらえのポイント

・流水で1枚ずつ丁寧に洗うと泥がよく落ちる。丸ごとの場合は、外側からむいていくとよい。カットの場合は、芯から使った方が保存が利く。

・漬物にする場合は、1枚を半分に切って薄い塩水に浸しながら洗うとよい。

鮮度の見分け方

・見た目よりも重量があるもの
・外葉の色が濃いもの
・葉にゴマのような斑点のないもの
・頭頂部で葉が抱合し、巻きがしっかりしたもの

最適な保存条件

家庭での保存は新聞紙に包み、玄関やベランダなどの日の当たらない場所で保存する。夏場は冷蔵庫の野菜室へ。できれば、葉を傷めないように立てておくのが望ましい。カットしたものはラップに包み冷蔵庫の野菜室へ。

栄養&機能性

カリウムは体内のナトリウムを排出しやすくする働きがある。さらに、はくさいは水分量も豊富なため、利尿作用も期待される。また、免疫力を高め、体調管理効果が期待され、さらにコラーゲンの吸収を助ける働きをするビタミンCも豊富。水に溶けやすく加熱すると壊れやすいが、漬物にすると損失を防ぐことができる。また、食物繊維には整腸作用があり、便秘改善が期待される。

おすすめ料理

鍋物	煮物	和え物
炒め物	サラダ	漬物

Q 茎にたくさんの黒い点がついている。食べても害はない?

これは「ゴマ症」と呼ばれる生理障害。外部環境などのストレスにはくさいの細胞が対応し、ポリフェノール類の蓄積による細胞壁の変色が黒い点となったもの。様々な要因があるが、窒素の過剰がもっとも大きな要因とされている。食べても問題ないが、盛り付けの上で問題となる場合は削り取ればよい。

はくさい　葉茎菜類

はくさい品種紹介

ミニはくさい
1kg前後の片手で持てるサイズ。使い切ることができるため家庭で人気

霜降りはくさい
芯は黄色で寒さに強い。糖度が高く、漬物、キムチ、サラダに向く

タイニーシュシュ
サカタのタネの品種。口当たりがなめらかで生食向き。ミニはくさいとしても出回る

POP
- ビタミンC、食物繊維が豊富で低カロリー
- 甘みが増す冬！鍋やスープにぴったり
- 芯も千切りでサラダや和え物に

販売アドバイス
- 長く保存したいときは外側から1枚ずつはがして使うとよい。
- 外側から使いだんだん小さくなってきたら、丸のまま煮込むなどバリエーションをつけると、飽きずに食べきることができる。
- 巻きが強いものは、外側から傷んでくる。変色した葉はできるだけ取り除いておくとよい。
- 縦半分に割るときは、芯の部分のみに切り込みを入れて、葉の部分は手で裂くようにすると、葉を傷めずに分けることができる。
- 芯と葉では食感や水分量が違うため、調理する際は切り分けて使うとよい。芯は火が通りにくく硬いが、歯ごたえを楽しめるので、サラダや浅漬けに。葉はやわらかいのでおひたしや巻物などに。
- 年明けに出回るものは長期保存には向かないものも。長期保存の際は気にかけておくこと。

生産動向
生産量　2016年　888,700 t
　　　　2015年　894,600 t
　　　　2014年　914,400 t

2016年生産量 上位3位
- 茨城　242,400 t（27.3%）
- 長野　229,300 t（25.8%）
- 群馬　28,500 t（3.2%）

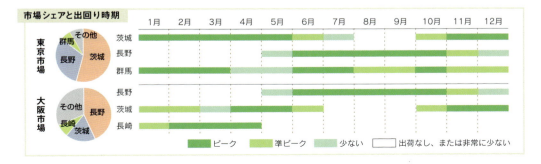

29

葉茎菜類

こまつな Komatsuna アブラナ科

食べやすく栄養価も高い周年人気の緑黄色野菜

色鮮やかでアクが少なく食べやすい。関東では昔から冬場の葉物野菜として特に消費が多く、雑煮に欠かせない野菜。近年は関西でも消費が伸びている。現在はチンゲンサイとかけ合わせた品種が主流だが、類似する漬け菜類（次ページ）が各地に多数存在する。周年出回るが、本来の旬は秋から冬。

鮮度の見分け方
- 肉厚で緑色が鮮やかで、あまり濃くないもの
- 葉先まで勢いがよく、大きさが揃っているもの
- 茎が太く、しっかりとしているもの
- 根つきのものは、根が太く強いもの

最適な保存条件
家庭では、ぬらした新聞紙に包みビニール袋に入れて野菜室へ。ただし翌日には調理すること。長期保存をしたい場合は、購入後すぐにゆで、味付けなどをして冷蔵するか、冷凍がのぞましい。

下ごしらえのポイント
- 茎の重なった部分に泥が付着しているので、水をためたボウルに入れ、茎を広げるようにし、すみずみまで洗うこと。ゆでる場合は根からゆでるとよい。
- 茎と葉で火の通りが違うので、切るときに分けておくと使いやすい。
- 冷凍保存する場合は軽くゆで、汁の実など使う分量に分けておくと使い勝手がよい。

おすすめ料理

おひたし	和え物	炒め物
煮びたし	汁の実	スープ
炊き込みご飯		

栄養＆機能性
骨や歯の材料となるカルシウムを100g中170mgと多く含むうえ、骨の形成に関わるたんぱく質を活性化させるビタミンKも多く含む。その他、カロテン、鉄分、食物繊維なども含む。

生産動向

生産量	2016年	113,600 t
	2015年	115,400 t
	2014年	113,200 t

2016年生産量 上位3位

- 埼玉　15,700t (13.8%)
- 茨城　14,100t (12.4%)
- 福岡　10,800t (9.5%)
- その他

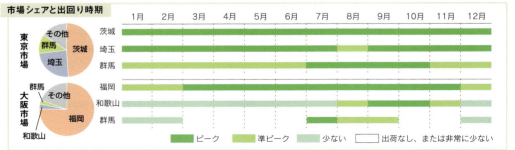

市場シェアと出回り時期

東京市場：茨城・埼玉・群馬・その他
大阪市場：福岡・和歌山・群馬・その他

ピーク　準ピーク　少ない　出荷なし、または非常に少ない

こまつな / 漬け菜類　　**葉茎菜類**

販売アドバイス

・東京都江戸川区の小松川が由来で、8代将軍徳川吉宗が名付け親とされている。
・ほうれん草に比べアクがないので、下ゆでが不要。
・歯ごたえよく色を鮮やかに仕上げるには強火で短時間に炒めあげるとよい。
・軽くゆでて冷凍保存し、解凍せずに凍ったまま味噌汁などに利用するとよい。
・油揚げやじゃこを加えるなど常備菜にして毎日の食卓に活用するとよい。
・牛乳とフルーツとこまつなをミキサーにかけて作る青汁もおすすめ。牛乳の脂肪分によってカロテンの吸収率がアップする。さらに牛乳と一緒に摂ることで、カルシウムとリンのバランスがよくなり、カルシウムの吸収率もアップするといわれている。

Q 葉の表は正常だが、裏が葉脈を中心にして片側のほとんどが白く変色している。洗っても落ちないが、農薬が付着しているの?

白サビ病や農薬も考えられるが、冬場の霜で急激に温度が下がると、このような現象が現れる。

POP

●おひたしは常備菜にも
　油揚げやじゃこと一緒に

●カルシウムたっぷり
　ミルクと合わせて相乗効果

●軽くゆでて冷凍保存
　凍ったままお味噌汁に!

漬け菜類　アブラナ科

古くからのご飯のお供

アブラナ科の葉物野菜で、古くから冬場の貴重な保存食として、主に漬け物に利用されてきた。類似する漬け菜が地方に多数存在する。

三河島菜
江戸東京野菜で漬け菜の一種。大きさは60cmほどで仙台芭蕉菜から復興された。旬は12月頃

野沢菜
長野県在来の漬け菜の一種。80cmほどに大きくなる。主に野沢菜漬けに。旬は11月～翌2月

仙台雪菜
仙台在来の漬け菜の一種。丸葉で肉厚になり、うま味と甘みがある。旬は12月～翌3月

POPの例

●漬け物にして
　おにぎりやお茶うけに

葉茎菜類

ほうれん草　Spinach　ヒユ科（アカザ科）

みずみずしさが店の顔！
新鮮さ維持で即日完売

ほうれん草の鮮度は店全体の鮮度感に影響するので重要視したい。ややクセがあるが、うま味と栄養価が高い代表的な緑黄色野菜。2種に分類され、葉が薄く切れ込みの深い東洋種と、葉が厚く丸葉の西洋種がある。現在の流通の主流は、東洋種と西洋種の交配種。近年はアクの成分であるシュウ酸が少なく生食できる品種も人気がある。

鮮度の見分け方

・葉の色が鮮やかで、ツヤがあるもの
・葉先までピンとしてハリのあるもの
・茎に変色がなく弾力感があるもの
・根の切り口が太く、乾いていないもの

最適な保存条件

濡らした新聞紙に包みポリ袋に入れて野菜室へ。根を下にし立てて保存するともちがよいといわれている。しおれたものは冷水などで蘇生できるが、時間の経過とともにビタミンなどの栄養が失われていくので早めに調理することが大切。

栄養&機能性

鉄分を100g中2.0mg、カロテンも4,200μgと他の野菜に比べ多く含む。ビタミンCも冬採りでは100g中35mgと多い。鉄分豊富といわれるほうれん草だが、植物の鉄分は体内に吸収されにくいともいわれる。貧血予防への高い効果は期待しすぎないこと。

下ごしらえのポイント

・色よくゆでるコツは、たっぷりの熱湯でゆでること。再沸騰してから1～2分でゆであがる。

・ゆであがったらすぐに冷水に取り、冷めたら根元を揃えて束にし、手で握るようにして水気をしっかり絞る。水にさらしすぎると風味が無くなるので注意。

おすすめ料理

おひたし	和え物	炒め物
ソテー	スープ	

販売アドバイス

・アクが強いため調理前に下ゆでをするのが基本。
・下ゆでせずにアクを抜く炒め方もある。油を熱し、ほうれん草を入れる前に塩をひとふり入れ、炒めた後に出た水分を捨てればよい。
・牛乳やチーズ、ベーコンなど動物性の食材と、味の相性がよい。
・ゴマ油と塩で味付けしナムルにするなど、常備菜にすると日々の食事に合わせやすい。
・冬場の霜にあたったほうれん草は、食感は硬くなるが、栄養価が高く甘みやうま味も強い。
・根の赤いものほど甘みが強いといわれる。

ほうれん草 葉茎菜類

ほうれん草品種紹介

赤軸ほうれん草
茎が赤く、葉はややとがっている。生食でサラダなどの彩り向き

サラダほうれん草
生食向け品種。茎が長めで葉が丸くやわらかい。下ゆでの必要がない

日本ほうれん草
根が赤く葉の切れ込みが深い。薄くやわらかで食味がよい。加熱向き

ちぢみほうれん草
葉が厚く凸凹している。地面を這うような姿で、甘みが強い。加熱向き

Q 葉に白い砂（粒）状の物質が付着しているが、農薬？

農薬ではない。白い砂のように見えるものは、ほうれん草の組織である。ほうれん草と同じ科の植物にも存在する。

Q 根元の赤い部分を食べたが、シュウ酸は大丈夫？

根元はシュウ酸の含有量も多いが栄養分も多く含まれる。また甘みもあっておいしい部分なので、ゆでてから食べれば問題ない。

POP
- 毎日食べたい！ザ・緑黄色野菜
- 牛乳や肉との相性抜群！シチューやグラタンに
- ごま油でナムルに作りおきして便利なおかず

生産動向

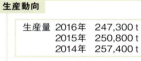

生産量	2016年	247,300 t
	2015年	250,800 t
	2014年	257,400 t

2016年生産量 上位3位

千葉 34,900t (14.1%)
埼玉 25,200t (10.2%)
群馬 20,800t (8.4%)

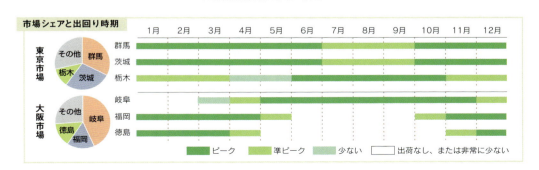

葉茎菜類

チンゲンサイ Qing geng cai　アブラナ科

使い勝手のよさが魅力！
日本になじんだ中国野菜

シャキシャキとした食感。日本に定着した代表的な中国野菜で、味にクセがなく料理用途が広い。結球しないはくさいの仲間で、小型の品種のうち、青軸のものをチンゲンサイ、白軸のものをパクチョイという。水耕栽培もあり周年出回るが、本来の旬は秋～冬。

鮮度の見分け方
・葉が幅広くやわらかさのあるもの
・ツヤがあり鮮やかな緑色のもの
・茎に傷がないもの
・茎が丸みを帯びており、肉厚のもの

最適な保存条件
家庭での保存は、水分の蒸散を防ぐために濡れた新聞紙に包み、立てて野菜室へ。日持ちするが、茎のシャキシャキとした持ち味を楽しむために、早めに食べきること。

栄養&機能性
肌の調子を整えるというビタミンCを100g中24mg含む。そのほか、抗酸化作用の強いビタミンA（カロテンは体内でビタミンAに変化）を豊富に含み、活性酸素の害から守り、抵抗力をつけることが期待される。

下ごしらえのポイント
・根元に縦の切れ目を入れて、流水でよく洗う。

・沸騰したお湯に塩を入れ、根元のほうから1分ほどゆで、葉の部分もお湯に沈めてさっとゆで、水にとる。太いものはゆで時間を長めにするが、葉は短時間にするほうがおいしく仕上がる。

おすすめ料理

炒め物	煮物	あんかけ
蒸し物	スープ	おひたし
和え物		

販売アドバイス
・横に切るより見映えがよいので、根元から縦に2～4つに切って使うことが多い。
・火の通りが早いので、炒めるときは高温で短時間にし、油に塩少々を加えると色鮮やかで塩味のムラも防ぐことができる。
・ゆでるときはフライパンなどで蒸しゆでにするとよい。塩と油を入れるとツヤや風味がよくなり、甘みも増す。
・濃い味にも薄い味にも合う。おひたしのほか、牛乳やオイスターソースとも相性がよい。
・小ぶりのものは、茎の丸い部分に具をおき、蒸し物にしてもよい。

チンゲンサイ　　葉茎菜類

チンゲンサイ品種紹介

ミニチンゲンサイ
品種改良されたもので栽培期間も短く生でも食べられる。一部には一般的な品種の若採りもある。麺類の飾りとしても人気が高い

パクチョイ
チンゲンサイの仲間で、軸が白い。クセがなく中国では鍋物に利用される。別名、広東白菜

チンツァイファー
青菜花
チンゲンサイのトウ立ちしたもので、やわらかくほのかな甘みとうま味がある

Q 葉の内側に白色の異物が付着している。虫の卵や農薬ではないか。
虫の卵ではなく葉の組織が変化したものと考えられる。また、付着している部分が葉の内側であるため、農薬が原因とは考えにくい。

POP
● 中華以外に和食にも！魚介、肉にもぴったり
● 加熱はサッとシャキッとするくらいが美味
● カンタンで美味しい塩と昆布で即席漬物

生産動向

生産量	2016年	44,100 t
	2015年	44,100 t
	2014年	44,800 t

2016年生産量 上位3位

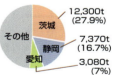

茨城 12,300t (27.9%)
静岡 7,370t (16.7%)
愛知 3,080t (7%)

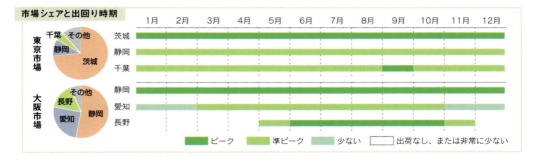

35

葉茎菜類

しゅんぎく Syungiku キク科

やわらかさと香りが命 扱いはやさしく

独特の香りとやわらかい葉が特徴。鍋料理には欠かせない野菜であり、冬場に需要が多く消費は定着している。品種は、葉の切れ込みの浅い大葉種、切れ込みの深い中葉種、小葉種がある。関東以北では中葉が好まれ、関西では大葉が好まれる。周年出回るが、需要期は10月〜翌3月。

鮮度の見分け方
・香りが高く、ハリがあるもの
・緑色が濃く葉先までピンとしているもの
・茎が細く、切り口が乾きすぎていないもの
・茎の下のほうにまで葉がついているもの

最適な保存条件
家庭での保存は、濡らした新聞紙に包み、ビニール袋に入れて野菜室へ。横に置くと曲がりやすいので、立てて保存するのが望ましい。鮮度劣化が早いので、購入後できるだけ早く食べきること。

下ごしらえのポイント
・葉と茎に分けて手早くゆでるのがコツ。

・沸騰したお湯に0.5％の塩を加え、再び沸騰したら、茎を入れ40〜50秒ほどゆで、そのまま葉を加えて20〜30秒ほどゆでる。ゆでた後は水に取らずにそのままザルで冷まし、水気を絞ると風味が残る。

おすすめ料理

鍋物	おひたし	味噌汁
天ぷら	和え物	

栄養＆機能性
カロテンは体内でビタミンAに変わり、体の中で発生する活性酸素から体を守るといわれる、また免疫力を高め、肌の健康維持効果も期待されている。肌の健康維持に効果があるとされるビタミンCも豊富。また、独特の香り成分には、胃腸の働きを促進し、消化吸収をよくする作用があるとされている。

POP
● 食欲をそそる香り 冬の鍋にぴったり！
● アクが少なく下ゆで不要 サラダも食べやすい
● ビタミンＡＣＥ サビないカラダづくりに

Q 香りを嫌がり、子供が口から出してしまう。

しゅんぎくの独特の香りはα-ピネンやペリルアルデヒドなど10種類以上から構成されており、なかなか取り除くのは難しい。炒めたり煮ると溶けだして、香りがきつく感じられるため、フライパンで表面をさっと焼き、ゴマドレッシングなどをあわせると食べやすくなる。

しゅんぎく　　葉茎菜類

しゅんぎく品種紹介

おたふくしゅんぎく
大葉種のひとつ。葉の切れ込みが浅く肉厚でやわらかい香り。鍋に向く

金沢春菊
肉厚でクセがなくサラダにも適している。大判で切れ込みが浅い葉が特徴。加賀野菜のひとつ

販売アドバイス

- アクが少なく下ゆでの必要がない。
- 繊維がやわらかいため煮たりゆでたりするときは、加熱しすぎない方がよい。
- バジルの代わりとしてパスタに加えるのもよい。
- クルミ、ゴマ、ピーナッツなどコクのある和え衣にあわせると、子供でも食べやすくなる。
- 冬から春にかけて栽培されたものはパリッとして、しかもやわらかく香りが高い。葉先を手でちぎって生のままドレッシングなどでサラダにすると香りが楽しめる。
- 香りが移りやすいものと一緒に保存しないこと。
- 傷んだ葉はすぐに取り除いておくこと。

生産動向

生産量		
2016年	30,000 t	
2015年	31,700 t	
2014年	31,000 t	

2016年生産量 上位3位

千葉　3,910t（13%）
大阪　3,560t（11.9%）
茨城　2,520t（8.4%）

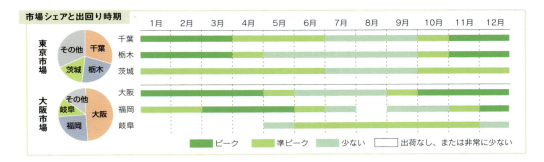

葉茎菜類

長ねぎ（ねぎ） Welsh onin ヒガンバナ科(ユリ科)

薬味、鍋に必需品！
やっぱり冬場がおいしい

周年需要が安定しているが、最盛期は冬場の10月～翌3月の鍋物の季節。生では刺激のある香りと辛みがあり、加熱するとトロッとして甘みが増す。主流はF1品種の根深ねぎであるが、地方品種も根強い人気がある。薬味としては重要な野菜で、その香りは麺類の味を引き立て、業務筋からの需要は高い。ただ、栽培サイクルが長いので、天候による不作で高値が続くことがあり、輸入物も多く使われている。

下仁田ねぎ
群馬県下仁田町特産の一本ねぎで、太くてずんぐりしている。鍋物に

鮮度の見分け方

・根に近い軟白部にツヤがあるもの
・フカフカしておらず、よく締まって弾力のあるもの
・色は青味と白味がはっきり分かれているもの
・表面の皮や葉先が茶色く乾燥しすぎていないもの

最適な保存条件

家庭での保存は、葉先を出して新聞紙に包み室内の温度の低いところか、ベランダの日の当たらない所へ。横にすると本来の姿勢であった縦に戻ろうとしてエネルギーを消費するので、立てて保存するのがよい。長期保存がしたい場合は、庭などの土中に白い部分が隠れるように埋めると春先までもつ。

栄養＆機能性

香り成分の硫化アリルは、交感神経を刺激して体温を上昇させ、血行促進作用があるといわれる。またセレンはガン抑制が研究されているミネラルのひとつ。葉には、免疫力を活性化するカロテンを多く含む。

硫化アリル　カロテン　セレン
　　　　　　　（葉）

▌POP

● 鍋で！スープで！
　いっぱい食べよう！

● 緑の部分も捨てないで
　ビタミン・ミネラルの宝庫

● トロトロ煮こんで
　長ねぎグラタンスープ

下ごしらえのポイント

・泥付きのねぎは、皮を1枚むいてから洗うとよい。

・洗いねぎも、表面の乾燥や褐変などがみられる場合は、1枚むくとよい。

・洗い方は流水を当てながらこするようにして洗う。

▌おすすめ料理▕

鍋物	煮物	炒め物
網焼き	焼き鳥	スープ
マリネ	薬味	

Q 薬味としてねぎを使ったところ苦味があったが、なぜ？

辛味成分である硫化アリルの含有量が多いと苦みのある辛さを感じることがある。

長ねぎ（ねぎ）　**葉茎菜類**

長ねぎ品種紹介

赤ねぎ
鮮やかな赤い色と、やわらかい肉質が特徴。鍋のほか、生食にも合う

金沢一本太ねぎ
加賀野菜。成長すると軟白部が25cmほどになる。火を通すと甘みが増す

曲がりねぎ
軟白時に寝かして植えつける。仙台の伝統野菜で旬は冬。鍋などに

ミニねぎ
普通の長ねぎより短いため、店頭に並べやすく、持ち帰りやすいサイズ

販売アドバイス

・冬場になると甘みが増す。トロトロになるまで煮るとさらに甘みを強く感じるようになる。
・炒め物などに使う場合は、切り口を大きく斜めに切っていくとよい。
・フカフカしてやわらかいものは「袋ねぎ」といって、中に砂や土砂が入っていることがある。
・1本使いきれない場合は、ポリ袋かラップに包み冷蔵庫に立てて保存し、早めに使いきること。
・香りや刺激が苦手な場合は、水でさらしたり加熱することで食べやすくなる。
・香りが移りやすいものと一緒に保存しないこと。
・傷んだ葉はすぐに取り除いておくこと。

生産動向

生産量		
2016年	464,800	t
2015年	474,500	t
2014年	483,900	t

2016年生産量 上位3位
- 千葉　65,200t（14%）
- 埼玉　59,900t（12.9%）
- 茨城　48,700t（10.5%）

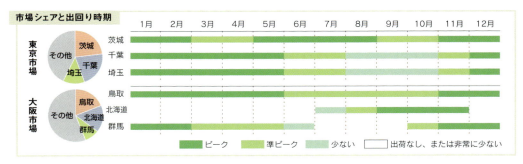

葉茎菜類

青ねぎ（葉ねぎ） Welsh onin ヒガンバナ科(ユリ科)

少量でも目に鮮やか
ビタミン豊かな引き立て役

緑の色が濃く香りが高い。緑の葉の部分が多いものを総称して青ねぎというが、一般名称は葉ねぎ。地方によって多くの品種があり、栽培形態によって呼び名もいろいろ。本来は春～夏が旬であるが、薬味などの需要があり周年安定して出回っている。3月～7月の入荷量が多い。関東よりも、関西での需要が多く、関西では「ねぎ」というと青ねぎを指す。

わけぎ
ねぎとエシャロット（シャロットとも呼ばれる・138ページ）の雑種。甘みがありやわらかい

鮮度の見分け方
・根元から葉先までまっすぐなもの
・青味が濃いもの
・根がしっかりとしているもの
・変色やシミのないもの

最適な保存条件
家庭での保存は、新聞紙に包み冷蔵庫の野菜室で、なるべく立てた状態で保存するのが望ましい。傷みやすいので早めに食べること。購入後早めに刻んで、冷凍しておくと薬味やみそ汁の具に便利。その際は、刻んだ後しっかり水気を取るのがコツ。

下ごしらえのポイント
・ゆでたり、小口切りにするときは、根元を輪ゴムで束ねてから行うと扱いやすい。

・ゆでる場合は、さっとゆでるのがコツ。輪ゴムでしばり、熱湯で5秒ほどゆで、ザルにあげてあら熱を取るとよい。水にさらすと水っぽくなるので注意。

おすすめ料理

和え物	かき揚げ	サラダ
薬味	巻きものの具	

栄養＆機能性
カロテンを長ねぎよりも多く含む。抗酸化作用が高く、活性酸素から体を守り、免疫力を高める効果が期待されている。また、香り成分の硫化アリルは消化液の分泌を促す。

▶ POP
●まとめ買いもおすすめ
　毎日の食卓に冷凍ストック
●辛みまろやか
　お好み焼きやラーメンに
●料理の彩りにこれ！
　香りも食欲をそそります

Q「わけぎ」と「あさつき」が地域によって違うのはなぜ？

一般的に「わけぎ」は、ねぎとエシャロット（シャロット）の雑種を指すが、関東では葉が分けつする「わけねぎ」の一品種を呼ぶことがある。また、えぞねぎの変種である「あさつき」についても、関東ではわけねぎの若採りしたものをさすことがある。これは入手が困難であった時代の代用品として利用された名残りである。

青ねぎ（葉ねぎ） 葉茎菜類

青ねぎ品種紹介

こねぎ
細いわけねぎの品種を密植栽培し、若採りしたもの。薬味に便利

やっこねぎ
わけねぎの一品種。冷奴にも合うことなどから命名。高知県が産地

九条ねぎ
ぬめりが多く、甘さと柔らかさが特徴。京野菜のひとつ

あさつき
えぞねぎの一種。わけぎよりも辛みがあり、薬味に向いている

販売アドバイス

・生では香りが強く辛みがあるが、熱を加えると甘みが出る。特に春と秋に葉がやわらかくなる。
・青ねぎは香りがやわらかく、ねぎの苦手な人にも食べやすい。
・薬味だけでなく、お好み焼きのキャベツの代わりや、鍋物、丼物に使うと大量消費できる。
・トロケは他の葉が傷む原因にもなるので、取り除いてから保存すること。
・曲がりやすいので、出来るだけ立てて保存すること。
・刻んでからよく水気を切り、冷凍しておくと薬味などに便利に使える。
・「万能ねぎ」は品種ではなくブランド名。九条ねぎを密植栽培して若採りしたもの。薬味や、汁物、サラダなどに用途が広い。

あさつきの芽
長さ12cm前後で収穫されるあさつき。やわらかく、酢味噌を合わせ、ぬたにぴったり

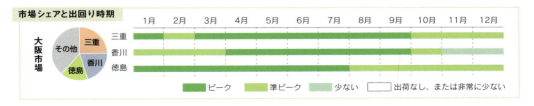

葉茎菜類

みず菜　Mizuna　アブラナ科

サラダや鍋に大人気！どんな具材にもあわせやすい味

葉は深い刻みがある切れ葉で、シャキシャキとした食感が魅力。もともとは京都を中心とした土耕栽培のもので、茎がしっかりとしており、味と香りが強い。最近では、みず菜をサラダとして生食する習慣が根付き、小さい株で販売されることが多くなった。水耕栽培も盛んで、株が細く味にクセがない。周年供給されるが本来の旬は冬。

赤軸みず菜
赤紫色の茎が特徴。色を活かすため、鍋にする時には、さっと湯がくこと

鮮度の見分け方
・葉先までまっすぐでピンとしているもの
・葉が鮮やかな薄緑から緑色のもの

最適な保存条件
風に当てるとしなびが起こるので注意すること。家庭での保存は、新聞紙を水で濡らして優しく包み、その上からビニール袋に入れて冷蔵庫の野菜室へ。

POP
●サラダには軽く塩もみ
　ひと手間でさらに美味しく
●鍋にイチオシ
　肉や魚にもぴったり

栄養＆機能性
ビタミンCは体内の多くの化学反応に関与しており、コラーゲンの合成に不可欠なビタミンとして、皮膚や骨の健康維持に関わっている。

下ごしらえのポイント
・露地栽培は根元に土が入り込んでいるので、ボウルに水を張り、数回かけて洗うとよい。

・水耕栽培のものは、水でサッと洗えばよい。

おすすめ料理
サラダ	鍋物	浅漬け

販売アドバイス
・しなびてしまうので風に当てないように注意すること。
・洗ったあと葉に水がたまりやすいため、サラダにする時は野菜の水切り（スピナー）などでしっかりと水を切るとよい。
・サラダにする時は、少し塩もみしておくとやわらかい。

生産動向
生産量　2016年　43,600 t
　　　　2015年　44,000 t
　　　　2014年　41,800 t

2016年生産量 上位3位

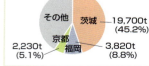

茨城 19,700t (45.2%)
福岡 3,820t (8.8%)
京都 2,230t (5.1%)
その他

みず菜 / パセリ　　**葉茎菜類**

パセリ　Parsley　セリ科

カロテン量はトップクラス！
飾りだけではもったいない

強い香りとクセが特徴で、ビタミンやミネラルを豊富に含む。主に料理の付け合わせや飾り、刺身のツマとしての需要が大半。ヨーロッパに多い縮みのない平葉（へいよう）系と、縮みのある縮葉（しゅくよう）系がある。日本では縮葉系が主流で周年出回る。

イタリアンパセリ
平葉で香りやクセが少ない。お菓子やスープの飾りにも使われる

鮮度の見分け方
・葉が濃い緑色で、光沢があり、外葉が縮んでいるものがよい
・葉先が白っぽくなって乾いているものや黄色に枯れているものは、葉が硬く苦みが強いので注意

最適な保存条件
温度は7〜8℃。有孔ポリ袋にいれるとよい。家庭ではビニール袋に入れ冷蔵庫の野菜室へ。洗った後よく乾かしてから、葉と茎に分け冷凍保存も可能。

栄養＆機能性
ビタミン、ミネラルが豊富で、特にカロテンが100g中7,400μgと多い。カロテンは抗酸化作用があり、有害な活性酸素から体を守る働きが期待されている。

POP
●低温の素揚げでサクサクおつまみ
●乾燥させて冷凍！彩りに便利です

下ごしらえのポイント
・流水で葉の細かいひだも丁寧に洗うこと。その後、キッチンペーパーではさみ、しっかり水気を吸い取ることが肝心。その後、あしらいやみじん切りに。

おすすめ料理

つけあわせ	浮き実	サラダ
フライ		

販売アドバイス
・葉からしなびが始まるので、風に当てないように。また霧吹きしておくのも効果的。
・葉をビニール袋に入れ凍らせれば、もむだけで簡単にみじん切り状になる。
・低温の素揚げや、揚げ物の衣にみじん切りにしたパセリをいれると、おいしくなるだけでなく、カロテンの吸収も高まる。
・茎は「ブーケガルニ（香草の束）」にしてスープ、シチューの香りづけに。

生産動向
生産量　2014年　4,125 t
　　　　2012年　4,604 t
　　　　2010年　3,663 t

2014年生産量 上位3位

その他
茨城　1,056t（25.6%）
千葉　641t（15.5%）
長野　1,017t（24.7%）

43

葉茎菜類

みつば Japanese honeywort セリ科

豊かな香りがポイント
高級感ある日本のハーブ

水耕栽培の普及とともに生産が拡大。出回り時期は、一般向けの糸みつばは周年、業務需要が中心の切りみつばは秋〜冬、根みつばは周年出回る。日本で古くから親しまれる春の香りだが、初春以外でも日本料理では周年使われる重要品目。品種の違いは少なく、栽培や形状で名前が異なる。

切りみつば
軟白栽培して、根を切ったみつば。関東で人気が高く雑煮などに使われる

鮮度の見分け方
- 香りが強く、乾燥していないもの
- 葉先までハリのあるもの
- 緑色がきれいで、みずみずしいもの
- 切りみつばは、茎が純白で直径2mm程のもの

最適な保存条件
家庭では、濡らした新聞紙に包み、ビニール袋に入れて冷蔵庫の野菜室へ。水分の蒸散とともに香りも薄れていくので、乾燥させないように注意する。香りのあるうちに食べるほうがよい。

下ごしらえのポイント
- 根を切り落として、輪ゴムで軽くしばってから、水を張ったボウルの中でふり洗いをする。また、手で持った状態で、ふり洗いをしてもよい。

- 煮物や汁物の飾りには「結びみつば」にすると、日本料理の飾りとなる。作り方は熱湯にさっとくぐらせ冷水に入れて冷まし、茎の中央で2つ折りにして、ひと結びする。

おすすめ料理

鍋物	汁物	蒸し物
おひたし	和え物	

栄養&機能性
カロテンは免疫細胞の働きを助け、粘膜を保護し、皮膚を健康に保つ効果が期待される。みつば独特の香り成分であるテルペン類は、神経安定、消化促進の効果が期待される。カリウムも多く、余分なナトリウムを排出し、血液を安定させる効果が期待される。そのほか、ビタミンA、ビタミンCなどが含まれる。

（香り成分）

POP
- 大根とポン酢で香気ゆたかな和風サラダ
- アクが少なく食べやすい汁ものや茶碗蒸しの定番
- 牛肉と合わせて和風アクセントの炒め物に

Q 露地栽培のみつばを水につけると、茎の切り口から白濁した油状のものが溶け出してきたが、これは何？

白濁した油状のものは、細胞液が浸出したもので、自然現象である。

みつば　葉茎菜類

みつば品種紹介

糸みつば
青みつばとも呼ばれ、茎の部分から葉まで緑色。サラダに向く

根みつば
糸みつばに比べ香りが高い。軟白栽培により茎が白く、根までやわらかい

販売アドバイス

・茎は曲げずに伸ばした状態で保存するとよい。
・切りみつばなど、軟白栽培をしたものは変色が早いので早めに使うこと。
・ゆですぎると色も歯ざわりも悪くなり、香気が飛んでしまうので、さっと湯にくぐらせる程度でよい。
・熱い汁の上に長い時間おいてしまうと香りが飛んでしまうので、出す直前に盛りつける。
・香りが強く、みつばだけでは食べにくい場合は、油を使った調理で食べやすくなる。たとえば天ぷらやバター炒めなどがおすすめ。
・野菜ジュースの材料として、にんじん、キャベツ、トマト、りんごなどと一緒にジュースにしても。

生産動向

生産量	2016年	15,300 t
	2015年	15,600 t
	2014年	15,900 t

2016年生産量 上位3位
- 千葉　2,790t（18.2%）
- 愛知　2,520t（16.5%）
- 茨城　1,680t（11%）
- その他

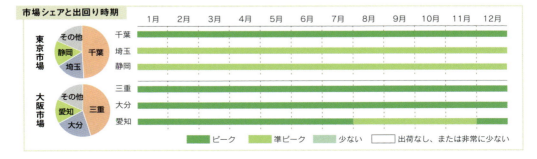

市場シェアと出回り時期

葉茎菜類

ふき Japanese butterbur キク科

ほろ苦さと豊かな香り「日本の春」を演出

独特の香りと苦みが特徴で、春の旬野菜として根強い需要がある。品種の主流は愛知早生。他に、根元が赤い水ふき、草丈が高く淡い緑色をした秋田ふきなどがある。促成、半促成物は10月から出回り、露地物は4月～5月が最盛期。

ラワンぶき
北海道足寄町の螺湾（ラワン）川に沿って生息し、草丈は2m以上、茎の直径が約10cmにもなる。太くてやわらかく、食物繊維は通常のふきの約3倍

鮮度の見分け方
・新葉がまっすぐ伸びており、みずみずしいもの
・ヤケがなく鮮やかな緑色のもの
・茎を持った時にしならないもの。ただし、太すぎると筋が硬く空洞があるので注意

最適な保存条件
ビニール袋に入れて冷蔵庫の野菜室で保存する。時間の経過とともに褐変するため、すぐに板ずりをして茹で、冷蔵庫で保存するのが望ましい。

栄養＆機能性
独特の苦み成分であるサポニンやタンニンは消化を助け、食欲を増進させる効果があるといわれる。

下ごしらえのポイント
・葉と硬い根元を少し切り落とし、まな板に並べて塩をふり、転がしながら板ずりをする。

・ゆでる際は、葉とともにゆでると香りがよくなる。

おすすめ料理

煮物	和え物	きゃらぶき
漬物		

販売アドバイス
・マヨネーズで和えてサラダ感覚にすれば、子供にも食べやすい。主に茎を食べるが、苦みの強い葉は佃煮などに使える。
・切り口が劣化した場合は、根元を切り茎を水に浸けておけばしおれを防ぐことができる。

POP
● ご飯が進む！春のきゃらぶき
● 葉も一緒に煮る香り豊かに仕上げるコツ

生産動向
生産量　2016年　11,200 t
　　　　2015年　11,500 t
　　　　2014年　11,700 t

2016年生産量 上位3位

愛知　4,490t（40.1%）
群馬　1,340t（12.0%）
大阪　972t（8.7%）
その他

ふき / クレソン / あしたば　　葉茎菜類

クレソン Watercress　アブラナ科

香りさわやか 肉にピッタリ

さわやかな辛みと香りが特徴。ステーキの付け合わせとして、外食産業での需要が多いが、近年は一般家庭でもサラダなどに使われるようになった。日本全国の水辺に野生種がみられるが、主力は施設栽培で周年出回る。

鮮度の見分け方
・葉が大きく、葉先が紫がかった濃緑色のもの
・茎が太く、葉と葉の間が詰まっているもの
・花が咲いているものは、茎が硬いことが多い

POP
●肉料理に添えてレストラン風に
●しゃぶしゃぶお鍋にも！

下ごしらえのポイント
・水を張ったボウルにつけてふり洗いをする。
・根元の硬い茎は切り捨ててから、あしらいに。

おすすめ料理

サラダ	スープ	天ぷら
おひたし		

販売アドバイス
・抗菌作用が期待されるので、お弁当の彩りにも。
・オリーブオイルと相性よく、炒めると食べやすい。
・ステーキに添えるだけでなく、しゃぶしゃぶや鍋にいれても。

あしたば Ashitaba　セリ科

香り豊かな健康野菜！

ビタミン、ミネラルが豊富で、さわやかな風味が特徴。大島、八丈島で特産野菜として栽培されている。「あしたば」という名は「今日摘んでも、明日になると新芽が出てくる」という生命力の強さがその由来。2月〜5月が旬。

鮮度の見分け方
・茎が細く葉先までハリのあるもの
・茎が茶褐色のものと緑のものがあるが、見た目により、緑の方がよいとされている

POP
●栄養たっぷり健康ジュース
●古来から親しまれる日本の薬用野菜

下ごしらえのポイント
・アクが強いため、塩ゆでしてから使うとよい。ただ、天ぷらなど高温の油で調理する場合は、そのまま使用。

おすすめ料理

天ぷら	おひたし	和え物
スープ		

販売アドバイス
・ビタミン・ミネラルが多いだけでなく強い抗酸化作用があるカルコンが含まれている。

葉茎菜類

うど Udo ウコギ科

和食だけはもったいない！ドレッシングにも好相性

独特の香りとシャキシャキ感が特徴。トンネルなどで軟白栽培する軟白うどが主流で周年出回る。春には露地の盛り土栽培の山うども出回り、2月～4月が最盛期。軟白うどを日光に当てて緑化させ、山うどとして出荷する場合もある。

軟白うど
茎が葉の近くまで白い。トンネルなどの暗所で栽培されている

山うど
葉が緑色。軟白うどに比べて香りとシャキシャキ感が強い

鮮度の見分け方
・株の切り口から穂先までだいたい同じ太さのもの
・穂先がピンと張っているもの
・茎は白く、芽先とハカマの色が淡いピンクのもの
・うぶ毛が密に生えているもの

最適な保存条件
常温で2～3日、5℃で5～7日保存可能。家庭では、光に当てないように新聞紙に包み、冷暗所で保存すること。光に当てると変色し、硬くなる。

POP
●葉先は捨てずにお吸い物の香り付けに
●サッとゆでてシャキシャキごま和え

栄養&機能性
ほとんどが水分で、細胞の浸透圧の維持に関わるカリウムが多いのが特徴。また、抗酸化作用が期待されるポリフェノールの一種も微量に含んでいる。

食物繊維　カリウム　ポリフェノール

下ごしらえのポイント
・4cmほどの長さに切り、皮をむく。アクは皮の近くにあるため、切り口の内側の円の部分まで厚めにむき、酢水にさらすと変色を防ぎ、きれいに仕上がる。

おすすめ料理

煮物	酢の物	和え物
サラダ		

販売アドバイス
・炒め物は火を通しすぎると歯ごたえが悪くなるので手早く仕上げること。
・葉先のやわらかい部分は生のまま天ぷらにしたり、お吸い物にいれても。

生産動向
生産量　2014年　2,800 t
　　　　2012年　3,429 t
　　　　2010年　3,479 t

2014年生産量 上位3位

その他
栃木 964t (34.4%)
群馬 603t (21.5%)
秋田 274t (9.8%)

うど / せり　　葉茎菜類

せり　Water dropwort　セリ科

メジャーな春の七草
鍋やおひたしに使いやすい

さわやかな香りと歯ごたえが特徴。春の七草として古くから日本人に親しまれ、季節を告げる野菜として、一定の消費がある。品種としては島根みどりなどが主流であるが、在来種も多く、栽培方法も畑栽培や水田栽培など多様。

三関せり
白く長い根が特徴。やわらかく根まで食べることができる。秋田の湯沢市三関地区で栽培される

鮮度の見分け方
・葉にハリがあり、緑色の濃いもの
・葉が黒くなっておらず、みずみずしいもの
・茎や葉にトロケがないもの

最適な保存条件
家庭では、乾燥しないように根を濡れた新聞紙やキッチンペーパーで包み、ビニールに入れて冷蔵庫の野菜室へ。

栄養&機能性
カロテンは皮膚や髪、爪の細胞づくりに関わるだけでなく、網膜の材料にもなるため目の健康にも重要な役割を果たしている。

 鉄　 カロテン　 ビタミンC

下ごしらえのポイント
・ボウルの中で茎のつけ根にある泥を楊枝などを使って丁寧に落とし、その後流水で洗う。やわらかく香りがよい根の部分は、捨てずに手で磨くように洗うとよい。

おすすめ料理

炒め物	鍋物	おひたし
雑煮	茶碗蒸し	

POP
● 鶏鍋との相性抜群 きりたんぽの定番
● シャキシャキ食感 香りで食欲増進も

販売アドバイス
・生の葉は薬味としても使うことができる。
・こまつなやほうれん草などのおひたしに少量混ぜると、食べやすく香りのアクセントにもなる。
・きりたんぽの定番野菜。鶏の出汁をつかった鍋にぴったり。

生産動向

生産量	2014年	1,353 t
	2012年	1,326 t
	2010年	1,568 t

2014年生産量 上位3位

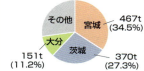

宮城 467t (34.5%)
茨城 370t (27.3%)
大分 151t (11.2%)
その他

49

葉茎菜類

にら Chinese chive ヒガンバナ科(ユリ科)

中華料理といえばコレ！
保存時に傷つけないこと

臭い消しにもなる強い香りが特徴。主流は葉幅1cmほどでやわらかい大葉にら。小葉にらは耐暑性があり細葉だが、在来種が多く栽培は少量。周年安定して出回るが、旬は冬～春で、1月～5月の入荷量が比較的多い。他に軟白栽培する黄にら、とう立ちしたものを食用とする花にらがある。

鮮度の見分け方
・葉にツヤがありみずみずしい緑色のもの
・葉先までまっすぐ伸びているもの
・葉の幅が広く肉厚のもの
・茎の切り口が乾いていないもの

最適な保存条件
家庭では、ラップで包んで冷蔵庫の野菜室に立てて保存する。葉が傷みやすいので、折れないように注意し、きつく巻きすぎないこと。

栄養&機能性
独特の臭いの成分は硫化アリル。自律神経を刺激して新陳代謝を活発にする働きがある。消化促進の効果もあるので食欲不振、胃もたれなどにもよいとされる。カロテン、ビタミンC、B1、B2とバランスよく含む。

硫化アリル　ビタミンK　カロテン

下ごしらえのポイント
・ゆでてから使う場合は、ざく切りにしてから。根元を1cm切り落とし、3～4cmの長さにし、たっぷりのお湯で30秒でゆであげる。その後、色止めをする場合は冷水にとるが、そのままザルでさましてもよい。

おすすめ料理

和え物	おひたし	炒め物
鍋物	にらたま	餃子
スープ	卵とじ	

POP
●ギョウザ、ワンタン　中華総菜にベストマッチ
●刻んでしょうゆ漬けに肉にあう万能調味料
●香り成分が元気のもと卵とじでたっぷり食べよう！

販売アドバイス
・水気がついていると腐りやすいので、調理前の水洗いは手早く。できるだけその日のうちに使いきるようにする。
・臭いが気になる場合は、ごま油で炒めたり、鍋料理で肉類と一緒に食べれば気にならない。
・臭いのもとである硫化アリルは肉の臭いを消すのに最適。レバーやジンギスカンに合わせるとよい。
・栄養価が高いので、疲れたときや食欲のないときに食べたい野菜。たとえば、刻んで雑炊や粥に入れるとのどごしがよくなり、卵を加えると栄養満点メニューに。
・刻んだ生のにらを醤油に漬けて保存しておくと、炒め物や焼き肉のタレ、ラーメンの香味などに便利。

にら　葉茎菜類

にら品種紹介

花にら
つぼみと茎を食用とする。やわらかく香りは控えめ。炒め物に向く

黄にら
軟白栽培させたにらの新芽。やわらかく甘みがあり、汁物にやおひたしに

行者菜
にらと行者にんにく（131ページ）を交配した野菜。にらよりもビタミンAが多い。主な出回りは5月初旬～9月末

Q 二つ折りにして持ち帰ったところ、特有のにおいがきつくなっていた。

葉の組織が傷むことにより、臭いの成分である硫化アリルが気化したことが原因。同じように、調理の際に、切ってしばらくおいておくと臭いが強くなる。これを応用し、肉などの臭いを消したり、食欲を増進させたいときは、あらかじめ切っておくとよい。ちなみに、アリシンは根元の白い部分に多く含まれるため、根を細かく刻むと効果が強くなる。臭いが気になる場合は、調理の直前に切るとよい。

生産動向

生産量	2016年	62,100 t
	2015年	61,500 t
	2014年	61,400 t

2016年生産量 上位3位

高知　16,400t（26.4%）
栃木　10,400t（16.7%）
茨城　7,740t（12.5%）

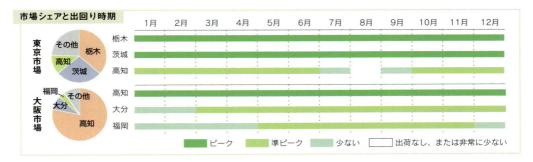

市場シェアと出回り時期

ピーク　準ピーク　少ない　出荷なし、または非常に少ない

葉茎菜類

セロリ　Celery　セリ科

サラダ以外にも用途あり
欧米の煮込みメニューにも

さわやかな香りとシャキシャキした歯ごたえが特徴。日本ではサラダ消費が一般的。以前は香りの少ない黄色種が主流であったが、現在は、程よい香りで肉厚の中間種が主流。欧米の主流は香りの強い緑種で、煮込み料理などに使われる。産地リレーによって周年出回る。

鮮度の見分け方
・茎が太く、長く、丸みがあるもの
・葉がみずみずしいもの
・茎の筋と筋の間の肉が盛り上がっているもの
・切り口にスがはいっていないもの

最適な保存条件
家庭では、コップの中に冷水を入れ根元をしばらく浸して、その日に食べるのが望ましい。2〜3日保存したい場合は、葉に栄養分が取られるため、葉と茎に分け、ラップで包み冷蔵庫の野菜室へ。

栄養＆機能性
代表的成分のカリウムは、神経や筋肉の機能を正常に保ち細胞内外のミネラルバランスを維持するといわれる。意外なことに食物繊維は100g中5gと、それほど多くない。ビタミンB6は、筋肉や血液などがつくられる時に働き、皮膚や粘膜の健康維持に関わるとされている。独特の香り主成分アピインには、神経沈静作用や食欲増進効果などが期待されている。

下ごしらえのポイント
・流水でつけ根の内側をしっかり洗うこと。

・スジ取りは、まず、葉のつけ根のフシの部分で葉と茎に切り分ける。茎の下の外皮側に包丁を入れてスジを起こし、手前に引くと簡単に取り除くことができる。

・スジが硬い場合は、茎の上からも同様に行う。

おすすめ料理

サラダ	炒め物	漬け物
スープ		

Q 切ったら茎の中に空洞があった。虫くいでは？

収穫が遅れて、成長しすぎたものにスが入ることが多く、食べても問題はない。しかし、食感が悪く特にサラダにすると硬くスジっぽく感じるため、その部分はスープの香りづけなどに利用するのがおすすめ。

Q あまってしまった葉の、食べる以外の有効利用方法を知りたい。

葉は栄養が多いが香りも強い。食べるのが苦手な場合は、布の袋に入れて少しもみ、お風呂に入れると冷え性改善になるといわれている。これはアピインというセロリの精油成分により期待される効能のひとつ。

POP
●パリッと生かじり！
　野菜スティック
●トマト料理をさっぱりと
　スープやジュースに
●揚げても美味しい
　天ぷらやフリッターにも

セロリ　葉茎菜類

セロリ品種紹介

ホワイトセロリ
茎が細く白く、みつばに似ている。
水耕栽培されクセがない

グリーンセロリ
葉だけでなく茎全体が緑色。スジは少なく肉厚で香りが強い。アメリカで多く消費されている

販売アドバイス

・茎の外側のスジが硬い場合、しっかりと取り除いてから調理する。
・肉類の臭いを消して料理に風味やコクをつけ、味を引き立てるのに役立つ効果がある。特に葉や茎の細い部分は香りが強いので、ブーケガルニ（香草の束）として、くず野菜とともにスープをとるときや、蒸し魚にするときに使うとよい。
・葉は天ぷらにしたり、刻んで佃煮風に煮るとご飯によく合う。
・セロリ独特の香りが苦手だという人も、リンゴなどの水分の多い果物やトマトと一緒にジュースにすれば飲みやすくなる。
・葉はレンジにかけて乾燥させて、粉状のふりかけ風にも使うことができる。
・一枝に分けてあるものよりも、株単位のほうが長持ちする。

生産動向

生産量	2016年	33,500 t
	2015年	32,300 t
	2014年	34,000 t

2016年生産量 上位3位

その他 3,030t (9%)
福岡 6,500t (19.4%)
静岡
長野 15,700t (46.9%)

市場シェアと出回り時期

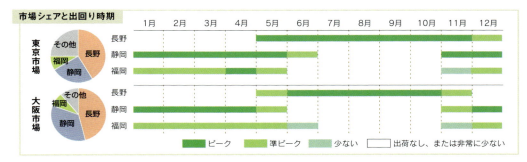

葉茎菜類

アスパラガス Asparagas キジカクシ科（ユリ科）

鮮度が大きく味に影響！買ったらすぐに調理して

コクのあるうま味と歯ごたえが特徴。かつては缶詰のホワイトアスパラが主流であったが、現在はグリーンアスパラがほとんど。最近はミニアスパラや生鮮のホワイトアスパラ、紫アスパラなど多様化している。国産の端境期にはメキシコ産、オーストラリア産などが出回り、ほぼ周年供給される。

鮮度の見分け方
- 太くまっすぐに伸びているもの
- 色が濃く、ツヤのあるものがよい
- 切り口がみずみずしく硬くなっていないもの
- 穂先がしっかりと閉まっているもの

最適な保存条件
0℃でも無包装では3〜4日が限界。家庭での保存は、ラップに包み冷蔵庫の野菜室に立てて入れておけば翌日くらいまで持つ。元来変質しやすい野菜なので、長期保存には向かない。

栄養＆機能性
アスパラギン酸はアミノ酸の一種で、体内でのさまざまな代謝に関与し、疲労回復に効果的といわれている。また血圧を下げるというルチンも含有している。

Q 輸入品の根の部分が赤茶色になっている。

生育期に低温にあったためで、ポリフェノール類の蓄積と考えられる。品質には影響はない。

下ごしらえのポイント
- 根元の硬い部分は火が通りにくいので、2cmほど切り落とし、さらに3cmほど外皮をピーラーでむく。
- 口当たりをよくしたい場合は、茎についている三角の部分（はかま）を包丁で取り除くとよい。
- ゆでる場合は、お湯に根から入れてゆでる。切ってゆでるとうま味も溶けるので、長いままゆでる。

おすすめ料理

サラダ	和え物	炒め物
グラタン	天ぷら	

販売アドバイス
- 鮮度がなによりおいしさの決め手。買った日のうちに食べない場合は、軽くゆでて冷凍保存するほうが味は落ちない。
- 太めのほうが甘くやわらかく味もよいといわれる。
- 切ってゆでるとうま味も溶け出るので、長いままゆでるほうがよい。
- 紫アスパラはゆでると緑色になる。
- ホワイトアスパラはゆでるときにレモン汁を加えるときれいな色に仕上がる。
- ホワイトアスパラガスはヨーロッパでは春を告げる野菜として親しまれている。

POP
- ベーコン巻きはお弁当の定番！
- ヨーロッパの春の味覚 ホワイトアスパラ
- 甘さとやわらかさ抜群 買ったらすぐにゆでて

アスパラガス 葉茎菜類

アスパラガス品種紹介

紫アスパラ
皮にアントシアニンを多く含む。緑に比べて糖度が高くやわらかい

ホワイトアスパラ
遮光または土寄せして軟白栽培したもの。ほろ苦く、うま味がある

ロングアスパラ
50cmまで成長させても穂先が開きにくい。品種名は「さぬきのめざめ」

ミニアスパラ
長さ10cmほどで若採りしたもの。タイなどからの輸入が多い

生産動向

生産量	2016年	30,400 t
	2015年	29,100 t
	2014年	28,500 t

2016年生産量 上位3位
- 北海道 4,210t (13.8%)
- 長野 3,570t (11.7%)
- 佐賀 2,790t (9.2%)
- その他

市場シェアと出回り時期

東京市場: メキシコ、栃木、豪州、佐賀、長崎、その他
大阪市場: 佐賀、タイ、メキシコ、長崎、福岡、その他

ピーク / 準ピーク / 少ない / 出荷なし、または非常に少ない

葉茎菜類

ブロッコリー Broccoli アブラナ科

栄養豊富で見た目も人気！才色兼備な優良野菜

食感と甘みと菜の花のような香りが特徴。品種は収穫する花蕾の場所によって分けられる。主流は茎に大きな花蕾をつける頂花蕾型。このほか脇芽が次々と生育する側花蕾型がある。夏場には、アメリカなどから輸入物が入り、1個100円前後で販売される。輸入によって消費が安定した代表品目。国産の旬は11月〜翌3月。

鮮度の見分け方
・緑色が濃く、ツヤのあるもの
・花蕾が大きく、こんもりとしているもの
・つぼみが小さく、よくしまっているもの
・茎の切り口が新鮮で、スが入っていないもの

最適な保存条件
家庭では、さっとゆでて冷蔵保存か、冷凍保存が望ましい。生のままの場合は、ポリ袋に入れて冷蔵庫の野菜室に入れ、早めに食べきること。

栄養&機能性
緑黄色野菜のエース格。とくにビタミンCは免疫力を高め、コラーゲン生成を促すビタミンとして知られ、ブロッコリーは100g中120mg。ゆでても半分近くの54mgが残る。カロテンやカルシウムなどのミネラルも含み風邪や生活習慣病の予防効果があるとされる。カルシウムの代謝を促すビタミンKも含まれているので、骨粗しょう症の予防効果も期待される。

下ごしらえのポイント
・つぼみの根元に包丁を入れ茎を切り落とし、一房ごとに切り分け、1％の塩水の中でふり洗いをする。

・茎もおいしいので、捨てないこと。厚めに皮をむき、乱切りにするか、短冊切りにすると火の通りが良い。炒めたり、花蕾と一緒にゆでて食べる。

|おすすめ料理|

サラダ	炒め物	和え物
揚げ物	クリーム煮	シチュー

販売アドバイス
・茎には食物繊維が多いので、捨てずに食べること。皮をむいて短冊に切って使うとよい。
・ゆでると一段と緑が鮮やかになるが、ゆですぎると色や歯ざわりに加え、ビタミンCも損なわれるため、電子レンジでの加熱もおすすめ。
・冬場にブロッコリーが紫がかっているものがあるが、寒さに当たってアントシアニンが出たもの。寒さに当たって甘みが増しているうえ、ゆでれば緑色になるので、問題はない。
・衣をつけて揚げる場合、あらかじめ少し硬めにゆでておくと色もきれいにふんわり仕上がる。
・つぼみは黄色い花が咲くが、味は落ちてしまう。
・葉や茎を切るときは、押し切りではなく包丁を手前に引くようにして切ると、切り口がきれいに見える。
・花蕾は水分の蒸散が激しいので、風が当たらないようにすること。

ブロッコリー　葉茎菜類

ブロッコリー品種紹介

スティックセニョール
キャベツの仲間のカイランとのかけ合わせ。茎がやわらかい

はなっこりー
山口県で育種されたスティックタイプ。中国野菜のサイシンとの交配

Q ゆでて食べようとしたら、ゆで水に油膜が浮いたが大丈夫？
植物の生理現象によってできるロウ状の物質。植物自体の防衛作用により発生する現象で、問題はない。

Q 表面に白い結晶状のものが付着しているが、これは何？
昼夜の気温差が激しいときなどに、樹液がしみ出て固まることがある。食べても問題ない。

POP
● お弁当の彩りによしボリュームも栄養もUP
● 栄養逃さない！水を振ってレンジ調理！
● 茎もシャキシャキ塩とごま油でもう一品

生産動向

生産量	2016年	142,300 t
	2015年	150,900 t
	2014年	145,600 t

2016年生産量 上位3位
- 北海道 20,400t (14.3%)
- 愛知 14,800t (10.4%)
- 埼玉 13,900t (9.8%)
- その他

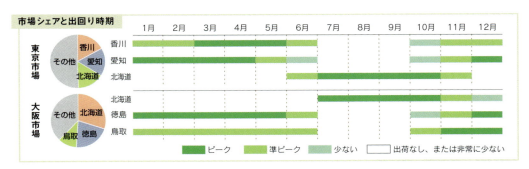

市場シェアと出回り時期

葉茎菜類

カリフラワー
Cauliflower　アブラナ科

**色や形にバリエーション
はなやかな盛り付けに！**

白色の品種は時間の経過とともに褐変がみられるため一時消費が落ちたが、挽回をめざして、オレンジ、黄、紫色の品種や、珊瑚状のイタリアのロマネスコなど、見た目を楽しむ品種も増えてきた。鮮度がよいほどコクと甘みがあり、加熱の仕方によって食感の違いが出る。ホットサラダやシチューなどに利用が多い。

鮮度の見分け方
・花蕾が白からクリーム色のもの
・花蕾が固く締まっているもの
・外葉にハリがあるもの
・ずっしりと重みのあるもの

最適な保存条件
家庭での保存はラップで包み冷蔵庫の野菜室で保存する。鮮度とともに甘みとうま味が減っていくので、できるだけ早めにゆでること。硬めにゆでれば冷凍保存もできる。

栄養＆機能性
抗酸化作用を持つビタミンCが豊富。ゆでても減少するのは3分の1ほど。また、ビタミンB1は糖質の代謝に関わり、エネルギー生産と、皮膚や粘膜の健康維持を助ける働きをする。不足すると脚気（かっけ）になることが知られている。そのほか、カルシウム、鉄分、食物繊維、カリウムなどを含む。

下ごしらえのポイント
・葉をはずし、くりぬくようにして茎を切り取ってから小房にカットする。

・ゆでる際は塩と酢を入れたお湯で、1〜2分。

おすすめ料理

サラダ	グラタン	シチュー
ポタージュ		

POP
● 白さを活かして
　クリーム煮やグラタンに
● ビタミンも豊富
　軽くゆでてサラダに
● ひと味ちがった
　カレー風味の炒め物にも

販売アドバイス
・鮮度劣化によって表面が汚れたようになる。味も低下してくるので早めに食べること。
・フランスでは新鮮なものを生食する。
・鮮度が味の決め手。買った日のうちに食べない場合は、軽くゆでて冷凍保存するとよい。
・ゆでる場合は塩水で。真っ白にゆでるコツは、湯にレモン汁、酢を入れるとよい。褐変の原因となるフラボノイド色素が抑えられて、真っ白にゆであがる。
・ふっくらした食感にしたいときは、小麦粉少々を入れてゆでるとよい。
・にんじんや赤とうがらしと共にピクルスにすると便利。
・薄切りにしてさっと炒めるとシャキシャキの歯ごたえが楽しめる。

カリフラワー | 葉茎菜類

カリフラワー品種紹介

オレンジブーケ
カロテンを含む優しいオレンジ色の品種。ゆでると鮮やかに。サラダ向き

カリフローレ
固く締まらない花蕾を房ごとカットして、スティック状にして利用する品種。甘みが強く、茎は緑がかる

紫カリフラワー
つぼみの先端にアントシアニンを含み紫色になる。ピクルスなどに

ロマネスコ
花蕾がサザエのような形になる。食感はややコリコリとしておりクリスマスシーズンに需要が増える

Q ゆでたら、小さい虫がたくさん出てきた。

この虫は、植物の新芽などにつくアブラムシ。産地では、野菜の外葉をはがして水洗いしているが、完全に除去できないことがある。

Q 花の先がポツポツと黒いが、病気では?

黒いポツポツが表面だけでなく内部まで黒い場合は、カビ繁殖が原因のため廃棄がのぞましい。表面が茶色い場合は汚れが原因と考えられる。とりのぞけば食べることができる。

Q 茎の部分が紫色をしているのは、農薬のせい?

カリフラワーはキャベツの仲間で、この種類の系統はもともと紫色のアントシアンが出やすい野菜である。このため、キャベツの仲間は種類によって、一部紫色をしたものが多くみられる。農薬のためではない。

生産動向

生産量	2016年	20,400 t
	2015年	22,100 t
	2014年	22,300 t

2016年生産量 上位3位
- 茨城 2,190t (10.7%)
- 徳島 2,070t (10.1%)
- 熊本 2,040t (10%)
- その他

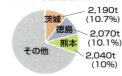

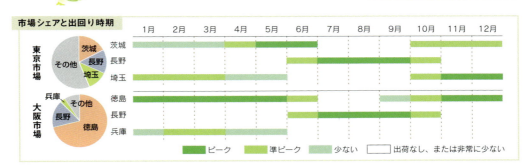

市場シェアと出回り時期

東京市場: 茨城、長野、埼玉、その他
大阪市場: 徳島、長野、兵庫、その他

ピーク / 準ピーク / 少ない / 出荷なし、または非常に少ない

59

葉茎菜類

菜の花 Nanohana アブラナ科

苦み少なく、風味豊か 食べやすい春の花

ほろ苦さと春を感じる香りが魅力。アブラナ科の植物のつぼみと花茎、若い葉を食用とする。品種は様々でこまつな、みず菜、チンゲンサイなども利用され、食べ比べるとそれぞれに風味の違いがある。周年出回るが、出荷量が多くなる時期は12月～翌4月。需要期は早春で2月～3月。

束ねて売られているケースが多く「花飾り」「花娘」「花かんざし」などの品種がある

鮮度の見分け方

・つぼみが開いていないもの
・茎の切り口がみずみずしいもの
・軸の中心まで緑色のもの。中心部が白くなっているものは老化したものである

最適な保存条件

家庭では、濡らした新聞紙などに包み、ポリ袋に入れて冷蔵庫の野菜室へ。立てての保存が望ましい。時間の経過で味が落ちやすく、苦みが出るため、早めに食べること。ゆでてから冷蔵庫で保存し、2～3日で食べるのがおすすめ。

Q 菜の花と菜花（なばな）の違いは？

「菜の花」は、花、つぼみ、若い葉茎を食べるアブラナ属の総称だが、もともとは油菜の花のことであった。現在は「菜の花」と呼ばれるものは在来種系、「菜花」はセイヨウアブラナ系が多い。

栄養＆機能性

ビタミンCを100g中130mgと比較的多く含む。皮ふや粘膜の健康維持に関わり、さらに病気やストレスへの抵抗力を強める効果が高いといわれている。ほかにもカロテン、ビタミンB1、ビタミンB2、カルシウム、鉄分、食物繊維、カリウムなどを含む。これらは、抵抗力を強め、貧血や便秘などにも効果が期待される。

下ごしらえのポイント

・水を入れたボウルでしっかりとふり洗いをし、茎の下の硬い部分は切り落として使う。

・火が通りやすいので加熱は短時間にすること。

おすすめ料理

和え物	炒め物	吸い物
揚げ物	塩漬け	

販売アドバイス

・水を吸うと花が咲いてしまうので注意する。
・冷蔵庫で保存中も徐々に水分は減っていくので、2～3日中に食べるのがよい。長く保存したいときは、ゆでたものを塩漬けにしておくのがおすすめ。
・つぼみも茎もおいしく食べられるが、食感が違うのでそれぞれ食感を活かすとよい。
・葉もやわらかいため、取り除かずに食べるとよい。見た目を気にする場合は、別々に盛り付けるときれいに見える。
・香りが魅力なので味つけはシンプルに。

菜の花　**葉茎菜類**

その他の品種紹介

アスパラ菜（オータムポエム）
赤菜苔（こうさいたい）と菜心（さいしん）を掛け合わせた。アスパラガスの風味がある。オータムポエムはサカタのタネの販売名称

プチヴェールの花
芽キャベツとケールの交配種のプチヴェール（126ページ）がトウ立ちしたもの。茎もやわらかく甘みがある

かき菜
北関東の在来種の菜の花。北関東の一部で特産品にもなっており、旬は3月

のらぼう
関東で春を告げる野菜として親しまれる。江戸東京野菜。旬は3月頃

おいしい菜
博多のブランド菜花。セイヨウアブラナ科で、クセや苦みが少なめ

POP
- パスタの具にも　季節の魚介と塩にこだわって
- 香りを豊かなおひたしに　シンプルに春を楽しもう
- ちびっこには　チーズグラタン

生産動向

生産量		
2014年	7,022 t
2012年	7,701 t
2010年	7,506 t

2014年生産量 上位3位

- 千葉　1,400 t（19.9%）※花+葉茎
- 徳島　1,284 t（18.3%）※花のみ
- 香川　756 t（10.8%）※花のみ

市場シェアと出回り時期

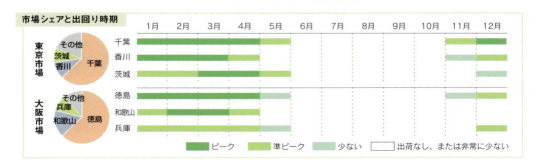

東京市場：千葉、香川、茨城、その他
大阪市場：徳島、和歌山、兵庫、その他

ピーク　準ピーク　少ない　出荷なし、または非常に少ない

果菜類

きゅうり Cucumber ウリ科

サラダの定番だけではなく炒めものなど加熱しても

トマトに次いで流通金額が多い重要野菜。品種は黒イボ系と白イボ系に大別される。現在の主流は、白イボ系のなかでも果実の表面に白い粉が出ないブルームレス。またイボなし品種のフリーダムもある。近年、加賀太きゅうりなど地方在来種もレストラン需要がある。産地リレーにより周年出回るが、本来の旬は夏。

鮮度の見分け方

- 太さが均一で両端がしっかりしているもの
- 見た目よりも重量感があり、緑色が鮮やかなもの
- イボのある品種の場合、表面のイボが痛いくらいとがっているものが新鮮
- ツルに近い部分がフカフカしているものは古くなってスが入っている。さらに劣化すると、しなび、変色、果肉の軟化、部分肥大になる

栄養＆機能性

カリウムはナトリウムとの体内バランスを保ち、主に血圧を下げる働きを担っている。このほか、水分も多いため、利尿効果もあるといわれている。96％は水分。残りの４％にビタミンやミネラル、炭水化物などがわずかに含まれる。

下ごしらえのポイント

- 板ずりをすると、色がよくなる。板ずりとは、洗ったきゅうりをまな板において全体に塩をふり、手のひらでゴロゴロころがすこと。塩はきゅうり１本につき、小さじ１/３〜１/２くらい。色鮮やかになるだけでなく、表面のイボが取れ、皮もやわらかくなる。

おすすめ料理

サラダ	漬物	炒め物
汁物		

最適な保存条件

家庭では水気を取ってラップにくるみ冷蔵庫の野菜室へ。

Q 冬に食べたら、へんな臭いと苦みを感じたが、なぜ？

臭いの原因は、生きた植物の呼吸によって生成される発酵臭で、苦みの原因は、きゅうりが持つ苦味成分のククルビタシン。どちらも低温や過熱などの条件で強くなるため、今回は冬の低温がひきおこしたものと思われる。

販売アドバイス

- 冷蔵庫に長く置きすぎると低温障害となる。主に果皮にくぼみができる、白い濁った汁が出るといった症状がみられる。
- 皮についている白い粉はブルームと呼ばれている。きゅうりから自然に分泌されるもので、農薬ではない。
- 現在主流となっている品種は繊維がやわらかいため、薄切りにして塩でもむ場合は、あまりもまず、絞るだけでよい。
- 頭の部分が苦いものはククルビタシンと呼ばれる苦味成分によるもの。水に溶けにくく、熱しても壊れにくいので、切り捨てたほうがよい。

きゅうり　　果菜類

きゅうり品種紹介

フリーダム
イボがないため洗いやすく調理がしやすい。皮は明るい緑色で、やわらかめ。爽やかな色と触感を活かし生食や浅漬けに向く

四川
白イボ系。皮が薄く果肉が硬いため、歯ごたえが良い。漬物に向く

加賀太きゅうり
大型で長さ 22～27cm、重さ 500g～800g。加賀野菜のひとつで煮物に使われる

白きゅうり
薄緑を帯びた白いきゅうり。青臭くなく苦味も少ない。サラダや漬物に

半白きゅうり
頭が緑で、先になるにしたがって黄緑になる。皮がやわらかく漬物向き

ハート型・星型
輪切りにするとハート・星形の切り口に。品種ではなく型にはめて栽培される

花きゅうり
6cmほどで花がついたまま出荷される。料理のあしらいに使われる

POP
- ぬか漬けにしてミネラル補給
- 炒めても美味しい強火で手早くピリ辛に
- 暑い夏にガブッと一本

生産動向

生産量	2016年	550,300 t
	2015年	549,900 t
	2014年	548,800 t

2016年生産量 上位3位

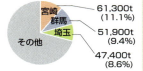

- 宮崎　61,300t（11.1%）
- 群馬　51,900t（9.4%）
- 埼玉　47,400t（8.6%）
- その他

市場シェアと出回り時期

東京市場：群馬／埼玉／福島／その他
大阪市場：宮崎／北海道／愛媛／その他

ピーク　準ピーク　少ない　出荷なし、または非常に少ない

果菜類

かぼちゃ Pumpkin ウリ科

食味の違いのほか
ユニークな形も楽しみに！

粉質で甘い西洋種の栗かぼちゃ系品種が主流。本来の旬は夏だが、冬至のイメージが強く、冬場（11月～翌4月）は国産だけでなくメキシコなどからの輸入物も10万t前後入る。他に粘質の日本かぼちゃ、ペポかぼちゃの一種のズッキーニ（85ページ）などがある。ペポかぼちゃは本来は観賞用が多い。

黒皮栗
西洋種の主流。果肉は甘くホクホクとした粉質。別名えびすかぼちゃ

黒皮かぼちゃ
日本かぼちゃ。皮はごつごつし、果肉はねっとり。和食の煮物向き

鮮度の見分け方
・完熟して、大きさの割に重量があるものがよい
・ヘタの部分が硬いものがよい。また、ヘタに縦に亀裂があるものは果肉がしまっている
・皮の表面に傷のないものがよい

栄養＆機能性
ビタミンEは抗酸化ビタミンのひとつで、細胞膜の酸化を抑えるため、アンチエイジングや生活習慣病の予防効果が期待されている。また、西洋種にはビタミンCとカロテンが豊富に含まれており、活性酸素を除去し、皮膚や粘膜を強くするとされる。そのほか鉄分、ビタミンB1、B2、カルシウム、食物繊維などもバランスよく含まれている。

  炭水化物

下ごしらえのポイント
・種をとるときに、ワタもしっかりと取ることが美しく仕上げるコツ。また、皮をむくと味がしみやすい。

・煮崩れないようにするには、面取り（切り口の周りをぐるりと薄くそぐこと）をするとよい。かぼちゃの場合は皮がついている面だけでもよい。

おすすめ料理

煮物	きんとん	天ぷら
サラダ	スープ	菓子

最適な保存条件
家庭ではカットは冷蔵、丸ごとは常温で保存する。湿気を嫌うので、なるべく乾燥した場所に置く。カビが生えやすいので注意。

Q 甘い品種とあったが甘くない。

どのかぼちゃも、貯蔵によってデンプンが糖に変わり甘くなる性質がある。収穫直後のかぼちゃはでんぷんが多いため、甘さを感じにくい。

Q 皮の部分を食べたら渋かった。

ウリ科の植物に含まれる苦味成分、ククルビタシンによるもの。ククルビタシンはゴーヤーの苦味成分でもある。

POP
● 甘さをいかして
　ヘルシースイーツ
● 味にも好相性のバターで
　カロテン吸収もUP
● 寒さ本番
　冬至にかぼちゃを！

かぼちゃ　果菜類

かぼちゃ品種紹介

坊ちゃん
西洋種の小型かぼちゃ。500g前後で食べきりサイズ。果肉は粉質

打木赤皮甘栗かぼちゃ
粘質系のかぼちゃで加賀野菜のひとつ。日持ちがよく常温で1ヶ月保存が可能

プッチィーニ
クリーム色にオレンジの縞が入るミニかぼちゃ。電子レンジ調理にも向く。常温で2〜3ヶ月保存がきく。粉質で詰め物などに

コリンキー
皮ごと生食できるかぼちゃ。スライスしてサラダや漬物に

鹿ヶ谷かぼちゃ
京野菜のひとつ。ひょうたん型が特徴で、粘質で煮崩れしにくく、煮物に利用される

そうめんかぼちゃ（金糸瓜）
ペポかぼちゃの一種で「金糸瓜」の別名。ゆでると実がそうめん状に

ながちゃん
長さ50cmほどの細長い形が特徴。甘みが強くホクホクしている

販売アドバイス

- おいしい煮物のポイントは3つ。必ず皮のほうを下にして、重ならないようにすること。煮汁はひたひたで、かぼちゃが浮かないように落し蓋をすること。火加減は弱火にすること。
- 皮の色が薄いものは実の色も薄い傾向がある。メニューによって好みで選ぶとよい。
- 完熟したものは日持ちがよく、風通しのよい乾燥したところに置けば、長期貯蔵できる。
- オリーブオイルやバターなどの油脂とともに調理すると、カロテンの吸収が高まる。
- 冬至にかぼちゃを食べると風邪をひかないという民間信仰がある。

生産動向

生産量		
2016年	185,300 t
2015年	202,400 t
2014年	200,000 t

2016年生産量 上位3位

- 北海道 82,900t (44.7%)
- 鹿児島 9,130t (4.9%)
- 茨城 8,090t (4.4%)
- その他

市場シェアと出回り時期（東京市場／大阪市場）ピーク／準ピーク／少ない／出荷なし、または非常に少ない

65

果菜類

なす　Eggplant　ナス科

個性あふれる地方品種
郷土料理の楽しみもあり！

日本では奈良時代から栽培されていたといわれ、現在も地方品種が各地に多く残っている。品種は形や大きさによって大別でき、全国的に主流となっているのは、用途性が広く栽培しやすい長卵形である。地方品種には、関東の卵形、東海・関西の長卵形、九州の大長なす、北陸や京都の丸なすなどがある。注目に値するのは、その地方品種のほとんどが各地域の郷土料理に深く関わっていること。用途によって漬物用、田楽用というように品種が使い分けなされている。近年は生食できる水なすや、ヨーロッパ産のカラフルな品種も出回っており、イタリアンやフレンチレストランのシェフから注目が集まっている。出回り時期は、主流の長卵形が産地リレーにより周年。地方品種は本来の旬に近く、夏〜初秋であることが多い。

鮮度の見分け方

・皮に光沢とハリがあるもの
・表皮に色ムラがなく、ガクの下の色が白いもの
・ヘタの切り口が新しいもの
・とげのある品種の場合は、とげがとがっているもの

最適な保存条件

5℃以下で内部褐変などの低温障害を起こすので常温で保存が望ましい。野菜室で保存したい場合は、紙袋か新聞紙に包み、冷えすぎないようにする。いずれの場合も、乾燥によるしなびに注意すること。

栄養＆機能性

実のほとんどが水分であるが、なすの紫色の色素はポリフェノールの一種で、その機能が注目されている。この色素はナスニン、クロロゲン酸で、抗酸化作用があり、がん予防、高血圧の予防、またコレステロール値を下げる働きがあるといわれている。さらに、血管の柔軟性を保つ作用や出血を防止するなどの効果でも注目されているルチン、ケルセチンが含まれている。わずかではあるが、食物繊維、ビタミン、ミネラルなども含まれている。

（カリウム）（ナスニン）（ビタミンK）

下ごしらえのポイント

・ガクの下の部分は、なすが一番新しく成長したところ。やわらかく甘みがあるので、身をなるべく残すようにして、ヘタだけを切るとよい。

・アクが強いので、切ったらすぐに水にさらし5分ほどつけておくとよい。水から浮いて空気に触れてしまう場合は、落し蓋をすること。

・中華では切った後に油通し（高温の油にくぐらせること）してアクを抜く。この方法はカレーの具として使う場合にも有効。油通しをすると、皮の紫色も鮮やかに仕上がる。

おすすめ料理

焼き物	煮物	揚げ物
炒め物		

なす　　果菜類

販売アドバイス

- 丸ごと使う場合や、大きく切ったものを調理する場合は、皮に3～5mm間隔で浅く切り込みを入れておくと、味がしみやすい。切り込みを入れた後に水にさらす場合は、切れ目にしみた水分も丁寧にしっかり拭うと、よりおいしく仕上がる。
- 焼きなすは、尻の部分にわり箸を差し込み、穴をあけた後、皮が真っ黒になるまで強火で焼くと、香ばしく仕上がる。
- 油を吸いやすいため、ソテーにする時は、油を一度に入れないこと。キッチンペーパーなどを使い、少しずつフライパンに塗るようにして加えると、油分を抑えることができる。
- 色よく仕上げるには、多めの油でさっと仕上げるとよい。

Q アルミ鍋でゆでたところ、なすが緑色になり、汁が黒くなったのはなぜ？

果皮の成分のアントシアンが溶出したため、なすが緑色となり、煮汁の成分が鍋のアルミニウムと結合したため、汁が黒くなった。

Q 塩もみを食べたら喉がヒリヒリしたが、なぜ？

干ばつなどの環境下で栽培すると、アルカロイド系物質がなすに多く生成される。この物質の強い苦みと考えられる。

Q 10℃以下の冷蔵庫で2～3日間保存したら、皮がやわらかくなり褐色になったがどうして？

低温保存で栄養価の減少が抑えられる通常の野菜とは違い、なすは温度が10℃以下では呼吸作用がほとんど止まり窒息状態になるため、皮がやわらかくなったり褐色になる。保存は10℃以下にならないようにしたい。

Q 実の途中から小さな塊が出て変形しているが大丈夫？

低温や過湿、肥料過多などが原因。花芽に栄養分が過剰に供給され起こる現象で問題ない。

Q 水洗いしたら水が異常に着色したが大丈夫？

紫色であれば、なすの果皮に含まれる水に溶けやすい色素（ナスニン）と思われる。自然現象であるため問題はない。

POP
- 油を引いて強火でサッと！色よく仕上げるコツ
- 紫色はポリフェノール 皮も食べなきゃソン！
- 煮ても焼いても！和洋中にいろいろアレンジ

生産動向

生産量　2016年　306,000 t
　　　　2015年　308,900 t
　　　　2014年　322,700 t

2016年生産量 上位3位
高知　38,900 t（12.7%）
熊本　30,700 t（10%）
群馬　23,500 t（7.7%）

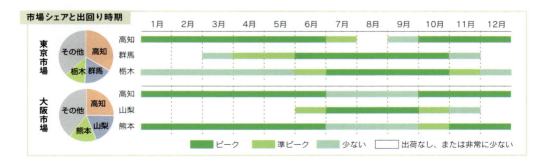

市場シェアと出回り時期

果菜類

なす品種紹介

大長なす
長さが30cmになる細長いなす。九州に多くみられる。実がやわらかく、加熱すると食感がなめらかになる。焼きなすや炒め物、煮物などに向く

赤なす(ひごむらさき)
赤紫色の皮が特徴。ずんぐりとした姿で25cm以上になる。種が少なくやわらかい。またアクが少ないため焼きなすに利用されることが多い

米なす
大型で緑色のヘタが特徴。アメリカのなすを品種改良したもので、加熱調理に向く。田楽や、焼きなすにすると、トロッとした味わいになる

白なす
イタリアの品種。小ぶりで皮が白い。加熱するとねっとりするが、皮は変色する。日本では緑色のなすを白なすと呼んでいる地域もある

青なす
緑色のなす。加熱すると実がやわらかくなるため、ソテーや田楽などに。加熱後は褐変するので、なるべく高温で調理するとよい。地方によっては青なすを白なすと呼ぶ場合も

絹かわなす
絹のようなやわらかい皮が特徴といわれる。実もやわらかいため、浅漬けに向く。愛媛県西条市で作られてきた地方品種で、出回りは6月〜10月

なす品種紹介　　果菜類

水なす
絞ると水が滴るほど多汁。漬物のほか、鮮度の良いものは刺身にも。大阪の泉州水なすが有名で、主に贈答用の漬物として出回っている

萩たまげなす
山口県の田屋なすの500g以上のものを指す。皮が薄く、実がやわらかい。焼きなすや田楽など、加熱向き。出回りは5月下旬～7月中旬

ゼブラなす
イタリアの品種。白と紫から赤紫色の縞模様が入る。実が硬いが、加熱するとトロッとするので、ソテーや煮込み料理にするとよい

小なす
種が少なく皮がやわらかいため、皮ごと漬物にされることが多い。地方品種も多く、卵型、丸型など形もさまざま、漬け方も地方により異なる

寺島なす
黒紫色で小ぶりの卵型。皮が厚めで、主に漬物に利用されていた江戸東京野菜のひとつ。丸ごとの天ぷらにしても。出回りは6月～11月上旬

賀茂なす
直径12～15cmの大型の丸なすで京野菜のひとつ。加熱するとトロッとし、煮物や田楽などに利用される

京山科なす
電球形で80g程度。皮が薄く水分が多めで鮮度劣化が速い。種が少ないため、漬け物に向く。京野菜のひとつ

へた紫なす
加賀野菜のひとつ。肉質がち密でやわらかい。皮が薄く漬け物にされるほか、金沢ではなすそうめんにされる

果菜類

トマト　Tomato　ナス科

魅力は甘さだけじゃない 色・機能性にも注目！

卸売市場の取扱金額ではトップのトマト。品種の主力は完熟系大玉トマトであるが、甘さや色、調理用途の異なる品種を、常に数種類そろえる小売店も多くみられる。糖度が高くコクのあるタイプに根強い人気があり、糖度表示をしている店もある。そのほかカットの手間がないミニトマト、イタリア料理に使う加熱調理用トマトの人気も高い。加熱調理用の品種は、うま味成分を多く含み、果肉が厚くゼリー部分が少ないものが多く、おでんや鍋物など和食にも利用されている。近年は、赤色の色素であるリコピンを持たない緑色や黄色の品種や、アントシアニンを含む紫色や黒色といった珍しい色の品種、原種または原種に近い品種も一部取り入れられており、さまざまな品種を詰め合わせたものが、贈答用として人気になっている。

鮮度の見分け方

- 色ムラがなく、ツヤとハリがあるもの
- 全体に硬くしまり、丸みがあるもの。果実が角張っているものは空洞果であることが多い
- ヘタが緑色で切り口が新鮮なもの
- ヘタの近くがひび割れていないもの
- 果皮に白い細かな斑点が浮き出ていないもの

最適な保存条件

家庭ではパックのまま冷蔵庫の野菜室へ。青い部分が残っている場合は、常温での保存がよい。

栄養＆機能性

赤い色素はリコピンと呼ばれ、抗酸化作用があり、がんや生活習慣病の予防が期待されている。脂溶性のビタミンEは油と同時に摂ると吸収が高まるため、オリーブオイルとの相性がよい。また、免疫機能を高める効果があるカロテンを含んでいるほか、体内のナトリウムを排出するカリウムも含んでいる。

下ごしらえのポイント

- 皮のむき方は大きさに合わせて2通りある。大玉はヘタにフォークを刺し、直火で焼いたあと、冷水にとって皮をむくとむきやすい。

- 中玉やミニトマトの皮をむくときは、ヘタを取り除きを沸騰したお湯にくぐらせて5〜10秒ほど浸し、皮がめくれたら氷水にとって皮をむく。

- 冷凍保存するときは、解凍する過程で皮を簡単にむくことができるため、皮つきのままでよい（ただしヘタは取り除いておくこと）。

おすすめ料理

サラダ	ソース	トマト煮
シチュー	スープ	味噌汁

トマト　果菜類

販売アドバイス

・触るときに力を加えると果肉がぶよついてくるので扱いに注意する。
・果頂部が弱いのでヘタを下にして保存するとよい。
・うま味のもとであるグルタミン酸は熟すと多くなるため、青いものは室温で熟させるとよい。
・調理用トマトは皮が厚いため、ソースにするときは皮をむいたほうがよい。また、種を取り除くと水っぽくならない。
・オーブンなどでドライトマトにすると、スープやソースの隠し味など調味料として利用できる。
・皮を湯むきした後フルーツリキュールをかけると、甘さが引き立ちデザートに。
・たくさんあるときは、トマトソースにして保存するほか、丸ごと冷凍もできる。冷凍した場合は、スープやカレーなどに使うとよい。
・冷凍した場合は、解凍せずにスープやカレーにいれて使うと良い。皮がむけやすくなるため、取り除くと食感が気になる場合は取り除くこと。

Q 生食用トマトの中が空洞だが大丈夫？

生食用のトマトの空洞は、果実が大きくなる時期の養分不足であることが考えられる。できるだけ重量のあるものを選びたい。

Q 苦いトマトがあったが、農薬の影響？

農薬ではなく、日照不足、肥料（窒素）が多かった、土の水分が異常に多かったなどが考えられる。

Q 洗ったら水が赤く染まった。

トマトの開花時に着果ホルモンを花房に噴霧することがある。このホルモン剤には、噴霧した花房と未噴霧のものを区別するための合成着色料が入っている。まれにこの色素がトマトのヘタなどに残り、洗った時に溶け出すことがあるため水が赤く染まったと考えられる。

Q 調理用トマトは生でも食べられる？

海外では調理用トマトも生食で利用しているので問題なく食べることができる。

Q 調理用トマトの中が空洞だが大丈夫？

調理用トマトの中には空洞の品種がある。加熱しても水分が少なく形が崩れにくい。イタリアでは空洞を活かし、中に詰め物をする料理もある。

POP

- ●赤・緑・黄色 彩りサラダ
- ●オリーブオイルをプラス リコピン吸収 UP
- ●意外なおいしさ！ 味噌汁にトマト

生産動向

生産量		
2016年	743,200 t
2015年	727,000 t
2014年	739,900 t

2016年生産量 上位3位
熊本 129,300t (17.4%)
茨城 59,200t (8%)
北海道 49,000t (6.6%)

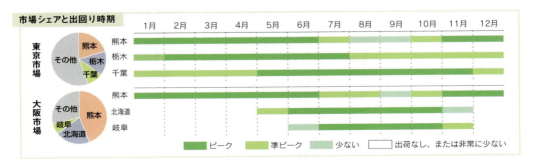

市場シェアと出回り時期

果菜類

トマト品種紹介

←このマークがついている品種は調理に向いているものです

ファースト
頭が鋭くとがるのが特徴。果肉は硬めだがジューシーでコクがある

桃太郎ゴールド
橙色に近い黄色丸玉系トマト。ややくせがあり、体内に吸収されやすいリコピンを含む

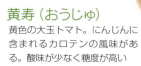

桃太郎
桃色系丸玉トマトの主流。果肉が硬めで、熟してから収穫される

黄寿(おうじゅ)
黄色の大玉トマト。にんじんに含まれるカロテンの風味がある。酸味が少なく糖度が高い

トマト品種紹介　　　**果菜類**

アメーラ
静岡で開発された高糖度のブランドトマト。栽培管理によって桃太郎の糖度を上げている

フィオレンティーノ
菊形トマト。イタリアではフィレンツェ地方で古くから栽培されている伝統品種。調理、生食向き

サンマルツァーノ
イタリアのトマトの代表品種。トマトソースなどに使われる調理用。うま味成分を多く含み酸味が強い

ブラックショコラ
茶色がかった赤。アントシアニンを含んでいる。果肉がしっかりしており、揚げ物にも

ローマンズゼブラ
赤と黄色の縞模様。果肉は赤い。硬めだが、生食向き

グリーンゼブラ
緑の縞模様が特徴。果肉が硬めで、ピクルスやジャムなどにも

73

果菜類

トマト品種紹介

←このマークがついている品種は調理に向いているものです

クマト
中玉でチョコレート色をしている。果肉が厚く、ジューシーで生食向き（メキシコ産）

アンデス
唐辛子のような形が特徴。果肉が厚く硬め。皮がむきやすく種が少ないので、加熱調理に向く。甘みは少ない

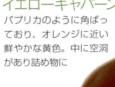

イエローキャバーン
パプリカのように角ばっており、オレンジに近い鮮やかな黄色。中に空洞があり詰め物に

ヴィオラ
細長く、色は赤でやや緑が残るためチョコレート色に見えることがある。皮はやや硬め。生食にもできるが過熱すると甘みが増す

ストライプドキャバーン
角ばっており、赤と黄色の縞模様が特徴。果肉が厚く硬いため、詰め物などに使える

ローマ
長卵形で肉質は硬め。味が濃く煮込み料理に向く調理用トマト。アメリカからの輸入が多い

グリーントマト
完熟しても赤くならない品種で、緑の濃いものと、やや白みがかったグリーンのものがある。糖酸比のバランスが良いものが多い

74

トマト品種紹介　果菜類

アイコ
プラム型。赤と黄の2種類がある。生食にも調理にも向く

華スイート
やや赤みのあるオレンジ色。ほどよい酸度がありさっぱりとしている

華クイン
皮がやわらかく、甘みが強い。他のミニに比べてやや大きめ

シシリアンルージュ
イタリア人ブリーダーが開発。濃厚でドライ加工や加熱にも向く

コンチェルト
鮮やかな赤で、細長い形。やや皮が硬め。グレープトマトとも呼ばれる。アメリカからの輸入が多い

トマトベリー
ハート形のミニトマト。臭みがなく皮もやわらかい。生食向き

イエローミミ
黄色系ミニトマトの代表選手。フルーツ感覚の甘さが特徴

ピッコロカナリア
オレンジ色はカロテンによるもの。濃厚でとろけるような食感がある

トスカーナバイオレット
抗酸化作用で話題のアントシアニンが含まれている。ぶどうのような色が特徴

マイクロトマト
直径が1cmより小さい。房つきで販売される。料理の飾りに

アメーラルビンズ
長卵形で、皮は硬めだが、高糖度。水やりを控えて作る

スイーティア
長細い形（涙型）が特徴のミニトマト。皮が厚めで、ゼリー部分が少なく、糖度は12度になることも

プチぷよ
皮が薄くツヤがあり、果肉はぷるんとした弾力がある。ゼリー質で果汁が多めで甘みがある

ルビンズゴールド
アメーラルビンズと同じく高糖度のミニトマト。黄色く小ぶりで、皮がしっかりしている

75

果菜類

ピーマン Bell pepper ナス科

色によって異なる味と栄養の豊富さが魅力！

とうがらしの甘味種のうち、ベル型の品種がピーマンと呼ばれる。主流は中型でクセがなく、肉の薄い品種。緑のピーマンは未熟なうちに収穫したもので、ビタミン類を多く含んだ栄養野菜として定着している。子供の嫌いな野菜の代表格であるが、近年は完熟させたカラーピーマンも、子供が食べやすく人気が出ている。周年出回るが、本来の旬は夏。

鮮度の見分け方
・濃い緑でツヤがあるもの
・全体にハリがあり、肉厚なものがよい
・ヘタがピンとしており、カビのないもの

最適な保存条件
産地パックされたものは、同じ袋のまま野菜室へ。バラの場合は、ポリ袋に入れて野菜室で保存する。水分が多いとヘタにカビが生える場合があるので、よく水気をふきとること。

下ごしらえのポイント
・ヘタを取るには、縦半分に切り、ヘタの部分にV字に切り込みを入れ、ワタと一緒に持ち上げると取り除ける。中に残った種は外側からポンポンとたたくと簡単に落ちる。料理を色よくしたい場合は、包丁を寝かせて残った白いワタをそぎ落とす。

おすすめ料理

サラダ	炒め物	和え物
網焼き		

栄養&機能性
香りの成分であるピラジンは、血液中の血小板の凝集を抑える働きがあるといわれ、生活習慣病の予防効果が期待されている。また、ピーマンは組織がしっかりしているので、豊富に含まれるビタミンCが加熱しても損失しない特徴がある。ビタミンCには肌や骨、血管を健康に保つ効果があり、血中のコレステロールを下げる働きもある。

販売アドバイス

・家庭で1週間保存することも可能だが、一つが傷むと他のピーマンも傷みだすため、早めに食べること。
・赤、黄、オレンジは緑のピーマンが熟したもの。甘みのほか栄養も高くなっている。
・においが気になる場合は、さっと湯通しするとよい。
・皮の内側から切ると、刃がすべらない。
・太さをそろえて千切りにする場合は、皮を下にしてまな板に置き、手で平らに整えてから切るとよい。
・シャキシャキに炒めたいときは繊維に沿って縦切り。生でやわらかい口当たりにしたいときは、繊維を断ち切るように横に切るとよい。
・生よりもさっと火を通したほうが甘みが増す。熱にも強いビタミンCなので、さっと炒めても大丈夫。

ピーマン　　　果菜類

ピーマン品種紹介

カラーピーマン
緑ピーマンの完熟したもので、緑よりもビタミンCやカロテンが多い

こどもピーマン
細長く凸凹がない。肉厚で苦みや臭みが少なく、子供にも食べやすい

ぷちピー
直径2〜3cm程のミニサイズ。果物のような香りと甘さ。種が少なくヘタも小さいので、容易に調理できる

たねなっぴー
種なしピーマン。調理の手間が省ける点で注目が集まる。肉厚で苦みが少ない。横浜植木が開発したオリジナル品種

Q マリネにしたいので、ピーマンの皮のむき方が知りたい。
ピーマンをコンロで焦げるまで焼いて、紙袋（もしくは新聞紙を袋状にしたもの）に入れて、10分間放置し、蒸らす。冷えすぎるとむきにくいので、温かいうちに紙袋の上からごしごしこすると手も汚れずむきやすい。手のひらで少しつぶすとヘタもとれる。

Q カラーピーマンにはどんな栄養素が含まれているの？
ビタミンCは100g中、赤には170mg、黄も150mgと通常の緑の倍以上。さらに、赤にはカロテンが1,100ugあり、油といっしょに摂ることで効率よく吸収できる。また、赤い色はカロテノイドの一種であるカプサンチンという成分。カロテン同様に高い抗酸化作用があり、生活習慣病の予防にも効果があるといわれている。

Q 子供が食べやすいピーマンは？
カラーピーマンの赤や黄は熟したもの。緑のピーマンより苦みが少なく甘みが増しているため、子供も食べやすい。また、苦みの少ないこどもピーマンなどもある。

生産動向

生産量	2016年	144,800 t
	2015年	140,400 t
	2014年	145,300 t

2016年生産量 上位4位
- 茨城 33,900t (23.4%)
- 宮崎 27,000t (18.6%)
- 鹿児島 13,000t (9%)
- 高知 13,000t (9%)

POP
- ●赤・黄・オレンジ　熟して甘く栄養たっぷり
- ●サッと湯通し　においも気になりません
- ●熱にも強いビタミン豊富　炒めてお子様にも食べやすく

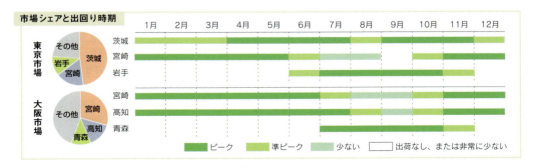

果菜類

パプリカ   Paprika   ナス科

カラフルで栄養価もあり生食で人気上昇中

外観、食味、栄養価の3拍子揃った野菜として定着。さまざまな色があるが、赤・黄・オレンジが人気。輸入品が主体（2017年＝43,608t）。1990年代にオランダ産で広まったが、現在では韓国産が8割近くを占める。近年は国内でも生産されるようになった。周年出回る。

カラーパプリカ
さまざまな色があり、色の違いによって風味が異なる。未熟果の時は全て緑色

鮮度の見分け方
・色が濃くでツヤがあるもの
・全体にハリがあり、肉厚なものがよい
・ヘタがピンとしており、カビのないもの

最適な保存条件
産地パックされたものは、同じ袋のまま野菜室へ。ラップに包んでもよい。その場合はよく水気をふき取ること。ピーマン同様、水分が多いとヘタにカビが生える場合があるので、時々チェックするとよい。

販売アドバイス
・肉厚だが水分が多いためつぶれやすい。重ねないように注意すること。
・黒、茶、紫色もあるが、加熱すると緑色に変化するので、色をそのまま使いたい場合は生のままで。
・飾りで使う場合は、内側の筋をそぎ取るとよい。

パレルモ（イタリアンパプリカ）
細長く20cmにもなるイタリアの品種。甘みが強くジューシー

下ごしらえのポイント
・ヘタをくり抜くときはペティナイフを使うとよい。

・皮をむくときはヘタの部分に串を刺して直火で焼き、真っ黒くなったら氷水にとって皮をむく。

おすすめ料理

サラダ	炒め物	和え物
ピクルス		

POP
● 甘みの黄、酸味の赤 バランスの良い橙
● 肉厚でフルーティ 簡単スティックサラダ

セニョリータ
フルーツパプリカとも。平たく、かきのような形をしており、臭みが少なく甘みがある。生食向き。カラーピーマンとして販売されることも

栄養＆機能性
ビタミンCは免疫力を高めたり、コラーゲン生成を促すビタミンとしても注目される。またパプリカに多いカロテンやカプサンチンとともに抗酸化作用がある。

ビタミンC　カロテン（黄・オレンジ）　カプサンチン（赤）

生産動向
生産量　2014年　3,649 t
　　　　2012年　3,996 t
　　　　2010年　2,663 t

2014年生産量 上位3位

宮城 1,023t (28%)
茨城 856t (23.5%)
熊本 289t (7.9%)
その他

パプリカ / ししとう　　果菜類

ししとう　Sweet pepper　ナス科

包丁いらず！
下ごしらえの手軽さも魅力

とうがらしの甘味種の小型果がししとう。丸ごと調理ができ栄養価も高く、揚げ物、煮物、焼き鳥など、和食で多く使われる。関西での需要が多く周年出回る。全体的には需要は低迷傾向のため、苦みや辛みがないことの説明と、食べ方の提案も必要。

伏見とうがらし
細長いため、「ひもとう」とも呼ばれる京野菜のひとつ。辛みがない。葉は「きごしょう」という佃煮に

万願寺とうがらし
京野菜のひとつ。種が少なく甘みがあり、肉厚でやわらかい。伏見とうがらしとカリフォルニアワンダーの交雑種

鮮度の見分け方
・ヘタまで緑色が鮮やかなもの
・実の先端がくぼんでいるもの
・皮にツヤとハリ、硬さがあるもの

最適な保存条件
常温ではしなびやすいため注意。温度が低いと低温障害を起こす。家庭での保存はパックのままか、ビニール袋に入れて冷蔵庫の野菜室で。

栄養＆機能性
カロテンは体内でビタミンAに変わり、体内の活性酸素を抑える抗酸化作用を発揮するほか、鼻、のど、消化管の粘膜や皮膚などを丈夫に保つ働きがある。

　カロテン　　ビタミンC　　カリウム

下ごしらえのポイント
・種を取り除かなくても、そのまま食べることができるが、揚げる場合や口当たりをよくしたい場合は、縦に切れ目を入れ、種をかき出すとよい。

おすすめ料理

網焼き	味噌焼き	油炒め
揚げ物		

販売アドバイス
・丸ごと調理ができ、熱してもビタミンCが壊れにくいが、色と香りを活かすため加熱は短めに。
・天ぷらは破裂を防ぐため、皮に切れ目を入れる。

POP
●早ワザ！おつまみ　トースターで焼くだけ
●ヘタも種もそのまま　丸ごと使える便利野菜

生産動向
生産量　2016年　7,720 t
　　　　2015年　7,680 t
　　　　2014年　8,260 t

2016年生産量 上位3位

高知　3,010t（39％）
千葉　980t（12.7％）
和歌山　379t（4.9％）
その他

79

果菜類

とうがらし Chili pepper ナス科

多様な辛さが魅力
辛味度によって使いわけて

辛味種と甘味種があるが、一般的なとうがらしは辛味種を指す。日本国内の主流は鷹の爪だが、地方品種も残り、世界的に多くの品種が存在する。青は未熟なもので、赤が完熟したもの。旬は夏。乾燥させたものが周年出回る。

島とうがらし
沖縄県の小型とうがらし

朝天辣椒（チョウテンラージャオ）
中国・四川省のとうがらし。麻婆豆腐に使われる

ハラ・ペーニョ
メキシコ原産。サルサソースに使われる

ハバネロ
メキシコ原産。5cmほどだが、最も辛い

鮮度の見分け方
・色ツヤがよくハリがあるもの
・硬くなっているものは古いことがある
・葉つきのものは、葉がピンとしているもの
・青い未熟果で種の少ないものは辛い

最適な保存条件
家庭ではしっかりと乾燥させて保存する。ただし、乾燥が不十分だとカビが生えるので、ラップをして冷凍保存がおすすめ。

下ごしらえのポイント
・種の部分が辛いため取り除く。頭を切り落とし、軽く胴をもみ、つまようじなどで削り取るとよい。乾燥とうがらしは、少し水に浸けてから行う。

おすすめ料理

スープ	キムチ	佃煮

栄養＆機能性
ビタミンCは免疫力を高めたり、コラーゲン生成を促すビタミンとしても注目される。また、強い抗酸化作用によって過酸化脂質の生成を抑制する働きがある。

ビタミンC　カロテン　カプサイシン

販売アドバイス
・調理後はすぐに手を洗う。目に触らないこと。
・ヘタの近くにカビが生えやすいので注意する。
・乾燥させる場合は風通しの良いところに逆さに吊るしておくとよい。
・辛みのもとはカプサイシンで、代謝を促し体脂肪を分解するといわれている。

POP
●夏にぴったりの辛さ　カプサイシンで代謝UP
●生の時期は今だけ！ビタミンCも豊富です

生産動向

生産量	2014年	189 t
	2012年	148 t
	2010年	141 t

2014年生産量 上位3位
- 山形 23t (12.2%)
- 大分 21t (11.1%)
- 栃木 20t (10.6%)
- その他

とうがらし / おくら　　果菜類

おくら　Okra　アオイ科

ねばりが胃の粘膜を守る夏のスタミナ野菜！

独特のねばりがあり、健康野菜として近年人気が高い。輪切りにすると五角形になる五角おくらが主流だが、最近は丸や紅色種、ミニおくらなども出回る。花も湯がいて食べることができる。旬は夏で6月〜9月が最盛期。冬場は輸入品が出回る。

丸おくら
サヤに角がなく丸い形のもの。五角に比べ大きめで、やわらかい

赤おくら
赤い皮はゆでると色が抜けて緑色になる。生のまま輪切りにして飾りに

ミニおくら
オクラの若採りで、やわらかく生食向き。レストラン需要が多い

鮮度の見分け方
・サヤがみずみずしく緑色が濃いもの
・表皮に産毛が密生し、ヘタが若々しいもの
・五角おくらは五角の稜線がはっきりしたもの

最適な保存条件
家庭ではビニール袋に入れ冷蔵庫の野菜室へ。できればゆでてから冷蔵がよい。塩ゆでしラップで包んで冷凍保存も。

栄養＆機能性
ビタミンB1は糖質のエネルギー代謝に関わる重要なビタミン。ねばり成分は水溶性食物繊維で、ペクチンなどの多糖類が数種含まれるという。整腸作用と健胃効果が期待される。

（ビタミンB1）（カロテン）（食物繊維）

下ごしらえのポイント
・全体に塩をふり手でもみ、そのままたっぷりの熱湯でさっとゆでて冷水にとると、うぶ毛が簡単に取れ、色も鮮やかになる。

おすすめ料理
スープ	サラダ	揚げ物

販売アドバイス
・ガクの周囲を薄くむくと、口当たりがよくなる。
・粘りを出したいときは、たたくように細かく刻むとよい。細かいほど粘りがでる。
・スープに入れて、自然のとろみを活かすとよい。
・しなびてしまうので、冷風に当てないように注意する。

POP
●スープに入れて自然なとろみをプラス
●ねばねばパワー家族の夏バテ予防に

生産動向
生産量	2014年	12,211 t
	2012年	12,295 t
	2010年	12,003 t

2014年生産量 上位3位

鹿児島 5,153t (42.2%)
高知 1,733t (14.2%)
沖縄 1,336t (10.9%)
その他

81

果菜類

とうもろこし Sweetcorn イネ科

とにかく鮮度が命！皮つきで立てて販売を

夏場の旬野菜で、甘くジューシーなものが好まれる。主力品種は甘味種（スーパースイート）で、黄色粒と白色粒が3対1の割合で混ざるバイカラー種と、モノカラー種（黄色種）がある。最近では、3色のものやモノカラー種のホワイトと多様に。出回り時期は短く6月〜9月。

鮮度の見分け方

- 外皮の緑色が濃いもの
- 粒が隙間なく入っており、外皮上から指で押すと少しへこむくらいのものが新鮮
- 頭部のひげがちぢれ、褐色か黒褐色のものがよい

最適な保存条件

家庭では皮つきのまま冷蔵庫の野菜室に立てて保存する。ただし、低温であっても5日以上になると甘みやうま味がなくなるので、早めにゆでて食べること。皮をむいた場合、粒のへこみを防ぐために、ラップで包装すること。ゆでた後は粒を外して冷凍保存もできる。

栄養＆機能性

亜鉛は皮膚や粘膜を強くする働きがあるほか、正常な味覚に欠かせないミネラルといわれている。ほかにも、歯を丈夫にするカルシウム、むくみの解消や高血圧予防に効果があるカリウムなどをまんべんなく含んでいる。さらに食物繊維も比較的多いが、種実の硬い表皮は消化が悪い場合もある。

亜鉛　ビタミンB1　カリウム

モノカラー黄色
粒が黄色一色。糖度が高くジューシー。焼きトウモロコシに人気

下ごしらえのポイント

- 新鮮さを保つために、調理直前に外皮をむくこと。

- ひげが残らないように手で取り除いた後、水を張ったボウルの中で洗うとよい。

- 蒸しとうもろこしにする場合は、薄皮を2枚ほど残してむき、皮とひげごと蒸すとふっくら仕上がる。

- 粒をはずして、肉類と一緒に炒めたり、フリッター、かき揚げ、コロッケの具、ピザのトッピングなど幅広く利用できる。冷凍保存も便利。

▶おすすめ料理

焼き物	蒸し物	スープ
揚げ物		

販売アドバイス

- 皮をむいたものは鮮度劣化が速い。店から持ち帰るときは、皮つきのほうがよい。
- 鮮度によって甘みが落ちるため、購入後はすぐにゆでる。
- 新鮮なものは生でも食べることができるが、保存する場合は、ゆでてから冷蔵しておいたほうがよい。
- 栄養素は主に胚芽部分に集中しているので、実を取る時はできれば手でむしるようにするほうがよい。
- 加熱は電子レンジを使うと手軽にできる。その場合は皮付きのまま、途中で上下の向きをかえて2〜5分の加熱が目安。

とうもろこし　　果菜類

とうもろこし品種紹介

バイカラー
粒の色の割合が、黄色3：白1で混ざっている。甘みが強い

ホワイト
実がツヤのある白色。小粒だが糖度が高く、皮もやわらかい

ベビーコーン
生食用のトウモロコシを若採りしたもの。ひげや薄皮も食用となる

三色コーン
実が黄色・白色・紫色のトリカラー。モチモチとした食感が特徴で、焼くと風味が増す

Q とうもろこしの中に黒い粒が混在している。腐っているの？

とうもろこしの別品種と花粉交配して重複受精したため変種の粒が生じた。さらに、これが加熱によって黒褐色に変色したと考えられる。

POP
- 加熱は薄皮ごとふっくら仕上がります
- 電子レンジで簡単おやつにいかが？
- 買ったらすぐに調理　栄養も甘みも逃がさない

生産動向

生産量		
2016年	196,200 t
2015年	240,300 t
2014年	249,500 t

2016年生産量 上位3位

北海道　62,600t（31.9%）
千葉　18,200t（9.3%）
茨城　15,100t（7.7%）

83

果菜類

ゴーヤー（にがうり） Bitter melon ウリ科

暑さを乗り切る栄養たっぷり
苦みは中のワタを取ればOK！

モモルデシンという苦み成分と、青い香りが特徴。好き嫌いが分かれるが、沖縄県では日常的に消費されている。別名はにがうり、ツルレイシ。一般に市場で流通しているのは、ずんぐり型で20cm、長細い型で25～35cm程の群星（むるぶし）。旬は夏で6月～9月に多く出回る。

白ゴーヤー
小ぶりで果皮が白く、苦みが少ない。サラダなどの生食にも向く

鮮度の見分け方
・濃く鮮やかな緑色で、黒い変色がないもの
・見た目の割りにずっしりと重い感触があるもの
・イボが密になっており、硬いもの

最適な保存条件
2日間程度なら常温でも保存可能。ただし、気温が28℃以上になると、熟成が進み黄色くなるので注意。カットして乾燥させたり、火を通してから冷凍保存してもよい。

POP
●夏と言えばコレ！
　ゴーヤーチャンプル
●卵と相性よし！
　苦みも抑えて栄養満点

栄養＆機能性
モモルデシンは、抗酸化作用をもつサポニンやアミノ酸で構成される成分。コレステロールや老廃物を排出する効果が期待されている。100g中のビタミンC含有量はトマトの約5倍。

下ごしらえのポイント
・苦みはワタに多い。両端を切り落とし、縦に半分に切って、スプーンを使い取り除くとよい。

・薄切りにする時は、半分にした切り口を下にすること。

おすすめ料理
炒め物 ／ 揚げ物 ／ 和え物

販売アドバイス
・種とワタをとった後、水を含ませたキッチンペーパーでくるんでラップし、冷蔵庫で保存すれば、10日間近くもつ。
・イボが折れやすく、折れたところから傷んでくるので手で触るときには注意すること。

生産動向
生産量	2014年	21,597 t
	2012年	22,361 t
	2010年	23,281 t

2014年生産量 上位3位

沖縄 7,876 t (36.5%)
鹿児島 2,989t (13.8%)
宮崎 2,852 (13.2%)
その他

ゴーヤー（にがうり）／ズッキーニ　　果菜類

ズッキーニ　Zucchini　ウリ科

広い料理用途に注目！
生食のヘルシーさもウリに

使い勝手のよさから需要が伸びてきていた野菜のひとつ。ほのかに甘くクセがない味と独特の歯ごたえが人気。姿はきゅうりのようだが、かぼちゃの一種で、花が咲いてから3〜4日後の未成熟の実を食べる。緑果種と黄果種があり、それぞれに長細形、丸形がある。周年出回るが、本来の旬は6〜8月。

丸ズッキーニ
細長いズッキーニと味は変わらない。球形を利用して、肉詰めなどに

グリーン・薄緑・イエロー
細長い形が主流。3色あるが、色による大きな味の差はない

鮮度の見分け方
- あまり大きくなく、皮が硬くないもの
- 皮にツヤがあり、切り口が新鮮なもの
- 太さが均一の方が種が少ない

最適な保存条件
乾燥に注意し、低温で保存する。家庭では、新聞紙またはラップに包んで冷蔵庫の野菜室へ。ラタトゥユ（野菜煮込料理）などにすると、生に比べ長く保存できる。

栄養＆機能性
カロテンは体内でビタミンAに変わり、体内の活性酸素を抑える抗酸化作用を発揮するほか、鼻、のど、消化管の粘膜や皮膚などを丈夫に保つ働きがある。

[カロテン] [ビタミンC] [カリウム]

下ごしらえのポイント
- 洗った後、両端を切り落とす。
- 皮はやわらかく食べることができるため、皮をむく場合は、数か所ピーラーでむく程度にとどめる。

🍴おすすめ料理

浅漬け	炒め物	揚げ物

販売アドバイス
- 皮がやわらかく傷つきやすいので、手で持つときには注意すること。
- 加熱調理に主に使われるが、薄切りにして生で食べてもクセがない。
- 果肉が油を吸いやすいので、油量を加減する。

POP
- ●蒸してヘルシー 温野菜サラダ
- ●夏にさっぱりと 冷やしラタトゥユ

生産動向

生産量	2014年	7,128 t
	2012年	6,126 t
	2010年	4,292 t

2014年生産量 上位3位

その他
長野 2,275t (31.9%)
宮崎 2,175t (30.5%)
群馬 690t (9.7%)

85

果菜類

とうがん *Winter melon* ウリ科

水分が豊富でヘルシー デトックス効果にも期待

夏に収穫され、日陰の風通しのよいところにおくと冬まで保存できるため、「冬瓜」という名称がついたといわれる。早生種は小果で偏球のもの、晩生種は大果で長円筒形のものが多い。各地に在来種も残る。最盛期は7月～9月で、冬場は沖縄から出荷され、周年出回る。

ミニとうがん
1.5kgほどの小型サイズ。家庭で食べきることのできるサイズで人気がある

鮮度の見分け方
・どっしりと重く、白い粉がふいているものがよい
・カットものは種がしっかり詰まっているものがよい
・形による味の違いはあまりない

最適な保存条件
温度は10℃前後で長く貯蔵できる。家庭での保存は丸ごとの場合は冷暗所で。カットものは、ラップで包み冷蔵庫の野菜室へ。また、皮をむき種を取り出した後、冷凍保存も可能。

POP
●冷やして美味しい夏の煮物に
●煮こんでトロン コンソメスープにも

栄養&機能性
カリウムはナトリウムを体外に排出する働きがあることから、血圧を下げる効果があるとされている。水分も多いため利尿効果も期待される。

下ごしらえのポイント
・ワタの部分はスプーンでとる。

・皮を厚くむくとやわらかくなりすぎるので、少し青みを残す程度にすると歯ごたえが残る。

おすすめ料理

煮物	吸い物	和え物
あんかけ		

販売アドバイス
・たっぷりの湯で4～5分ほど下ゆでしてザルにあけて冷ましておくと、透明感が増し味もしみやすくなる。
・和風の味付けだけでなく、コンソメスープなどにも合う。

生産動向
生産量　2014年　11,326 t
　　　　2012年　11,515 t
　　　　2010年　10,478 t

2014年生産量 上位3位

2,893t （25.5%）沖縄
2,120t （18.7%）愛知
1,730t （15.3%）岡山
その他

とうがん / グリーンピース（えんどう・実えんどう） 果菜類 豆類

グリーンピース
（えんどう・実えんどう） Green peas マメ科

初夏のさわやかな緑
季節感の演出に

熟す前のえんどうをむき実にして利用する。初夏の野菜として珍重されているが、消費は減少傾向。出回り時期は2月～7月上旬、最盛期は3月～5月。関東ではグリーンピース、関西では薄緑色で粒が大きめの「うすいえんどう」が多く出回る。

鮮度の見分け方

- サヤがピンとして、割れ、折れのないものがよい
- ガク、サヤにシミや黒ずみのないものがよい
- むき実は粒ぞろいがよく、緑色の濃いものがよい

最適な保存条件

家庭での保存はビニール袋に入れて冷蔵庫の野菜室に。多湿でムレると鮮度劣化を起こすので積み重ねないこと。購入後はすぐに調理し、ゆでて冷凍が望ましい。

栄養＆機能性

たんぱく質は肉に多く、体を動かすエネルギー源となる栄養素。また穀類に多いでんぷんも多く、野菜でありながら、肉や穀類の良いところを合わせ持っている。

下ごしらえのポイント

- ゆで方は、沸騰した湯に塩を入れ2～3分、蓋なしでゆでる。ゆであがった後は、ゆで汁に入れたままゆっくりと冷ますと、しわになりにくい。

おすすめ料理

青豆ごはん	煮物	サラダ

販売アドバイス

- 鮮度劣化が速いため、すぐに加熱して食べること。
- むき実にしたら、乾燥しないよう注意する。
- 煮るときや炊き込みご飯を作る際に、むいた実とともにサヤも入れると、うま味と香りが増す。

POP

- ふっくら茹でるコツ
  ゆで汁に入れて冷まして
- 初夏の味覚
  青豆ごはん

生産動向

生産量	2016年	5,520 t
	2015年	5,910 t
	2014年	6,700 t

2016年生産量 上位3位

- 和歌山 2,370t (42.9%)
- 鹿児島 677t (12.3%)
- 北海道 246t (4.5%)
- その他

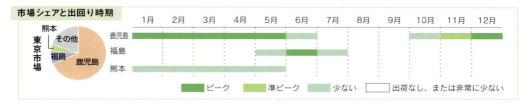

市場シェアと出回り時期

豆類

えだまめ　Green soybeans　マメ科

年齢を問わず大人気
こだわりの地方品種も

大豆の未熟な種子を食用とする。白毛系、茶豆系、黒豆など多くの品種があるが、サヤあたりの粒数が3粒で白毛系のものが主流。嗜好性の高い野菜でもあるため、地方独特の在来品種も各地域で根強い需要があり、最近は大都市圏にも進出し人気を得ている。

鮮度の見分け方

- うぶ毛が濃くきれいに生えているもの
- 実がふくらんでおり、粒ぞろいのよいもの
- 葉や茎の変色がなく、みずみずしいもの

最適な保存条件

家庭では、時間の経過とともに甘みと風味が落ちるため、その日のうちにすべてゆでるのが基本。冷凍保存したい場合は硬めにゆで、水分をしっかりとってから保存袋に入れること。

栄養＆機能性

えだまめのたんぱく質に含まれるメチオニンがビタミンB1、Cとともにアルコールの分解を促進し、肝機能を高める働きがある。そのため、「ビールのつまみ」に適している。葉酸は体の発達や造血に欠かせないビタミン類で、特に胎児の正常な発育に重要な役割を担っている。

カリウム

下ごしらえのポイント

- サヤを洗ってから上下の両端をキッチンばさみなどで切り落とす。塩をふり、表面のうぶ毛をこすり取る。そのままたっぷりの熱湯に入れてゆで、ゆであがったらザルにとってうちわで素早く冷ます。うま味が溶けだすので、ゆでる時間は5分以内にすること。

おすすめ料理

塩ゆで	和え物	揚げ物
ずんだ餅		

販売アドバイス

- 大豆と野菜のよいところを兼ね備え、動物性たんぱく質に似た良質なたんぱく質を100g中11.7g含む。
- ビタミンB1も多く、新陳代謝を活発にし夏バテを防ぐといわれる。
- 鮮度が味の決め手。買ったらすぐにゆでること。
- ゆでる前の塩もみをすると、色良く仕上がり、口当たりも良くなる。
- そのまま食べるほか、実を取り出してかき揚げにしたり、ずんだ餅にしてもおいしい。
- 購入当日にまとめて塩ゆでしておくと、味も損なわれず、その後の料理用途が広くなって便利。サラダやごはんに和えれば彩りにもなる。またミキサーでつぶせば、牛乳を加えてポタージュスープにしたり、砂糖を加えて「ずんだ」にするなど、手軽に応用メニューができる。

えだまめ　　豆類

えだまめ品種紹介

だだちゃ豆
山形県の鶴岡で昔から作られてきた
茶豆の代表

黒豆
コクのある甘みがあり、京野菜の
「紫ずきん」が有名

白毛系
白いうぶ毛が特徴で、
見た目が鮮やかな緑色。
もっとも流通量が多い

**Q ゆでたえだまめを冷や
したら味がうすくなって
しまったが、なぜ？**

ゆでたえだまめは冷やしすぎる
と甘みや香りが弱くなるため、冷
蔵庫で冷やしすぎないように気
をつける。また、時間の経過で
甘みなども少なくなるので、購入
直後にゆでるとよい。

POP
- 鮮度が味の決め手！
  買ったらすぐにゆでて
- ビールにはコレ！
  夏の定番おつまみ
- ゆでる前の塩もみで
  色よし、口当たり良し

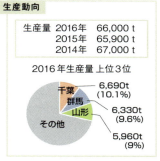

生産動向

生産量	2016年	66,000 t
	2015年	65,900 t
	2014年	67,000 t

2016年生産量 上位3位

- 千葉　6,690t（10.1%）
- 群馬　6,330t（9.6%）
- 山形　5,960t（9%）
- その他

89

豆類

そらまめ　Broad beans　マメ科

鮮度が命！
新しいものは薄皮もいただく

初夏を代表する味覚として、子供からお年寄りまで幅広く好まれる。鹿児島県などでの増産により、近年は初夏だけでなく、年内から出回り始め、1月〜翌4月の出荷量も増加。品種には、大サヤから小サヤまで多くの品種があるが、粒が大きい「一寸系」が主流となっている。

鮮度の見分け方

・サヤが緑色で弾力がありスジが茶色くないもの
・外皮から見て粒がそろっているもの
・むき実は緑色が濃く、お歯黒部分が黒くないもの

最適な保存条件

風を当てないようにして持ち帰り、ゆでてから冷蔵、もしくは冷凍がおすすめ。サヤから出して空気に触れると鮮度劣化を起こすので、サヤつきの場合は、ゆでる直前までむかずにおくことで新鮮さを保つことができる。

栄養&機能性

糖質とたんぱく質が主成分であるため、すみやかにエネルギー補給ができる。また、代謝を円滑にするビタミンB郡のなかでもB1をもっとも多く含み、疲労物質を分解し、エネルギーを効率よく燃やす。そのほか鉄、ビタミンCなども含み、肉と野菜のよいところを合わせ持っている。

下ごしらえのポイント

・お歯黒の部分に切り込みを入れ、フタをせずに塩を入れた湯で3〜4分ゆでる。ゆですぎに注意し、食感を残すことがポイント。独特の臭みが苦手な場合は、湯に少量の酒を入れてゆでると食べやすくなる。味付けは、下ゆで後に塩加減を調整して行う。

おすすめ料理

塩ゆで	和え物	揚げ物
煮物	スープ	サラダ

販売アドバイス

・購入後すぐにゆでると、うま味や栄養が損なわれない。
・鮮度のよいものは薄皮をむかずに食べてもよい。サヤ付きで鮮度のよいものは、サヤごと焼きそらまめにし、中ワタも食べると美味。
・かき揚げ等の揚げ物にも合う。粉チーズとの相性も良いので、揚げ衣にチーズを混ぜても。
・そらまめという名の由来は、蚕のマユに似ているためつけられた中国名「蚕豆」から、実がなる初期の頃に空に向かって生育するからなど諸説ある。ちなみに初期は上向きだが、収穫期には実の重さで下を向く。

そらまめ　豆類

そらまめ品種紹介

ポポロ
長さ25〜30cm、幅3cm程になる。5〜7粒が中心で、平均的なサヤの重さは60〜65g。生食ができ、サラダにも向いている

> **コラム　冷凍野菜も上手に活用**
>
> 「長期保存がきく」「下ごしらえの手間がない」「朝のお弁当作りに便利」などの理由から、近年、根菜や葉菜の冷凍品を手にとる消費者も多い。栄養面からみても、旬の時期に収穫され急速冷凍されているため、家庭の冷蔵庫で4〜5日放置されていた野菜よりも、味や栄養価が高い場合もあり、無視できない存在である。
>
> 今後は青果売り場でも、購入した野菜が余った場合の冷凍保存のコツなどを紹介すると、より消費者の購買意欲を高めることが出来るだろう。
>
> 家庭での野菜の冷凍では、硬めにゆで、しっかりと水気を切ってから冷凍するのが基本。きゅうりやかぶなどの水気の多い野菜は、余分な水分を抜くために、塩もみしてギュッとしぼってから冷凍すると、シャキッとした歯ごたえが味わえる。でんぷんの多いじゃがいもなどは、食感が悪くなるため冷凍に適さないが、マッシュにすればさほど気にならなくなる。調理する場合は、冷凍のまま、炒めたり汁物にして加熱するのがコツ。

> **Q** ヨーロッパでは生で食べるといわれ、食べたところおなかを壊した。
>
> 通常は加熱用。生のまま食べるファーベやポポロという品種も近年出回っており、塩やペコリーノチーズととも食べるとおいしい。ただし、消化能力の低い人や子供などは、消化不良になることもあるので注意。

POP
- 粉チーズとも相性抜群　ワインのお供に
- さやごとグリル　かんたん焼きそらまめ
- 鮮やかな初夏の緑　旬のかき揚げに

生産動向

生産量	2016年	14,700 t
	2015年	16,800 t
	2014年	17,800 t

2016年生産量 上位3位

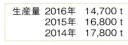

千葉　2,700t（18.4%）
鹿児島　2,590t（17.6%）
茨城　1,890t（12.9%）

市場シェアと出回り時期

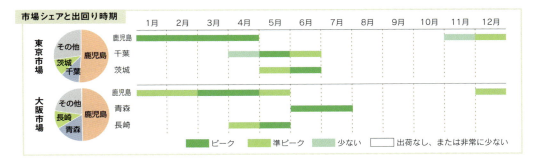

豆類

いんげん Kidney beans マメ科

手間の少ないスジなしも！
冷凍保存でおかずに重宝

サヤ付きの若採りを野菜として利用する。サヤの形には丸サヤと平サヤがあり、最も一般的なものは、丸サヤで長さ約20cmのどじょういんげん（ケンタッキー・ワンダー）。近年はスジをとる必要のないストリングレス品種、黄色や紫色のカラーインゲンの栽培も増えている。

鮮度の見分け方

・豆の形がはっきり出ておらず、ハリがあり、サヤの先までピンとしているものがよい

・一般的などじょういんげんは、太すぎるとスジが硬いものが多いため、やや細めがよい

最適な保存条件

家庭ではラップで包むかポリ袋に入れて冷蔵庫の野菜室で保存する。鮮度劣化が見た目にわかりにくいが、早めに食べること。冷凍保存する場合は硬めにゆでてから行う。解凍調理する場合は、凍ったままの状態で炒めたりスープに入れるなどするとよい。

栄養＆機能性

ビタミンKは、骨を丈夫に保ったり、血液を正常に凝固させるのに重要な役割を果たしている。また、ビタミンCと同様に皮膚や粘膜に有効だとされるカロテン、便通を促しコレステロールの低下作用が期待される食物繊維、疲労回復作用のビタミンB1、貧血予防の鉄分、高血圧防止効果が期待されるカリウムなどが含まれる。

下ごしらえのポイント

・なり口のヘタを折りスジを引いて取り除く。塩で板ずり（塩をまぶして、まな板の上でころころと転がし塩をなじませること）してからゆでると、緑が鮮やかに仕上がる。また、ゆであがったらザルにとり、うちわなどで扇ぎながら手早く冷ますのがコツ。

・煮物やソテーにする場合もゆでてから調理したほうが、青臭さが残らない。

おすすめ料理

煮物	揚げ物	和え物
サラダ		

POP

●サヤに沿って縦に切るとシャキッとした歯ごたえに

●お弁当の常備野菜　硬めに茹でて冷凍保存

●ごま油との相性もよし　天ぷらやごま和えに

販売アドバイス

・色よく仕上げたい場合、油で素揚げしてから炒め物や煮物にするとよい。

・キシキシする歯ごたえが苦手な場合は、縦に切るか、天ぷらなどにすると気にならない。

・油を使った調理でカロテンの吸収が高まるため、天ぷらのほか、生のまま炒め煮にする調理もおすすめ。

・生で保存していても、見た目のしおれや変色が少ないが、半日で栄養も味も半減するといわれているため、すぐに食べること。

いんげん　豆類

いんげん品種紹介

サーベルいんげん
細くやわらかい丸サヤ。
13〜15cmで出荷

モロッコいんげん
平らな形をしており長さ
が20cmと大きくなる。肉
厚でやわらかいのが特徴

黄・紫
長さ15cmほど。ゆでると
色素がぬけ、紫は濃緑色
に。黄色は薄黄色に

ささげ
いんげんに似ているが、
細長く40〜50cmに
なる。あずきの近縁種

Q 地方によって呼び方が違う？

いんげんは地方によって他の豆と混同される場合が多い。関西では、中国の禅僧、隠元が持ち込んだといわれる「ふじまめ」を「いんげんまめ」と呼び、いんげんのことを、年に三度収穫できることから「三度豆」と呼ぶことがある。

生産動向

生産量	2016年	39,500 t
	2015年	40,300 t
	2014年	41,000 t

2016年生産量 上位3位

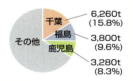

千葉 6,260t (15.8%)
福島 3,800t (9.6%)
鹿児島 3,280t (8.3%)

市場シェアと出回り時期

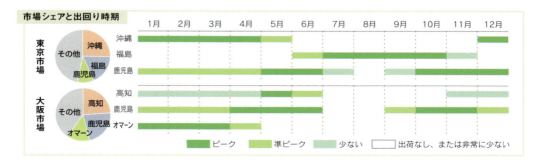

豆類

さやえんどう Field peas マメ科

**小ぶりながら栄養満点
多彩なメニューに活用を！**

えんどうの若いサヤを野菜として利用するもの。日本料理やシチューなどの青みに重宝されている。関東などで多い「きぬさや」は、長さ5～6cmで、薄くやわらかい。関西で多く出回る「おおさやえんどう（フランスおおさや、オランダさや）」は長さ10cm以上になり、幅広の大型品種。輸入も多い。

鮮度の見分け方
・緑が濃くハリがあり、豆の数が多めのもの
・実が感じられないほど薄いものが上質
・ひげが白っぽくピンとしているもの
・折り曲げてポキッと折れるものが新鮮

最適な保存条件
温度0℃、湿度90～95％。家庭では、他の豆と同様、当日の内にゆでて冷蔵庫に入れるのが基本。ゆでずに保存したい場合は、余分な水分を吸ってくれるペーパータオルなどに包み、ポリ袋に入れ冷蔵庫の野菜室へ。ゆでた場合も早めに使い切ることが肝心。

栄養＆機能性
100g中のカロテン含有量は、えだまめの約2倍。ビタミンCは免疫力を高めたり、コラーゲン生成を促すビタミンとしても注目される。体に貯めることができないので、日々の摂取が重要である。

下ごしらえのポイント
・長く保存したい場合や、料理の飾りなどに少しずつ使いたいときは、塩を入れたお湯に、さっとくぐらせる程度にとどめるとよい。ゆでることによる栄養の流失が抑えられるだけでなく、再度調理した際に、歯ごたえよく、きれいに仕上がる。

おすすめ料理

煮物	揚げ物	和え物
サラダ		

POP
● スジは両側にあり！
　しっかり取って食感よく
● カロテン豊富
　バランスの良い優秀野菜
● さっと加熱がコツ
　おいしく鮮やかに！

Q スジをきれいに取るにはどのような方法がある？

ヘタを直線に近い方に折り、先端に向けて引いて取る。さらにヒゲ側の先端を折り、ヘタに向かって引けばきれいにとれる。ただし、飾り用にヒゲ側の先端を残したい場合は、逆方向に引いてもよい。

さやえんどう　豆類

さやえんどう品種紹介

きぬさや
品種ではなく、サヤの長さが5cm程度の未熟果の総称。料理の彩りにも

スナップエンドウ
肉厚のサヤと丸々とした豆の両方を味わうことができ、近年人気が高い

さとうえんどう
糖度が高い。きぬさやより豆が大きく、見た目がふっくらとしている

販売アドバイス

・傷んだ部分があると、他の豆にうつりやすい。たくさん購入した場合、持ち帰る際に傷んでしまったサヤがないか、チェックしてから保存するとよい。
・サヤの繊維がしっかりとしていて味がしみにくいため、料理の主素材として煮物で使うときはお麩（ふ）などの味がしみやすい食材と一緒に使うとよい。
・ちりめんじゃこなどの細かい素材と組み合わせる場合は、卵とじにするなどし、料理全体に一体感を持たせるとおいしく仕上がる。

生産動向

生産量　2016年　18,400 t
　　　　2015年　19,300 t
　　　　2014年　20,100 t

2016年生産量 上位3位
- 鹿児島　2,800t（15.2%）
- 愛知　1,390t（7.6%）
- 福島　1,050t（5.7%）
- その他

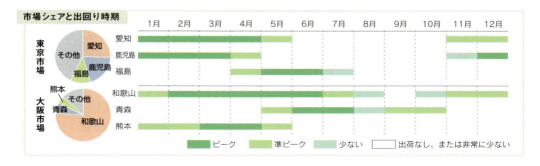

土物類

じゃがいも Potato ナス科

優秀なエネルギー源！
メニューに向く品種を楽しむ

食味や色は、品種により多種多様。料理によって使い分ける一般消費者も多くなっている。そのため味の違いとともに、どのような料理に向くかをしっかり伝えることがポイントとなる。生産上は生食用のほか、ポテトチップス等に利用される加工用、片栗粉の原料になるでんぷん用に分けられる。多くはでんぷん用で生食用は2割程度。生食用では、男爵やキタアカリに代表されるホクホクした粉質系と、メークインやニシユタカに代表される煮崩れしにくい粘質系がある。「新じゃが」とは品種の名前ではなく、掘りたてのじゃがいもを指す。どの品種の新じゃがいもも、色が淡く薄皮がところどころめくれている。皮が薄く火の通りがよいが、でんぷん量が少ないため、やや水っぽく感じることが多い（98ページのコラムも参照）。

男爵
日本のじゃがいもの先駆けであり、代表品種。球形で皮も中身も白に近い黄色。粉質でホクホクしており、ポテトサラダや粉ふきいもに向く

鮮度の見分け方
・芽が出ておらず、皮が薄く、シワのないもの
・丸く、ふっくらとして、大きすぎないもの
・見た目よりもずっしりとしているもの
・色が均一で、皮が緑に変化していないもの

最適な保存条件
家庭では、新聞紙に包み通気性のよいところで保存する。5℃位の冷暗所がよい。その際、りんごをひとつ入れておくと、りんごから発生するエチレンの作用により芽が出にくくなる。カットしたものは、ラップで包み冷蔵庫の野菜室へ。早めに使いきること。

栄養＆機能性
新しいものはみかんと同じくらいのビタミンCが含まれているため、200g食べれば1日の必要量に達する。加えて、じゃがいものビタミンCは、熱を加えてもでんぷんに守られて破壊されないという特徴がある。またビタミンB1やB6、ナイアシンなど、その他のビタミン類も豊富に含み、フランスでは「大地のりんご」とも言われている。

（ビタミンC）（カリウム）（でんぷん）

POP
● ごはんよりも低カロリー ヘルシーな炭水化物
● 熱してもこわれにくい ビタミン類たっぷり
● 季節限定のおつまみ 新じゃがの丸ごとフライ

下ごしらえのポイント
・芽が出ているじゃがいもも、芽を取り除けば食べることができる。ただし、芽とその周辺には食中毒をおこすソラニンが含まれているため、芽のつけ根ごとくり抜いてから調理を始めるとよい。

・切り口は空気に触れると黒っぽく変色するので、切ったらすぐ水で洗い、あらためて5〜10分水にさらすと、アクとでんぷんが取れて煮崩れ防止になる。

・ゆでる場合は、切ったり皮をむいたりしないほうがビタミン類の流出を防ぐことができる。ゆでた後の保存は冷蔵庫で行うこと。ゆでたものをそのまま冷凍すると、中の水分が凍り食感が悪くなるため、つぶしてから冷凍するとよい。

おすすめ料理

煮物（粘質）	揚げ物	蒸し物
粉ふきいも（粉質）		

じゃがいも　土物類

じゃがいも品種紹介

メークイン
粘質じゃがいもの代表品種。長卵型で芽が少なく皮がむきやすい。また、ち密な粘質で煮崩れしにくいため、カレーや煮物に根強い人気がある

Q 輪切りにしたら、皮の内側が外皮に沿って茶色い輪のようになっていて、硬くなっているがなぜ？

典型的な青枯れ病の症状であると思われる。厚く皮をむけば食べることができる。

Q 切ったら中に、黒い点が走っていたが大丈夫？

黒点は輪腐病によるものと思われる。食べない方がよい。

Q 切ったら、内部が黄色くなっていたが食べられる？

発芽時期を迎えると、発芽する部分を中心に表皮より約1cm内部が黄〜茶色味を帯びてくる。これは発芽に備えた生理現象である。芽を取り除けば食べることができる。

Q 中心に空洞があり、その周辺が黒く変色していた。食べても大丈夫？

成育完了後の降雨で大量の水分を吸収、肥大した場合に見られる生理障害のひとつ。空洞部を取り除けば食べることができる。

販売アドバイス

- 0℃の低温で保存すると、内部が褐変したり空洞となる。
- 強い光に当たると緑色に変色し、食中毒を引き起こすソラニンが生成されるため、日光に当てないように注意する。
- 皮をむいてひと口大に切るなどして煮る場合、大きいものは4等分。小さいものは半分にした後T字の三等分にして形を切りそろえるとよい。切った後、水にさらすと煮崩れを予防できる。もしくは、面取りをするとよい。
- コロッケなどを作るときは、ゆでる際に必ず皮つきで、水からゆでること。また、ゆであがった後に皮をむくことでビタミンCの損失が少なくなる。ホクホク感を出すには、熱いうちに粘りを出さずにつぶすのがコツ。
- 粉ふきいもを作るときは粉質のいもを使用し、ゆでるときに塩を入れない。塩は粉をふきにくくする。
- 新じゃがは丸ごとフライにするのもおすすめ。
- じゃがいもは芽を出すために、でんぷんを糖に変える性質があるため、芽の出る直前が最も糖度が高いといわれている。
- 炭水化物としてみると白米よりもカロリーが低くヘルシー。

生産動向

生産量　2016年　2,199,000 t
　　　　2015年　2,406,000 t
　　　　2014年　2,456,000 t

2016年生産量 上位3位

鹿児島 70,800t (3.2%)　その他
長崎 85,100t (3.9%)
1,715,000t (78.0%)　北海道

市場シェアと出回り時期

ピーク　準ピーク　少ない　出荷なし、または非常に少ない

97

土物類

じゃがいも品種紹介

インカルージュ
インカのめざめの変異。皮は濃い赤で中身は色味の強い黄色。ナッツのような風味となめらかな舌触りが特徴。調理後の褐変が少なく煮物に向く

キタアカリ
皮は黄色、中身が色味の強い黄色でカロテンを含む。粉質で食味が良いが皮肌がやや粗い。ホクホクの粉質なので、ジャガバター等に

ホッカイコガネ
フレンチフライなどの加工用に利用される。皮は黄褐色、中身は黄色で長楕円形をしている。粉質でホクホクしており、加熱後の褐変も少ない

インカのめざめ
南米アンデスが原産。皮は淡黄色で、中身は黄色。やや粘質で栗のような甘みがある。芽が出やすいので冷蔵庫での保存が望ましい

ノーザンルビー
皮も身も赤みのある紫色。やや粘質で、男爵よりも煮崩れしにくい。熱を加えた後も色が変わりにくく、フライにも向いている

レッドアンデス（アンデスレッド）
南米アンデスの原種から育種された。粉質系で皮は赤く中身は黄色。キリンビールが開発した「ジャガキッズ」シリーズのもとになった品種

コラム　新じゃがって品種？

新じゃがとは、掘りたての状態で選果・出荷され、市場に出回るじゃがいもを指す。作型により出荷時期はそれぞれだが、3～5月に出荷される長崎県や鹿児島県等の暖地産、7月に出荷される北海道産のものが有名である。

品種に違いはあるものの、食味は皮が薄く、みずみずしいという共通した特徴を持っており、小ぶりのサイズを活かし、皮つきのままフライにしたり、皮ごと煮っころがしにするのがおすすめの食べ方。

じゃがいも品種紹介　　土物類

マチルダ
芽が浅く皮がむきやすい。小型の卵型で見た目もよい。形を活かし、ホールポテトなどに丸ごと加工され、冷凍で販売さることが多い

紅丸
皮は薄赤色で中身は白色だがまれに赤い筋が入る。収量が多い品種で、主にでんぷん用に利用されている。甘みがあるため生食に利用されることも

シャドークイーン
アントシアニンを多く含み、皮も身も青みのある紫色になる。芽が浅いので反がむきやすい。煮物にするとやや煮崩れするが、揚げ物に向く

レッドムーン
皮は赤で身は黄色。粘質で煮物に向く。長卵形で形や特徴がメークインに似ていることから、別名レッドメークインとも呼ばれている

ジャガキッズパープル
皮が紫で身は黄色。果肉に紫色の筋が入ることがある。食味などの特性はジャガキッズレッドに同じ

ジャガキッズレッド
皮は赤で身は黄色。食味はホクホクとネットリの中間。火の通りが早く煮崩れしやすい。舌触りがなめらかでポテトサラダなどに向く

シェリー
フランスで育種された長卵形のじゃがいも。皮は赤く中身は白。フランスではグリルやココット料理に使われ、赤皮の中で一番人気がある

デジマ
皮も中身も淡黄色。やや粘質で甘みがある。サラダ、煮物、揚げ物など様々な用途に向き、暖地のじゃがいもの中で人気が高い

ニシユタカ
多収の春作用品種。皮は黄色、中身は淡黄色。芽が浅く、ゴツゴツしていないため皮がむきやすい。粘質で煮崩れしにくいため、煮込み料理に向く

アイユタカ
長崎県がデジマと長系108号を交配して開発。ビタミンCの含有量が多い。火が通りやすく、しっとりとしたなめらかな食感で、スープやポテトサラダ等の料理に向く

99

土物類

さつまいも Sweet potato ヒルガオ科

ホクホク？ねっとり？
品種や産地で選ぶ楽しみ

日本では古くから食糧不足の際の救荒作物として知られ、馴染み深い野菜のひとつ。用途に応じて品種が開発されているが、青果用の品種としては、紅あずまや高系14号のようなホクホクした食味のいもが主力となっている。このほか、ねっとりした食味の安納芋に代表される地方在来種や、果肉が紫色のパープルスイートロード、カロテンを多く含むオレンジ色の人参芋など、カラフルな品種もある。そのほか、干しいもや、ツルを食べる葉柄専用の品種もある。全体の生産量のうち、これらの青果用は約4割。残りはでんぷん用、焼酎などへの加工用、飼料用となっている。出回り時期は、新物が9月〜11月。貯蔵物は翌年1月位から春まで。貯蔵物は、新物に比べ適度な水分の蒸発により甘みが濃いともいわれる。

金時
地方によって名前が異なる高系14号の系統。ホクホクだが、舌触りがなめらか。徳島県の「鳴門金時」石川県の「五郎島金時」などが有名

鮮度の見分け方
・皮にツヤがあり、肌がなめらかなもの
・傷や黒い斑点がないもの
・ひげ根の穴が浅いもの
・切り口に蜜が出ているものは糖度が高い

最適な保存条件
家庭では、乾燥と低温に弱いため、新聞紙に包んでから冷暗所で保存するとよい。加熱すれば冷凍保存も可能。切ったものは、ラップで包み野菜室で保存したほうがよい。ただし、早めに使いきること。

栄養＆機能性
切り口から出る白い粘液はヤラピンと呼ばれる成分で、緩下作用があり、食物繊維と合わせて便秘解消に効果があるといわれている。またでんぷんが多いため、その粘化作用によって加熱後のビタミンCの効能も期待できる。

POP
●食べるときは皮も一緒におなかの調子を整えます
●カロリーは白米の1/3 とってもヘルシー
●じっくり焼くと甘みがUP！秋のおやつに

下ごしらえのポイント
・きれいに仕上げたいときは、皮をむくときに、皮の内側にある太いスジの部分まで厚めに皮をむき、取り除くとよい。

・皮は食物繊維も豊富。捨てずに油で揚げてお菓子にしたり、きんぴらに利用するのがおすすめ。

・アク抜きは、切った後に水で洗い、水にさらすとよい。きんとんや、スイートポテトなど、色をきれいに仕上げたい場合は10分程度、濁らなくなるまで水を換えながら行うとよい。

・水にさらすとビタミンCの流出が増えるため、色を気にしない料理の場合は2〜3分でよい。

おすすめ料理

焼きいも	天ぷら	煮物
蒸し物	大学いも	いもご飯

さつまいも品種紹介

ベニアズマ
関東地方で生産が多い。皮は濃い赤紫色で中は黄色。ホクホク系。繊維が少なく口あたりがよく、甘みが強いため、青果用で根強い人気

販売アドバイス

- カロリーは白米の1/3といわれ、ヘルシーな主食食材としても注目される。
- ゆっくり加熱すると、でんぷんを糖に変える酵素が活性化するため、でんぷんの糖化が進み甘みが増す。この性質を利用して、甘みを十分に引きだしたい場合は、じっくりと蒸すかオーブン加熱をするとよい。
- 同じ品種の場合、小ぶりのほうが甘みを感じやすいといわれる。このため、小ぶりのものは焼きいもなどにし、太くて大きいものは天ぷらなど、味をつける料理にするのがおすすめ。
- さつまいもを食べるとおならが出るといわれるのは、食物繊維が多く、糖分が発酵し、腸内にガスが発生しやすくなるため。皮には糖分を分解する酵素が含まれているので、皮を一緒に食べるとある程度ガスの発生を抑えることができる。

Q 長く水にさらしてから煮たところ、いつまでも硬く、やわらかくならなかった。

いも類を水にさらしておくと、細胞膜にあるペクチンが水中のイオンと結び付いて、水を通さない物質に変化する。このため、いもの細胞内部まで水が入り込めず、内部のでんぷんの糊化が妨げられ煮えにくいものとなってしまう。これを逆に応用したのが、千切りじゃがいもを炒める時、水さらしを行い、煮くずれを防ぐ調理法。

Q ゆでたら緑色に変色していたが、なぜ？

皮に含まれるクロロゲン酸は、アルカリに合うと緑色に変色する。このため、重曹を加えて作る天ぷらなどでも起きる。ただし、ゆで方、水質、さつまいもの種類および品質などにより、緑変が出たり出なかったりする。

生産動向

生産量	2017年	807,100 t
	2016年	860,700 t
	2015年	814,200 t

2017年生産量 上位3位

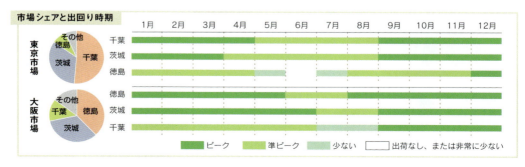

土物類

さつまいも品種紹介

安納芋
鹿児島県種子島の特産。オレンジ色でねっとりとした食感が特徴。また、糖度がとても高く、甘みが強いため「蜜芋」とも呼ばれている

シルクスイート
上品な甘みと、絹のようなしっとりなめらかな口当たりで近年人気。焼き芋に向くほか、繊維が少ないためスイートポテトなどの材料にも使いやすい

パープルスイートロード
アントシアニンを多く含み、皮も中身も紫色が特徴。生食のほか、ソフトクリームやケーキなどのお菓子の材料としても多く利用されている

紅はるか
皮は紅で中は白。やや粉質で、食感がなめらか。糖度も高いことから、焼きいも用として近年人気が高くなっている。干しいもにも加工される

黄金千貫（こがねせんがん）
主に南九州が産地で焼酎原料として利用されている。ホクホクとした食味で近年は青果用の需要も増加している。皮は淡黄色で中身は白色

大栄愛娘（だいえいまなむすめ）
千葉県で栽培されている高系14号のブランド。ホクホクで、なめらかな舌触りが特徴。焼きいもにした後、冷めても硬くなりにくい

人参芋
オレンジ色はにんじんと同じカロテンで、その機能性が注目されている。主に加工品にされており、干しいもや干菓子などに利用されている

102

さつまいも品種紹介 / らっきょう　　土物類

らっきょう　Rakkyo　ヒガンバナ科（ユリ科）

カンタン漬物で作り置き

食欲をそそる独特の刺激臭がある。塩漬け、または甘酢漬けとして加工品が周年出回っているが、5月～6月には生らっきょうが出回る。主要品種は分球が少なく肥大のよい「らくだ」など。花も食べることができる。

鮮度の見分け方

・外皮に傷がなく、丸みを帯びているもの
・白色で粒が揃っているものがよい
・洗ってある場合は、光沢のあるものがよい

下ごしらえのポイント

・どの漬け方にも共通する下ごしらえは、泥を洗い、上下を2mmほど切り落としてから、ひと皮むくこと。その後傷まぬように水気をしっかり拭くことがポイント。

おすすめ料理		
漬物	塩・甘酢漬け	砂糖漬け
ピクルス		

販売アドバイス

・泥付きの方が味がよいといわれている。
・生をスライスし、かつお節と醤油でもおいしい。
・炒め物の隠し味に使ってもおいしい。
・漬ける場合は、鮮度が高いうちに。
・甘酢漬けは刻んでドレッシングなどの風味づけに。

POP
●鮮度が命
　すぐに漬けて
●炒め物に
　さっと隠し味

生産動向

生産量　2014年　11,429 t
　　　　2012年　11,710 t
　　　　2010年　12,381 t

2014年生産量 上位3位

鹿児島　3,462t（30.3%）
鳥取　3,018t（26.4%）
宮崎　2,257t（19.7%）
その他

■ コラム　らっきょうの漬け方

【レシピ　甘酢漬け】
●らっきょう：500g
●赤とうがらし（種を抜く）：1本
●調味液　酢：300cc　塩：20g　砂糖：100g

①調味液を煮立たせて冷ましておく。
②らっきょうは球をはがして、よく洗い泥を落とす。
③上下を少しカットし、皮をむく。
④キッチンペーパーで水気をよくふき取り、保存びんに赤とうがらしと一緒に入れる。冷めた調味液をそそぎ、ラップをらっきょうの上にのせて中ぶた（落としぶた）にし、冷蔵庫に入れる。
⑤調味液にらっきょうが沈んだら（約3日）ラップをとりのぞき、そのまま1か月ほどで食べごろ。冷蔵庫で保存すれば1年間食べることができる。

【レシピ　しょうゆ漬け】
●らっきょう：500g
●昆布：5cm
●調味液　醤油：150cc　酢：100cc　みりん：100cc

①手順は、甘酢漬けと同様で、赤とうがらしを昆布に変えるだけ。
※そのほか、（赤とうがらし、シナモンスティック、八角、にんにく、花椒）を使用した中華風や、（はちみつ、レモンの皮と汁、赤とうがらし）を使用したはちみつレモン漬けなどの応用もできる。
売り場では、漬物用の保存びんなどと一緒にレシピを置いて季節感のある演出を。

土物類

さといも Taro サトイモ科

和食に人気
ぬめりも美味しさ

和食に根強い需要がある。品種は食べる部位によって分類され、土垂に代表される子いも用品種、セレベスに代表される親いも用品種、八つ頭に代表される親子兼用品種の3種がある。植物学的に別種の葉柄用品種もある。出回りは周年。石川早生は7月～8月、土垂は秋冬、京芋は1月～2月が最盛期。

土垂（どだれ）
楕円形でホクホクしている。子いもを食べる。煮崩れしにくく煮物に向く

鮮度の見分け方

・泥付きは皮が茶褐色で、少し湿り気のあるもの
・皮に傷やひび割れがなく、固くしまったもの
・縞模様がはっきりと見えるものがよい
・緑色のものは日焼けしたもので品質がよくない

最適な保存条件

家庭では、泥つきのまま新聞紙にくるみ、乾燥させないように気をつけて常温で保存するとよい。5℃以下に長く置くと、低温障害を起こし褐変するので注意。

POP

●ぬめりも美味しさ
　取り過ぎないで楽しんで
●ラップして電子レンジ
　ホクホクで皮むき簡単
●ベーコンにも合います
　ソテーやスープで洋風に

栄養＆機能性

ガラクタンはさといものねばりの成分で食物繊維の一種。胃や腸の粘膜を保護し、血糖値の上昇を抑える働きがあるといわれている。またナトリウムの排出を助けるカリウムも多く、むくみを解消し、高血圧を防ぐ効果が期待されている。いも類の中では最もカロリーが低く、余分な脂質の排出を促す食物繊維も多く含まれるのでダイエット効果も期待できる。

（カリウム）（ガラクタン）（炭水化物）

下ごしらえのポイント

・ぬめりの少ない煮物にするには、皮をむきたっぷりの水に入れて煮立て、ふきこぼれそうになったら火を止め、流水で洗い、その後煮汁で煮るとよい。ただし、うま煮のように少ない煮汁で煮る場合は、塩をふってもみ、表面のぬめりを水洗いするだけでもよい。

おすすめ料理

煮物	田楽	汁物
ソテー	さといもご飯	ベーコン巻き

Q 煮たところえぐ味があったが、取り除く方法を教えてほしい。

さといもに含まれるチロシンから由来するホモゲンチジン酸、アクの成分であるシュウ酸によって、えぐ味や苦みを感じることがある。これらの成分は下ゆでによって取り除くことができる。

Q 皮付きさといもを土鍋で蒸したところ、蒸し水が赤色に着色したが、大丈夫？

さといもに含まれるアントシアン系化合物が溶け出たものと思われる。食べても問題ない。

さといも　土物類

さといも品種紹介

京いも
太く長い姿で別名たけのこいも。親いもを食べる。ホクホクで煮物向き

セレベス
赤みがあり、ぬめりが少ない。親いもは粉質と粘質の中間。子いもは粘質

やつがしら
ぬめりが少なくほっくりと食味がよい。親と子が塊状につく形が特徴

石川早生
小ぶりでぬめりが強い。子いもを食べる。「きぬかつぎ」に利用される

えびいも
唐いもを数回にわたり土寄せし湾曲するように特殊栽培したもの。京野菜のひとつ

赤ずいき
葉柄が赤くシャキシャキとした歯ごたえ。八つ頭の葉柄が主力品種。加賀野菜のひとつで、金沢では夏にかかせない

はすいも
葉柄を食べる品種。断面はスポンジ状でシャキシャキとしている。刺身のつま、すき焼き、鍋物に。主産地は高知県

販売アドバイス

・保存の際、新聞紙がぬれるくらい湿り気がある場合は、カビ臭くなることがある。1時間ほど天日で乾かしてから新聞紙にくるみ、常温で保存するとよい。
・トロケの部分は切り取り、カビのついたものは固くしぼった布巾でふき取って保存すること。
・傷がひどいものは煮えにくく味もよくないので使わない。
・大きさがそろっていると、調理や盛り付けの際に便利。大量に料理する場合は大きさを分けてから調理するとよい。
・皮をむくときに、一度洗い、半分ほど乾かすと、ぬめりが出にくく手がかゆくならない。
・きれいに皮をむきたいときは、上下を切り落としてから縦にむくと仕上がりが美しく見える。このように、切り口を六角形にむくことを「六方にむく」といい、日本料理でよく使われる。

生産動向

生産量	2016年	154,600 t
	2015年	153,300 t
	2014年	165,700 t

2016年生産量 上位3位
- 千葉　20,700t（13.4%）
- 埼玉　18,300t（11.8%）
- 宮崎　10,500t（6.8%）
- その他

市場シェアと出回り時期

ピーク　準ピーク　少ない　出荷なし、または非常に少ない

土物類

やまのいも Yam ヤマノイモ科

シャキシャキ？ねっとり？
ねばりの強さで食べわけも

すりおろして生で食用とする。主流は円筒形であっさりした「ながいも」で、他に扁平型でねばりがある「いちょういも」（関東ではやまといも）、球形で最もねばりが強い「やまといも（つくねいも）」、日本が原産の「自然薯」に分類される。出回りは貯蔵品により周年。新物は10月に出回る。

ながいも
やまのいもの代表品種。水分が多く粘りが少なめでサクサクとしている

やまといも（つくねいも）
塊形状でねばりが強い。黒皮の丹波いもや白皮の伊勢いもがある

鮮度の見分け方
・皮が薄く表面がきれいでハリがあるもの
・傷や斑点がなく、ひげ根の多いもの
・ながいもは収穫が早すぎると、付け根部の太い部分に強いえぐ味が残る場合がある。未熟のものはおろしてから変色するので、頭の部分を折ってしばらくしてから変色しないものを選ぶ

最適な保存条件
切り口が空気に触れると変色するので、保存の際は、切り口が空気に触れないようにラップでしっかり包んで冷蔵庫に。丸ごとの場合は新聞紙でくるみ冷暗所に保存する。

POP
● フライにして意外な美味しさ
● あっさり山かけマグロの刺身にかけるだけ
● お好み焼きをふっくらとすりおろして隠し味に

栄養＆機能性
消化酵素のアミラーゼを多く含むので、胃のもたれ解消にも効果的とされる。またカリウムが多く、いちょういもでは100g中590mg、ながいもでは430mg、やまといもでは590mgと各々にかなり含まれており、むくみの解消や血圧低下が期待される。

カリウム　マグネシウム　アミラーゼ

下ごしらえのポイント
・白く仕上げるには、すりおろす時に皮を厚くむくこと。また、むいた部分を水や酢に10分ほど浸しておくと、すりおろした際に変色しにくくなる。

・手でにぎる部分の皮は残し、すりおろす分だけ皮をむくと手がかゆくならない。

 おすすめ料理

とろろ	煮物	サラダ
スープ	和え物	

Q 紫色に変色したが、食べられる？
栽培時にながいも中のポリフェノールが酸化されてアントシアニン系の色素が生成したと考えられる。食べても害はない。

Q やまいもの切り口やおろしたものが灰褐色になったが大丈夫？
アミノ酸の一種であるチロシンがチロシナーゼという酸化酵素によって酸化され、黒いメラニンが生じた。食べても問題ないが、変色を防ぐには、切り口を水につけて空気をさえぎるとよい。

やまのいも　　土物類

やまのいも品種紹介

いちょういも
関東では「大和いも」として出回る。ねばりがあり、とろろにされる

自然薯
別名やまのいも。細長くねばり気がある。野生のものほど風味とねばりが強いが、流通するものはほとんどが栽培種

むらさき芋
中が薄紫色のやまのいも。ねばりは強めで、扱いや食べ方は他の品種と同じ

むかご
地上部の葉の付け根にできる直径8〜15mm程の小いも(球芽)。塩ゆでや煎る、炊き込みご飯などに使われる

販売アドバイス

・表面に傷がつきやすいので注意すること。
・出始めの新物よりひね物のほうがねばりが強くなるため、とろろ汁にはひね物がおすすめ。
・ひげ根の多いほうがねばりが強いといわれている。
・カットするときは包丁で切ると変色しやすいので、切る場所に切れ目を入れて手で折るとよい。
・皮をむいたら、アク抜きのために、酢を入れた水にさらす。変色を防ぎ、手がかゆくなるのも防げる。
・切ったりすったりしたときに、空気に触れて酸化し褐色になることがあるが、食用としては問題ない。
・アミラーゼが多く含まれ、消化を助ける働きがあるため、昔からそばや麦飯などにあわせることが多い。

生産動向

生産量		
2016年	145,700	t
2015年	163,200	t
2014年	164,800	t

2016年生産量 上位3位

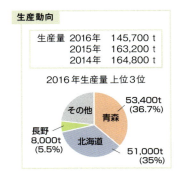

青森 53,400t (36.7%)
北海道 51,000t (35%)
長野 8,000t (5.5%)
その他

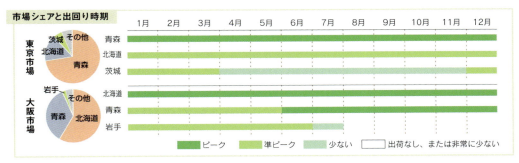

107

土物類

たまねぎ Onion ヒガンバナ科（ユリ科）

和洋中にあう常備野菜！正しい保存で長持ちさせて

家庭でも中外食でも消費の多い定番野菜。品種は主に2つあり、黄たまねぎに代表される辛たまねぎ群と、白たまねぎに代表される甘たまねぎ群がある。このほか赤たまねぎや直径4cmほどのペコロスなどがある。貯蔵で周年出回る。府県産の新物は4月から、9月〜翌3月はほとんどが北海道産。

鮮度の見分け方
- 球全体がしまっており、重みがあるもの
- 頭部の肩先がやわらかいものは中が腐っていることがあるので避ける
- 皮が乾いてツヤがあるものがよい
- 根があまり伸びていないもの

最適な保存条件
家庭では、一つひとつ新聞紙で包み、風通しの良いところで保存する。新聞紙ではなくネットに入れて、壁につるして保存してもよい。新たまねぎは冷蔵庫の野菜室に入れて2〜3日で食べきるのが望ましい。

栄養＆機能性
辛みと臭いの成分「硫化アリル」は殺菌作用などがあるほか、ビタミンB1の吸収を高める働きがある。そのため、肉の中でもビタミンB1が多い豚肉などと一緒に調理すれば、ビタミンB1の摂取を促進し、新陳代謝が促進されるという。また、血液凝固を遅らせ、血液中の脂質を減らすという働きもある。

下ごしらえのポイント
- 生で食べるときは、水でさらすと辛みや独特の刺激臭が抑えられ、食べやすくなる。ただし、さらしすぎるとうま味も栄養も抜けてしまうため、薄切りならほぐす程度でよい。新たまねぎは辛みが少ないので、さらさないほうが、おいしく食べられる。

おすすめ料理
サラダ	カレー	スープ
マリネ	グリル	

POP
- 切るのは冷やしてから涙が出にくくなります
- 辛みの少ない新たまねぎサラダでどうぞ
- 炒めて冷凍常備カレーの隠し味に

Q 内部がピンク色に変色しているが、なぜ？

たまねぎの催涙物質でもあるプロパンチアール・S・オキシドが着色の原因物質と思われる。またアントシアニンを含む赤たまねぎは酢につけるとピンク色になる性質を持つ。

Q たまねぎの中身が紫色をしているのは、病気？

たまねぎに含まれている天然色素アントシアニンによるものと思われる。

たまねぎ　土物類

たまねぎ品種紹介

白たまねぎ
辛みや刺激臭が少ない甘たまねぎ。塩もみの必要がなくサラダ向き

サラダたまねぎ
甘みが多く辛みが少なく、サラダに向く。3月末から出回る極早生品種

葉たまねぎ
白たまねぎを土寄せして早採りしたもの。葉も食べることができる

ペコロス
黄たまねぎを密植し成長を抑えて育てたもの。丸ごとシチューなどに

赤たまねぎ
水分が多く甘みがある。サラダに適した品種。酢につけるとピンクに

塩たまねぎ
海水や塩を使って栽培したたまねぎ。刺激が少なく甘みが強いのが特徴

販売アドバイス

- 湿気で傷みやカビが出やすく、暗いと発芽しやすいので注意すること。
- 春の時期は芽が出やすい。芽が出ると水分や養分が芽にとられるため食味は落ちる。
- たまねぎの皮をむくときは、丸ごと水に浸しておくと皮がやわらかくなり、むきやすくなる。
- たまねぎの皮に多く含まれるケルセチンは、フラボノイド色素の一種で抗酸化作用が期待されている。
- 切る前に冷蔵庫で冷やしておくと、硫化アリルの蒸発量が減り、目への刺激が少ないといわれている。
- 甘みを引き出したいときは、煮るよりじっくり炒めるのがよい。炒めたまねぎは肉の臭みを消し、コクがでるため、洋風煮込み料理のベースとして使われる。
- 炒めて冷凍しておくと、カレーやシチューの隠し味に便利に使える。

生産動向

生産量　2016年　1,243,000 t
　　　　2015年　1,265,000 t
　　　　2014年　1,169,000 t

2016年生産量 上位3位

- その他　84,100 t (6.8%)
- 佐賀　87,000 t (7%)
- 兵庫
- 北海道　843,700 t (67.9%)

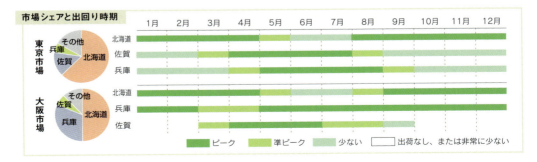

市場シェアと出回り時期

土物類

にんにく
Garlic ヒガンバナ科（ユリ科）

上手に使って食欲増進！

イタリアンや中国料理に欠かせない野菜。香りが食欲を引き出す効果があるといわれており、世界各国で古くから薬用植物として使われてきた。出回りは青森県産が貯蔵物で周年安定供給され、新物は5月～9月。中国産も低価格販売向けや業務用として周年安定して輸入されている。

国産
白く、一片が大粒となる。うま味があり、加熱するとホクホクに

中国産
国産に比べて小ぶりで、やや青臭さが残る。比較的安価で求めやすい

鮮度の見分け方
・粒が大きく丸く、固くしまり、よく乾燥しているものがよい。ただし、乾燥しすぎているものは軽くなり中身が少ない
・芽が出かかっているものはよくない

最適な保存条件
家庭では、ネットに入れて風通しの良いところにつるすと、数か月持つ。新聞紙にくるんでからポリ袋に入れて野菜室でもよい。

Q 酢に漬けたところ、青緑色に変色したが、大丈夫？

にんにくに含まれる鉄分とアルキルサルファイド化合物が酢に反応して変色したもの。通常は無色だが、酢漬けで酸性になると、臭い成分がゆっくりと分解し、鉄に反応して青色になる性質がある。食べても害はない。

栄養＆機能性
強烈な臭いの元はアリシンで、殺菌などのほか、消化液の分泌を助けるといわれている。また、血管を拡張して血液の流れをスムーズにする働きもある。さらに、糖質をエネルギーに変えるのに不可欠なビタミンB1を100g中0.19mg含む。

下ごしらえのポイント
・少し緑になっているにんにくの芯は、新しい芽となる部分。食べても問題はないが、臭いが強くえぐ味があるので、縦半分に切った後、取り除いたほうがよい。芽が育っていないものや、新にんにくは、取らなくてもよい。

🍴**おすすめ料理**

薬味	酢漬け	しょうゆ漬け
にんにく酒	ホイル蒸し	ガーリックオイル

販売アドバイス
・湿度が高いと根部にカビが発生するので、風通しの良いところに置く。
・手に臭いがつかないようにするには、根の部分を切り落とし皮がついたまま水に3分程度つけるとよい。
・料理の香辛料として使うときは、みじん切りにしたものをゆっくり炒めると、うま味が引き出せる。
・油で炒めるときは低温から入れると焦げにくい。
・生でおろすと、臭いが最も強くなる。
・臭いをとるには、薄皮をつけたまま30秒ほど電子レンジで温める。
・皮ごとホイルで蒸すとホクホクしておつまみになる。
・強壮効果が強いので食べ過ぎに注意する。

にんにく　土物類

にんにく品種紹介

ジャンボにんにく
植物としてはにんにくとは別種のリーキの根。別名無臭にんにく

黒にんにく
熟成発酵させたもの。甘みがあり、やわらかい。臭いも控えめ

紫にんにく
薄紫色のにんにくで、アホモラードとも呼ばれる。香りや味はマイルド

葉にんにく
若い葉を食用とする。中国料理では麻婆豆腐などに使われる

花にんにく
にんにくの芽のつぼみのついたもの。つぼみは天ぷらにするとおいしい

にんにくの芽
つぼみがつく棒状の茎。中国料理では炒め物などに多く使われる

プチにんにく
房に分かれず1つの塊になっている。臭いと刺激が少なく調理しやすい

POP
● 甘くホクホク
　皮ごとホイル蒸し
● 漬けるだけで簡単
　自家製ガーリックオイル
● 臭いをとるワザ
　電子レンジで30秒

生産動向

生産量	2016年	21,100 t
	2015年	20,500 t
	2014年	20,100 t

2016年生産量 上位3位

北海道 648t (3.1%)
香川 744t (3.5%)
青森 14,200t (67.3%)
その他

市場シェアと出回り時期

ピーク　準ピーク　少ない　出荷なし、または非常に少ない

111

香辛野菜

しょうが Ginger ショウガ科

体を温める辛み成分！
世界で愛用される香辛野菜

ジンゲロン、ショウガオールという成分からなる独特の辛みは、日本料理・中華料理などに欠かせないもの。根しょうがは、7月に新物が出回りはじめ、貯蔵品によって周年出回る。葉しょうがは4月～9月を中心に出回り、夏の風物詩として主に関東地方で多く消費される。

下ごしらえのポイント

・皮をむいて使うのが基本だが、皮に強い香りがあるため、しょうが汁にする時は皮をむかない。むいた皮は、煮魚の臭み消しとして捨てずに利用する。

・炒め物、煮物の時は繊維に垂直に切るとよい。薬味に使う時は、繊維に沿って切るとシャキッとする。

・葉しょうがの酢漬けは、ふきんでこすって薄皮を除き、根の部分だけを熱湯に30秒ほどつけて塩をまぶし、そのまま冷ます。合わせ酢をバットに入れ、崩れないように寝かせて漬ける。

鮮度の見分け方

・新物の根しょうがは、皮に変色がなく、みずみずしく、しわの少ないものがよい
・ひね物の根しょうがは、皮に傷がなく、肌がなめらかで、全体的にふっくらとしているものがよい
・葉しょうがは、繊維がやわらかく、切り口がみずみずしいものがよい

栄養&機能性

ショウガオールはしょうが特有の辛みの成分で、強い殺菌能力を持つといわれる。さらに血行をよくし体を温める効果もあり、漢方薬などに利用されている。また、肉や魚の臭み消しとしても利用される。ビタミンやミネラルといった栄養素は他の野菜から見ると少ない。

おすすめ料理

薬味	煮物	甘酢漬け

最適な保存条件

家庭では、水気をよくふいてからキッチンペーパーに包み、ポリ袋に入れて冷蔵庫の野菜室へ。水気がついていると傷みやすくなる。また、千切り、すりおろしなど使いたい形にし、1回分ずつラップでくるみ、冷凍しておくと1か月ほどもつ。

Q 最初から芽のようなものが出ているが劣化か？

休眠しない状態のしょうがは、適度な湿度と温度18℃以上になると発芽する性質があり、地上、地中を問わず、また店舗にあるものでも発芽する。特に品質が劣化したものではなく、食べても問題はない。

Q ひね物と新しょうがの違いは？

初夏から早掘りして出回るものが「新しょうが」で、色は白っぽく、繊維が柔らかくてさわやかな辛みがある。「ひね物」は、収穫後、2か月以上保管されてから出荷されたもので、繊維質が形成され、生姜の色も濃い。辛みはさらに強くなっている。

しょうが　　香辛野菜

しょうが品種紹介

葉しょうが（谷中しょうが）
生食向きで根茎は小型。茎が長く、その付け根が鮮紅色になっている

新しょうが
初夏に出回り、皮の色は薄く、茎のつけ根が鮮やかな紅色でみずみずしい

販売アドバイス

- レシピなどにある「しょうがひとかけ」とは、親指の頭くらいのサイズが目安となる。
- 根しょうがは、薬味として麺類や冷奴、鍋物、寿司、刺身などに使う。
- やわらかくさわやかな辛みの新しょうがは、甘酢漬けやスライスして生食でもおいしい。
- 皮の部分に強い香りがあるため、肉や魚の臭い消しや風味づけにするには、皮つきのまま用いたほうがよい。
- 独特の香りは、甘みのある料理やお菓子にもあう。
- 肉をやわらかくする作用もあるとされ、しょうがをすりおろしたものに肉をつけておくとやわらかく仕上がる。
- 体を温める作用があるため、夏の冷房の強い時期にもおすすめ。加熱するとより効果があるといわれている。

POP
- ごはんがすすむ！豚肉のしょうが焼き
- 身体を冷やさない！夏こそ薬味に使って
- 料理もお菓子も香味でサポート！

生産動向

生産量		
2016年	50,800 t	
2015年	49,400 t	
2014年	49,500 t	

2016年生産量 上位3位
- 高知　22,200 t（43.7%）
- 熊本　5,350 t（10.5%）
- 千葉　3,840 t（7.6%）
- その他

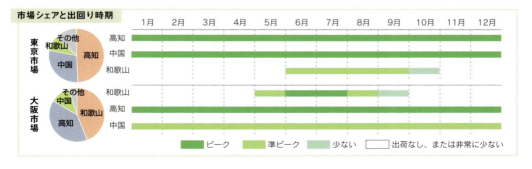

市場シェアと出回り時期

香辛野菜

しそ　Perilla　シソ科

カロテン豊富な和風ハーブ
旬の時期に上手に活用

緑色の青じそ（おおば）は、香りが高く刺身のつまや薬味として一年中利用される。一方、濃赤紫色の赤じそは、梅干しなどの色付けに使われる。つまものとしては、穂じそ、しその実、花穂じそなど。青じその本来の旬は初夏〜夏。

赤じそ
梅干しの色付け用に6月〜8月に出回る。肉厚で葉が硬く、塩もみして使う

鮮度の見分け方
・緑色が濃く、ヤケがないもの
・ピンと張っており、ツヤがあるもの
・香りの強いものが良品

最適な保存条件
家庭ではパックのまま冷蔵庫の野菜室へ。開封した場合は数枚重ねてラップで包み、同様に保存できるが、早めに使いきることが望ましい。

栄養＆機能性
カロテンは体内でビタミンAに変わり、体内の活性酸素を抑える抗酸化作用を発揮するほか、鼻、のど、消化管の粘膜や皮膚などを丈夫に保つ働きがある。

下ごしらえのポイント
・千切りにする場合は5枚ほど重ね、中心の太い葉脈を切り取り、端からタバコのように巻いてから切ると切りやすい。切ったあと水に放すとシャキッとする。

おすすめ料理

天ぷら	酢の物	薬味
梅干し(赤)	寿司	

POP
●殺菌効果あり
　生ものに添えて
●和風パスタの
　決め手はコレ！

生産動向

生産量	2014年	9,866 t
	2012年	9,004 t
	2010年	9,015 t

2014年生産量 上位3位

愛知　3,573t（36.2%）
茨城　1,604t（16.3%）
静岡　713t（7.2%）
その他

販売アドバイス
・氷水の中に葉が全部つかるように入れ、10分くらいつけたあと、水を十分に切るとピンとする。
・天ぷらにするときは、片面だけに衣をつけ、油に入れる際に、衣がついた面を下にして入れる。
・香り成分に殺菌効果があるといわれる。刺身などの生ものに添えるとよい。
・バジルの代わりにパスタに加えると、和風の味付けに。
・赤じそは塩でもんでアクを出してから漬ける。

しそ / みょうが　　香辛野菜

みょうが　Japanese ginger　ショウガ科

夏の薬味の定番！焼いても美味しい

独特の歯ごたえと香味が特徴で、古来より日本人になじみが深い。一般的なみょうが（花みょうが）と、幼茎を軟白栽培した「みょうがたけ」に大別される。露地物の最盛期は8月〜9月。促成栽培により、出荷時期は年々早期化の傾向にある。

みょうがたけ
みょうがの若茎を軟白栽培したもの。旬は春。食べ方はみょうがと同じ

鮮度の見分け方

・花みょうがは、小ぶりで紅色がきれいなもの。光沢があり、花が咲く前の身のしまったものがよい
・みょうがたけは、茎が白く葉先が淡紅色のものがよい。茎が茶色や緑のものは、成長しすぎている

最適な保存条件

湿気を持たせ8℃で保存。家庭での保存は、ひとつずつラップで包むか、湿らせたキッチンペーパーで包み野菜室で保存。まるごと冷凍保存も可能。ピクルスや味噌漬けで保存するのもおすすめ。

栄養＆機能性

カリウムはナトリウムとのバランスをとり、細胞の正常な活動を保つ。ナトリウムを体外に排出する働きがあることから、血圧を下げる効果があるとされている。

下ごしらえのポイント

・根元を切り落としてから、輪切り、みじん切り、千切りにする。繊維に沿って千切りにすると、シャキシャキ感が残る。水にさらすとアクが抜ける。

おすすめ料理

甘酢漬け	味噌漬け	天ぷら
汁の実	薬味	

POP
●まるごと揚げて天ぷらにも！
●夏バテ予防にさわやかな香り

生産動向

生産量	2014年	5,647 t
	2012年	5,660 t
	2010年	5,484 t

2014年生産量 上位3位

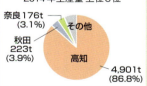

奈良 176t (3.1%)
秋田 223t (3.9%)
高知 4,901t (86.8%)
その他

販売アドバイス

・さわやかな香りで食欲を増進させる効果も期待される。
・薬味として刻んで冷凍保存も可能。
・丸ごと焼いて味噌をつけたり、らっきょう酢につけてもおいしく食べることができる。
・まるごと揚げて天ぷらにしてもおいしい。

香辛野菜

ハーブ Herb

メニューや食材によって香りの使い分けを！

食の多様化によりハーブの需要も高まってきている。ハーブは香草の総称で、香りや薬効にそれぞれ個性がある。販売では、下記の表を参考に数種類を揃えたコーナーにし、用途も表記するとよい。使い方は基本的に、ボウルに水を張り、さっとふり洗い。水気をふき取り使用する。家庭での保存は、軽く水でぬらしたペーパータオルに包み、密閉した容器または袋に入れ野菜室に入れる。

ローズマリー
シソ科の多年草。羊肉や鶏肉の臭み消しのほか、じゃがいもに合わせる

バジル
シソ科の一年草。スイートバジルが主流で、伊仏料理に多く消費される

タイム
シソ科の多年草。強い香りを持ち、煮込み料理で肉や魚の臭みを消す

品種ごとのオススメ要素

品種名	肉	魚	卵料理	サラダ	マリネ	トマト料理	ポテト料理	菓子	飾り	ハーブティー	ハーブオイル	その他
バジル	●					●						バジルソース
ローズマリー	●	特に青魚				●				●	●	パン
タイム												
セージ	特に豚	●								●	●	
オレガノ	特にラム			●		●						
チャービル	●	●		●				●	●			
チャイブ				●			●					乳製品
ディル		特に白身魚										
スペアミント				●				●		●		カクテル
レモンバーム				●				●		●		
マーシュ				●					●			
レモングラス									●	●		東南アジア料理
バジリコナーノ						●						
カモミール										●		

ハーブ　　香辛野菜

オレガノ
シソ科の多年草。トマトとの相性がよく、イタリアンに多く使用される

セージ
シソ科の多年草。香りが強く、脂の多い豚肉、内臓などに合わせる

チャービル
セリ科の一年草。仏名はセルフィーユ。白身魚などクセのない料理に

ディル
セリ科の一年草。羽のような細かい葉で、サーモンなどに合わせる

チャイブ
ネギの仲間の多年草。サラダやマリネの仕上げ、バターに混ぜて使われる

スペアミント
シソ科の多年草。爽やかな香りでクセがなく、飾りなどに使われる

レモンバーム
シソ科の多年草。薄緑の楕円形の葉。レモンの香りを持ち、魚料理に合う

マーシュ
とうもろこし畑に生えることからコーンサラダとも呼ばれ、サラダや料理のあしらいに

レモングラス
イネ科の多年草。細長い葉はレモンの香り。トムヤンクンに使われる

カモミール
キク科の多年草。花はリンゴの果実に似た香りを持ち、ハーブティーに使われる

バジリコナーノ
スイートバジルに比べて葉が小さく、葉形を活かした盛り付けができる

117

香辛野菜

わさび　Japanese horseradish　アブラナ科

食欲増進、殺菌効果
すりたての良さをアピール

鼻を突く辛みと香気が特徴。山間部の沢や水田で栽培される水わさびの人気が高いが、畑で栽培される畑わさびも、大きさが小ぶりなため扱いやすい。根わさびの本来の旬は11月～翌4月。粉ワサビの原料は、別種のホースラディッシュ（149ページ）。

葉わさび
春に出回り、葉や茎を食用とする。塩もみなどで辛みを出す。おひたしや、天ぷら、醤油漬けに

鮮度の見分け方
・太さが均一なもの
・太めで根がゴツゴツしているものがよい
・葉柄や茎に黒い節のあるものは避ける

最適な保存条件
家庭では、濡れた新聞紙に包んで冷蔵庫に保存すれば長く持つ。また、根元が水につかる容器にわさびを入れて保存も可能。その場合、定期的に水を交換すること。

栄養＆機能性
特に目立った栄養がみられないが、香辛野菜としてはカルシウムを多く含む。カルシウムは健全な骨の形成に関わるミネラルで、骨や歯の構成成分でもある。

下ごしらえのポイント
・茎に近いほど辛みと香りが豊かなため、葉の方からすりおろす。目の細かいおろし板を使い、金属のおろし金を使用した場合は、すぐに他の容器に移す。

おすすめ料理

刺身	お茶漬け	わさび漬け

POP
●香りはやっぱりおろしたて
●ひと味ちがう生わさび

生産動向　根茎・葉柄の合計

生産量	2016年	2,266 t
	2015年	2,213 t
	2014年	2,328 t

2016年生産量 上位3位

長野 856t (37.8%)
岩手 518t (22.9%)
静岡 505t (22.3%)
その他

販売アドバイス
・より辛くしたい場合は、おろし板に砂糖・塩などを少しぬってからすりおろすか、おろしてから包丁でたたくと、細胞から辛み成分が引き出される。
・おろしたては香りも味も格別。まとめておろさず、食べる分だけおろすほうがよい。

わさび / 豆苗　小物・特殊野菜

豆苗　Snow peas leaf　マメ科

栄養たっぷり！えんどうの若芽

豆の香りと歯ごたえのよさが特徴。えんどうの若芽とツルを食用とする。中国では、春に枝から摘み採ったものが高級食材として使われる。日本で一般的なのは豆を発芽させて茎と葉を食用とするスプラウトタイプ。出回りは周年。

鮮度の見分け方
・葉が緑色で黄化葉がないもの
・茎がしっかりしており、みずみずしいもの
・根が白く、弾力のあるもの

POP
●加熱してもシャキシャキ！
●根を残しカット再収穫できます

下ごしらえのポイント
・豆付きの場合、下のほうの茎を残しカットして使うとよい。新芽が伸びて再収穫できる。

販売アドバイス
・カロテンを100g中3000μgも含み、チンゲンサイの1.5倍。ビタミンCや食物繊維も豊富。
・加熱してもシャキシャキとした食感が楽しめる。
・根を残しカットして、水に浸けておくと再収穫できる。

おすすめ料理
| サラダ | スープ | 炒め物 |

コラム　豆苗の人気の秘密！

年間を通じ価格変動が少なく、野菜が高騰した際に代用品として人気が出た豆苗。最近では生食でも「シャキッ」とした歯ごたえがよいと、サラダや鍋用の葉物野菜として定着してきている。ほのかな甘みが美味しく、再収穫などの特長を活かして「野菜嫌いを克服しよう」とのキャンペーンを行っているメーカーもある。夏休みには、自由研究などを想定し、売場に再収穫の手順などのPOPを並べるのもよいだろう。

◎豆知識……豆苗の資材や栽培方法

スプラウトタイプの豆苗は伸びが早いため、呼吸コントロールフィルムを使用しているものもある。そういった商品は、比較的水々しさを保ち、スジっぽくなりにくい。また、生産方法の多くは水耕栽培だが、高度に衛生管理された植物工場産のものも出てきた。産地もさまざまだが、栽培に使う良質な水や夏期にも気温が上がらない高冷地で生産するなどの工夫も見られる。例えば最大手の村上農園は、山梨北杜に国内最大規模の豆苗専用植物工場を新設し、品質を高めている。

【簡単！　豆苗の再収穫】
①根元の近くにある小さい芽の上、豆から2cm位上の部分をカット。
②朝晩1日2回、水を入れ替える。昼間は明るい窓辺に置き、夜間は冷えない場所へ。気温の高くなりすぎる夏季は窓辺ではなく明るい室内へ。
③水は上から直接かけずに横から、豆にかからない位が目安。豆まで水がかぶってしまうと、豆が傷んで弱ってしまうので注意！
④10日から12日ほどで再収穫できる。

小物・特殊野菜

スプラウト Sprout アブラナ科など

注目の発芽パワー！
手軽さと健康効果が人気

ピリッとした辛みを持つものが多い。スプラウトとは、英語で「発芽野菜」のこと。一般的には西洋野菜を発芽させ、1週間程度栽培したものを指す。2000年頃より市場に出回り始めた野菜で、栄養素が非常に豊富なことから、近年注目を集めている。出回りは周年。

ブロッコリースーパースプラウト
発芽3日目のブロッコリー。成長したものより20倍のスルフォラファンを含む

鮮度の見分け方
・茎がシャキッとしているもの
・葉の色が濃く、黒い斑点がないもの
・短いものがなく、長さが揃っているもの
・みずみずしさがあるもの

最適な保存条件
家庭での保存は、パックのまま冷蔵庫で保存する。2～3日中に食べるようにしたい。少量使う場合は、使う分だけをスポンジから取り外すようにし、残りはそのままパックに戻し、冷蔵庫で保存すると、根をカットしたものより鮮度を保つことができる。

栄養＆機能性
スプラウトで特に注目されているのは、特定のブロッコリー系スプラウトに含まれる「スルフォラファン」。アメリカのがん予防研究で発見され、抗ピロリ菌などの効果も期待される。

（ブロッコリー系）

下ごしらえのポイント
・スポンジの部分を軽く握り、逆さにして食べる部分を水を入れたボウルの中で振り洗いをする。

・見た目だけでなく、食感もよくするために、種の皮をしっかり取ること。

・ブロッコリースーパースプラウトは洗浄済みのため、洗わなくても食べられる。

おすすめ料理

サラダ	スープ	サンドイッチ
手巻き寿司		

POP
●ビタミンたっぷり
　生サラダがおすすめ
●薬味にお手軽！
　うどんや鍋のアクセント
●洗うだけで彩り豊か
　キャンプにも便利です

Q ブロッコリースーパースプラウトを購入したところ、黄色い葉が混じっていた。古いものか？

多くの緑色の野菜では、黄色くなった葉は、傷みによる場合が多い。しかし、ブロッコリースーパースプラウトの黄色の葉は「緑化」前の状態で、古くなったものではない。

販売アドバイス

・ピリッとした辛みがあるので、ネギとは一味違う薬味として、青みとして応用できる。

・サラダや薬味以外にも、サンドイッチや手巻きずしの具として広く活用できる。

・栄養の損失を防ぐために、できるだけ加熱をしないほうがよい。カロテンの吸収をよくするために、油を使ったドレッシングもおすすめ。

・機能性成分のスルフォラファンはアブラナ科に含まれるグルコシノレートという成分が歯で咀嚼（そしゃく）されることによって酵素と反応し、スルフォラファンに変化するといわれる。

スプラウト　小物・特殊野菜

アルファルファ
「ムラサキウマゴヤシ」という牧草の発芽野菜。細かいが栄養価が高い

かいわれだいこん
流通量の多い発芽野菜。ピリッとした辛みに食欲増進効果が期待される

レッドキャベツ
紫の茎が彩りにもなる。カルシウム代謝に関わるビタミンUが豊富

マスタード
ピリッとしたカラシの風味。ビタミンB群や鉄分、ミネラルが多い

クレス
クレソンに似た香りがあり、抗酸化作用の強いビタミンEを多く含む

ブロッコリー
味はマイルド。スルフォラファンは、成長したものより7倍多いといわれる

コラム　機能性成分に注目のスプラウト

　植物の種子は、栄養素が凝縮された状態。その種子が発芽した直後のスプラウトは、光合成により、種子の状態では存在しなかったビタミンCが合成され、種子と野菜の栄養素を併せ持つ。

　そのため、親野菜と比較するとビタミン類の多くの項目で高い数値を示す。

　特にブロッコリーには、フィトケミカルの一種スルフォラファンという成分が含まれている。この成分は、植物の中ではグルコシノレートの状態で、口の中で咀嚼することにより、酵素であるミロシナーゼと反応してスルフォラファンに変化。これが体内の防御機能である解毒酵素を増やすスイッチを入れる。この効果は「間接的」なもので、ビタミンCなどの抗酸化物質の効果が1日程度に対し、スルフォラファンは、3日間程度持続することが知られている。この成分は、アメリカのジョンズ・ホプキンス大学のポール・タラレー博士が、長年にわたるがん予防研究の中で発見した成分。高いがん予防効果が期待される。しかしブロッコリーに微量にしか含まれていないため、その後の研究で特定の品種を使い、特別な栽培を行った発芽3日目の新芽に高濃度のスルフォラファンが含まれることを突き止めた。タラレー博士は、その新芽に「ブロッコリースーパースプラウト」と名づけ、発表された1997年にはアメリカでブームが巻き起こった。現在、日本でタラレー博士の指導を受けて「ブロッコリースーパースプラウト」を生産しているのが、村上農園。定期的にスルフォラファン含有量を検査し、高濃度に保っていることを確認している。

小物・特殊野菜

もやし Bean sprout マメ科

低カロリーの代表！ビタミン類も多種含む

ほのかな豆の香りとシャキシャキとした食感が特徴。もやしという名称は本来、人工的に発芽させた植物の若芽を意味するが、野菜の流通では、緑豆や大豆のもやしを指す。原料となる豆の種類によって風味が違い、近年は在来種を使ったものもある。流通の主流は緑豆もやしで工場生産され周年出回る。

鮮度の見分け方

- 茎がシャキッとしており、みずみずしいもの
- 折れたものが多かったり、折れ口や根が黒ずんでいるものは避ける
- 大豆もやしは、豆が開いていないものがよい

最適な保存条件

家庭では、常温に置かないことが望ましく袋のまま冷蔵庫の野菜室で保存する。しかし冷蔵保存状態でも、1日でビタミンCが30％減少してしまう。見た目に変化がなくても、買ったその日のうちに食べきること。また傷により急速な鮮度劣化を起こすため、丁寧に扱うようにする。

栄養＆機能性

ビタミンCやアスパラギン酸が多い。ビタミンCは抗酸化作用があり、ストレスへの抵抗力を強め、アスパラギン酸は疲労回復に効果があるとされる。

下ごしらえのポイント

- ザルに入れて、折らないように丁寧に洗う。
- 特有の臭いが気になる場合は、流水にさらしておくとよい。
- シャキシャキ感と栄養が失われないように、加熱しすぎないこと。
- ゆでる場合は、ゆでた後に水にさらさずに、ザルにあげて冷ますと水っぽくならない。
- 残ったら、使いやすい小分けで冷凍しておくと便利。使用する時は、冷凍のまま炒めたり煮物に加えたりする。自然解凍すると水分が出てしまうので避ける。

おすすめ料理

和え物	炒め物	おひたし
汁の実	サラダ	ラーメン
焼きそば		

Q 購入したもやしが白い蛍光色にみえるが、人為的に蛍光染料（合成洗剤等）を添加しているのでは？

もやしが蛍光を発するのは、成長過程で作られる蛍光を発する天然物のためである。食用にしても差し支えない。

Q 切って空気にさらしておくと、灰色がかった黒色に変色した。なぜ？

野菜類を切って空気にさらしておくと、野菜に含まれる酸化酵素が働き、灰色がかった黒色になることがある。もやしの場合も、酵素によりタンニン化合物の酸化が進んだためと考えられる。

POP

- ビタミン豊富なヘルシーフード
- 濃い味をさっぱりと味噌ラーメンに
- 豆のうま味UP 蒸し焼きもおすすめ

もやし　小物・特殊野菜

大豆もやし
豆が付いた状態で、コクがある。ナムルなどの材料にされる

ブラックマッペ
ケツルアズキのもやし。細めだが、風味が強い。別名「黒豆もやし」

発芽大豆
芽が出た直後の大豆。豆特有の風味が強い。ゆでる、蒸すのがおすすめ

販売アドバイス

・ひげ根と豆の皮を除くと食感がよくなる。ただし、うま味と風味はひげ根に多く含まれるので、気にならない場合は、そのまま調理するとよい。
・蒸し焼きにすると、もやし本来の香りや旨みが引き立つ。
・ラーメンなどに薬味として入れると、濃い味をさっぱりとさせる。
・さっとゆでるか、蒸し煮にしてドレッシングや豆板醤、辛子醤油などで和えると簡単な付け合わせになり、常備菜としても便利。
・炒め物にする場合は、シャキッとした歯ざわりに仕上げるため、水気をしっかり切って、手早く一気に強火で炒め上げるのがコツ。

コラム　伝統守る「大鰐温泉もやし」

多くは最新式の工場で周年安定生産されるもやしだが、昔ながらの原料大豆や製造方法をかたくなに守っている例もある。青森県大鰐町の大鰐温泉で350年以上前から製造されてきたのが「大鰐温泉もやし」だ。豆もやしとそばもやしの2種類あり、豆もやしは地域在来の小粒種「小八豆」で栽培。温泉熱だけで地温を高め、水道水ではなく温泉を使用し、昔ながらの土耕栽培で7日間かけて長さ30cm以上まで育てる。長さだけでなく、ほのかな土の香りと独特のうまみ、さらにシャキシャキとした歯ごたえも特徴。一時期は生産が途絶えるのではと心配されたが、生産方法などについての門外不出の方針を転換。町が後継者確保に乗り出している。ブランド化をめざし2012年6月には地域団体商標として登録された。

小物・特殊野菜

食用菊　Edible flower　キク科

**ほんのりやさしい香り
秋の食卓をカラフルに！**

香りとシャキシャキした歯ごたえが特徴。食用菊は花そのものを食用にする大輪の菊と、つま物として利用する小菊がある。大輪の菊は甘みがあり黄色と紫の品種がある。つま物の小菊は黄色の品種のみ。周年出回るが、本来の旬は9月～12月。

黄（阿房宮）
黄色い八重の大輪。干し菊にもされる。サラダ、漬物や菊花ご飯に

紫（延命楽）
赤紫で八重の中輪。「もってのほか」「かきのもと」の呼び名も

POP
- ●綺麗な色はそのまま秋のおひたしにぴったり
- ●クリームチーズにぱらりパーティーのオードブルに

小菊
直径2cmほどで刺身のつまに利用される

鮮度の見分け方
- ・花弁の先までしおれていないもの
- ・菊特有の香りがあるもの
- ・茶色く変色していないもの
- ・触ったときに、すぐ花びらが落ちないもの

最適な保存条件
家庭での保存は、パックのまま冷蔵庫の野菜室へ。早めに食べるか、ゆでて冷凍保存がよい。

栄養＆機能性
ビタミンEは抗酸化作用が強く、細胞の健康維持を助ける働きがある。また毛細血管の拡張に関わり、体内の血行をよくするといわれている。

下ごしらえのポイント
・花弁だけを摘み取り、酢を加えた熱湯でさっとゆで、水にさらす。

・シャキシャキした歯ざわりを残し、ゆですぎない。

おすすめ料理

吸い物	天ぷら	酢の物
和え物	おひたし	サラダ
漬物		

都道府県別生産量シェア
2016年生産量 上位3位

- 群馬　260,400t（18.0%）
- 愛知　251,600t（17.4%）
- 千葉　129,000t（8.9%）

生産量　2016年　1,446,000t
　　　　2015年　1,469,000t
　　　　2014年　1,480,000t

販売アドバイス
- ・花弁が落ちやすいので、花の部分を上に向けておくとよい。
- ・漬物にすると便利。炊きたてのご飯に混ぜ合わせて菊花ごはんに応用できる。
- ・ガクの部分は香りが強く佃煮にするとおいしい。
- ・加熱しても変色しにくいので、おひたしにもあう。
- ・クリームチーズと合わせてオードブルにも。

食用菊／エディブルフラワー　小物・特殊野菜

エディブルフラワー　Edible flower

**色にはセラピー効果
花言葉を添えて食卓に出しても面白い**

見た目の華やかさで食卓を彩る。もともと日本では菊や菜の花などが利用されてきたが、エディブルフラワーという名は、一般的に欧米で食されてきた食用花を指す。品種数が多く、同品種でも色のバリエーションが豊富にある。

ビオラ
スミレの一種で色が豊富。やわらかくレタスのような味わい。食物繊維を多く含みサラダやお菓子に向く。11月～翌5月に出回る。花言葉は「誠実な愛」「信頼」など

バラ
色によって味が異なる。花びらを取り外しても、丸のままでもよい。ビタミンCが豊富。カクテルやお酒に入れても。花言葉は「愛」「幸福」など

プリムラ
サクラソウの仲間で、鮮やかな色合いが多い。花弁がやわらかで、ビタミンCを含む。12月～翌3月頃に多く出回る。花言葉は「可憐」「富貴」など

なでしこ
ダイアンサスとも呼ばれる。ガクに苦みがあるが、外すと花びらがバラバラになる。カロテンが多い。ほぼ周年出回る。花言葉は「貞節」「純愛」など

金魚草
スナップドラゴンとも呼ばれる。ユニークな形で苦みがやや強め。ビタミンCが豊富で周年通して出回る。花言葉は「清純な心」「おしゃべり」など

バーベナ
クセがなく食べやすい。生の出回りは3月～11月。ドライ品は加熱しても色が変わりにくく、周年出回る。花言葉は「家族の和合」など

デイジー
キクの仲間。生食の場合は苦みがあるためガクを取り外し花びらだけにするか、ゆでるとよい。3月～5月に出回る。花言葉は「無邪気」など

ストック
アブラナ科の花でクセがなく食べやすい。甘い香りでゼリーなどのお菓子に合う。出回りは12月～翌3月頃。花言葉は「豊かな愛」「豪華」など

販売アドバイス
・水か塩水で洗い、水気をとってから使う。
・苦みが強いガクは、つまんで取り外す。
・花びらを外し素揚げして飾っても。

POP
● ケーキの飾りに
　プロ級の見栄え
● 製氷皿で凍らせて
　かわいいアイスキューブ

125

小物・特殊野菜

春の七草

無病息災を願う春の若菜

正月7日の人日（じんじつ）の節句に、春の若い菜を刻んで粥に入れて食べる習慣が古くからあり、産地で七草をセットにしたパック物や鉢で栽培された商品が出荷されている。出回りは、正月明けから1月7日まで。

春の七草の種類
せり＝主に水辺に生えるセリ科の植物。（49ページ）
なずな＝アブラナ科の植物で、別名「ペンペン草」。
ごぎょう＝キク科の植物で、別名「ハハコグサ」。
はこべら＝ナデシコ科でハコベとも呼ばれる。
ほとけのざ＝キク科。別名「田平子（たびらこ）」植物としてはコオニタビラコを指す。
すずな＝かぶの古い呼び名。
すずしろ＝だいこんの古い呼び名。

下ごしらえのポイント
・葉物はボウルに入れて振り洗いをし、根菜は茎の付け根をしっかりと洗うこと。

おすすめ料理

| 七草粥 | リゾット | 汁の実 |

POP
● 1月7日は七草粥の日
● 胃をいたわるやさしい春の菜

プチヴェール　Petit vert　アブラナ科

結球しない芽キャベツ

歯ごたえはやわらかく、苦みとほのかな甘みがある。静岡県磐田市で青汁の原料となるケールと、芽キャベツを交配して開発された。大きさは、芽キャベツと同じくらいだが、結球しない。冬が旬で、出回りは12月〜翌4月頃。

鮮度の見分け方
・葉の黄化がないもの
・切り口が新鮮なもの
・葉がみずみずしく小さめのもの

POP
● ビタミンCはケールの2倍
● ごま和え、天ぷらギョウザの具にも

下ごしらえのポイント
・葉と葉の間までよく洗うこと。
・下ゆでしてサラダにするなど加熱するのが基本。

おすすめ料理

炒め物	サラダ	スープ
餃子の具		

販売アドバイス
・和食では、ごま和えやおひたし、天ぷら、素揚げなどに。また半分に切って餃子の具にしても。
・ビタミンCは青汁の材料であるケールの2倍あるといわれている。

芽キャベツ(子持甘藍) Brussels sprouts アブラナ科

ひと口サイズのキュートな姿

丸い形とほろ苦さが特徴。「子持甘藍(かんらん)」といわれるキャベツの仲間で、葉の付け根の脇芽が結球し直径3cmほどのキャベツとなる。シチューなど洋風煮込み料理に使われる栄養価の高い野菜。出回りは10月～翌3月。旬は12月～翌2月。

鮮度の見分け方
・直径2～3cmくらいで丸く締まっているもの
・緑色が濃く葉に傷やしおれがないもの
・茎の切り口の断面が新鮮なもの

POP
● コロコロまるごと おでんに入れて
● 茹でてストック 朝のみそ汁にポン

下ごしらえのポイント
・葉を1～2枚はがして、根付きの硬い部分を薄く削ぎ取り、芯に十文字の切れ目を入れる。

おすすめ料理

バター炒め	シチュー	鍋物

販売アドバイス
・保存はポリ袋に入れて冷蔵庫の野菜室へ。硬めにゆでて冷凍保存もできる。
・下ゆでせずに、丸ごとフライにしても。
・ビタミンCはキャベツの3倍あるといわれている。

ラディッシュ(二十日大根) Radish アブラナ科

ヨーロッパのミニダイコン

サクッとした歯ごたえと淡い辛みが特徴。サラダ用に改良されただいこんの一種で「二十日大根(はつかだいこん)」とも呼ばれる。根部が赤く丸型のものが主流だが、白やピンクのもの、細長い形のものなど品種は多様。出回りは周年。

鮮度の見分け方
・直根が細く、ひげ根の少ないもの
・葉が5～6枚での緑色が濃くピンしているもの
・葉のつけ根の部分がむけていないもの

POP
● まるごと使える 葉はお味噌汁に
● ピクルスで おつまみにも

下ごしらえのポイント
・スライスして冷水に放し、パリッとさせて生のままサラダで食べるのが一般的。

おすすめ料理

漬物	サラダ	炒め物
煮込み		

販売アドバイス
・葉は汁物の具や炒め物、また細かく刻んで餃子や炒飯などにも合う。
・実はピクルスに、葉はスープやみそ汁の具にしても。

小物・特殊野菜

えごま Korean perilla　シソ科

韓流の香味野菜

青じそに近い香りの丸い葉を食用とする。ごまに似た風味の種子も油や食用にされるが、シソ科の植物である。殺菌効果も高いとされ韓国料理によく使われるほか、刺身のつまや天ぷらにも人気。周年出回るが、旬は夏。

鮮度の見分け方
・葉先までピンとしているもの
・葉や、切り口が変色していないもの
・緑色が濃く、みずみずしいもの

POP
● 焼肉を巻いて濃い味にあいます
● 唐辛子味噌と刻んであえ衣に

下ごしらえのポイント
・千切りにする場合は、しそと同様に端からくるくると巻くと切りやすい。

おすすめ料理

薬味	天ぷら	酢の物
焼肉		

販売アドバイス
・大葉の代わりに巻き物にしてもよい。
・唐辛子味噌と刻んで和え衣にするなど、香りを楽しむ料理にも。
・種子も健康食品として流通しており、ごまの代用として使うことができる。

サンチュ Korean lettuce　キク科

焼肉用包み菜の本家

レタスの仲間で具を包む料理に利用される。キク科カキチシャの一種。葉の形状は、長楕円形から、長卵系で先が尖るもの、葉面に縮みがあり紫色を帯びたもの（赤カキチシャ）などがある。水耕栽培などで出回りは周年。

鮮度の見分け方
・葉に傷やひび割れのないもの
・葉先に折れなどがないもの
・軸が細く、葉の部分が大きいもの

POP
● 熱にも強い焼きたてお肉に
● 海苔の代わりに手巻き寿司にも

下ごしらえのポイント
・食べる前に冷水に入れるとシャキッとする。
・巻くときに芯の部分をつぶしておくと巻きやすい。

おすすめ料理

焼肉	サラダ	手巻き寿司
サンドイッチ		

販売アドバイス
・熱に強いため、焼きたての肉を包みやすい。また炒めた場合もシャキシャキとした食感が残る。
・葉がしっかりしているので手巻きずしの海苔の代わりにも。

えごま / サンチュ / タアサイ / 空芯菜（ヨウサイ）　**小物・特殊野菜**

タアサイ　Tatsoi　アブラナ科

冬の鍋料理にも

クセがなくやわらかい葉が特徴。結球しないはくさいの仲間で、パクチョイの変種。夏は立茎になるが、寒い時期には葉が地面に広がった姿に。変色しにくいため中華の炒め物やスープなど加熱調理に向く。旬は11月〜翌2月。

鮮度の見分け方

・冬場は、葉が平たく盃状に広がっているもの
・葉に縮れがあり、黒緑色で光沢があるもの
・夏場は、茎が長く葉が緑で立っているもの

POP	●加熱も短め　冬の鍋料理に
	●ショウガ風味で炒め物にも

下ごしらえのポイント

・火の通りが早いので、加熱は短時間で。油との相性がよい。おひたしはゴマ油や油揚げを加えるとおいしくなる。

おすすめ料理

炒め物	煮物	スープ
おひたし		

販売アドバイス

・葉を根から取り外さずに、丸ごとミルク煮にし、大皿に盛るとおもてなし料理になる。
・熱で変色しないため、そのまま鍋に使える。

空芯菜（ヨウサイ）　Water spinach　ヒルガオ科

熱帯アジアのつるの若葉

葉はねばりがあり、茎はシャキシャキ。クセがなく食べやすい。耐暑性のあるつる性の植物で、つる先の20〜30cmの若い葉茎を食べる。エンサイ、ツウサイ、アサガオなど多くの名がある。出回りは6月下旬〜11月頃。

鮮度の見分け方

・全体的にみずみずしい緑色のもの
・切り口が新鮮で色が変わっていないもの
・空洞の茎に適度な弾力があるもの

POP	●シャキシャキ　茎サラダ
	●栄養逃がさず　サッと炒めて

下ごしらえのポイント

・葉を茎から摘み取り別々に調理するとよい。
・茎は裂いて冷水に入れるとカール状になる。

おすすめ料理

炒め物	スープ	八宝菜
ごま和え		

販売アドバイス

・葉は加熱してぬめりを楽しみ、茎は裂いて、生のシャキシャキ感を味わうのがおすすめ。
・加熱時間は短いほうが、美味しく仕上がる。

小物・特殊野菜

くわい　Kuwai bulb　オモダカ科

おせちに必須の縁起物

表皮の藍色が美しい。肉質がやわらかく、煮るとホクホクになる。出回り時期は12月で、おせちの需要期に合わせて栽培されることが多い。おせちの煮物以外にも、揚げ物など洋風アレンジもされている。京野菜や加賀野菜にもなっており、在来種の青くわいが利用される。

鮮度の見分け方
- 芽の部分に傷がなく欠けていないもの
- アクによる褐変が少ないもの
- 皮にハリがあり、形がころんとしているもの

POP
- 素揚げに塩であと引くおつまみ
- お祝いに芽が出る縁起物

下ごしらえのポイント
- 皮をむくときは、芽を折らないように注意する。
- 六面に皮をむき、1時間ほど水につけてアクを抜く。

おすすめ料理

煮物	揚げ物	炒め物

販売アドバイス
- 「よい芽が出る」「子孫が繁栄する」などの理由から縁起物としておせちに使われる。
- 揚げてもおいしく、くわいチップスなどはおやつにも最適。

ゆり根　Lily root　ユリ科

はなびら形のホクホク根菜

甘みとほろ苦さがあり、加熱するとホクホクする。オニユリ、コオニユリ、ヤマユリの根を食用とする野菜で日本料理の素材として多く使われる。生産のほとんどが北海道。周年出回っているが、11月～翌2月が最盛期。

鮮度の見分け方
- 皮が白く、乾燥しすぎてないもの
- 傷、黒ずみがないもの
- 全体的にギュッとしまっているもの

POP
- 牛乳とあわせてポタージュに
- さっぱりが人気梅肉和え

下ごしらえのポイント
- 根元を除き、鱗片を1枚ずつはがして使う。
- 白く仕上げるために、少量の酢でゆでるとよい。

おすすめ料理

和え物	蒸し物	唐揚げ
茶碗蒸し		

販売アドバイス
- 使い切れない場合、購入時に入っていたおがくずと一緒に保存すれば長期間保存が可能。
- さっぱりと梅肉和えもよいが牛乳に合うのでポタージュにも。

くわい / ゆり根 / まこもだけ / 行者にんにく　**小物・特殊野菜**

まこもだけ　Manchurian wild rice　イネ科

クセがなく食感はたけのこ

乳白色でほんのり甘く、たけのこのような食感が特徴。水辺に生息するマコモの若芽に黒穂菌が寄生し、その刺激によって細いたけのこ状に肥大したものを食用とする。国産のほか、台湾、中国からの輸入も多く、4月～11月が最盛期。

鮮度の見分け方
- 表面にツヤがあり適度な弾力があるもの
- 褐変や傷がないもの
- 切り口が新鮮でみずみずしいもの

POP
- 揚げたて天ぷら塩がおすすめ
- 肉との相性よしすき焼きに

下ごしらえのポイント
- 白い部分が出るまで皮をむき、加熱調理が基本。
- オリーブオイルを塗ってグリルしてもおいしい。

おすすめ料理

天ぷら	炒め物	あんかけ
スープ		

販売アドバイス
- たけのこの代替品としても使えるが、香りは薄いので、うま味のある肉や魚と合わせるとよい。
- 煮込むと甘みも出てくるので、すき焼きなどにもおすすめ。

行者にんにく　Alpine leek　ヒガンバナ科（ユリ科）

修行者が食べていた山菜

にんにくのような強い香りが特徴。近畿以北の高原や深山に自生する多年草。現在は栽培品が主流だが、以前は量がとれない貴重な山菜であった。葉やつぼみだけでなく、長さ4～6cmのらっきょう型の地下茎も食用とする。4月～5月が旬。

鮮度の見分け方
- にんにくのような強い香りのもの
- 葉先までピンとしているもの
- 葉や切り口が変色していないもの

POP
- しょうゆ漬けで肉料理の薬味に
- ソーセージと鉄板焼きに！

下ごしらえのポイント
- アクが少ないので、表面の薄皮をむき、刻んで使ったり、そのままゆでたり、炒め物にするとよい。

おすすめ料理

炒め物	煮物	スープ
おひたし		

販売アドバイス
- つぼみは、天ぷらや薬味に利用できる。
- にらの代わりに使え、肉の臭い消しになる。
- しょうゆ漬けにして肉料理のタレに使っても。

小物・特殊野菜

つるむらさき　Malabar spinach　ツルムラサキ科

真夏に扱いやすい青菜

やわらかくクセがない。高温多湿に強く、寒さに弱いつる性植物。観賞用として、また夏の日よけにベランダで栽培されることも。初秋に出る花芽も食用にされ、白花のものと、茎や花が紫紅色のものがある。出回り時期は7月〜10月。

鮮度の見分け方
- 茎の切り口が新鮮なもの
- 葉先までみずみずしいもの
- 花芽は花が開いていないもの

POP
- 葉はやわらか ゆですぎないで
- 夏にさっぱり 辛子しょうゆ

下ごしらえのポイント
- 熱湯でさっとゆでて、冷水に浸してから食べる。葉はやわらかいので、ゆですぎないこと。

おすすめ料理

おひたし	油炒め	ごま和え
鍋物		

販売アドバイス
- 保存は茎にしめらせた新聞紙をまき、ビニールに入れ野菜室へ。硬めにゆでて冷凍保存も可能。
- 葉がやわらかいのでゆですぎないように注意すること。

ヤーコン　Yacon　キク科

なし風味の生食できる根野菜

さつまいものような形をしているが、生で食べると果物の「なし」のようなシャキシャキとした食感と甘みがある。ポリフェノールも豊富で、健康食品として盛んに商品化され、葉はお茶にもなっている。旬は11月〜翌2月。

鮮度の見分け方
- 持ったときに重量感があるもの
- さつまいものようにふっくらとしているもの
- 皮に傷がないもの

POP
- 梨のような シャキシャキ感
- 砂糖なしで 甘いきんぴらに

下ごしらえのポイント
- いものように見えるが、でんぷんを含まないため生食ができる。

おすすめ料理

煮物	サラダ	炒め物
きんぴら		

販売アドバイス
- フラクトオリゴ糖が多く、貯蔵しておくと分解が進みショ糖などに変化し、甘みが強くなる。
- 甘みがあるので、きんぴらにする時は砂糖を使わなくてもよい。

つるむらさき / ヤーコン / からし菜 / モロヘイヤ　　小物・特殊野菜

からし菜 Leaf mustard　アブラナ科

二塚からしな

鍋物用に人気上昇中!

西洋からし菜は、すこしピリッとする程度のマイルドな辛み。一方、加賀野菜の二塚からしなといった日本の地方品種は辛みが強いものが多い。多くの品種があり、緑、赤、紫と色も多様。周年出回るが、露地物の旬は2月〜4月。

鮮度の見分け方
・葉の色が濃いもの
・葉先までみずみずしいもの
・茎の下の方まで葉がついているもの

POP
● ハムやチキンとサンドイッチに
● マイルドな辛み鍋にぴったり

下ごしらえのポイント
・西洋からし菜系は生食できるが、地方品種はさっと湯がいてから調理するとよい。

🍴おすすめ料理

鍋物	和え物	炒め物
漬物		

販売アドバイス
・熱によって刺激が和らぐため、刺激が苦手な人や子供には、加熱調理がおすすめ。
・辛みを活かして、ハムやチキンを使ったサンドイッチにも。

モロヘイヤ Nalta jute　アオイ科

古代から伝わる野菜の王様

独特の風味とおくらのようなぬめりが特徴で、ビタミン、ミネラルなど栄養価が高い。古代エジプトの記録にも登場し、現在でも現地では日常的に消費されている。出回りは7月〜9月。鮮度が落ちると葉が硬くなるので注意すること。

鮮度の見分け方
・葉と茎にハリがありやわらかいもの
・葉に黒斑がないもの
・葉の下のひげが新鮮なもの

POP
● 揚げてサクサク魚介とかき揚げに
● ご飯のお供刻んでとろろに

下ごしらえのポイント
・茎は硬いので葉と別々に調理する。水を入れたボウルでよく洗ってから、葉を取り除くとよい。

🍴おすすめ料理

酢の物	炒め物	スープ
おひたし		

販売アドバイス
・葉を刻むと独特のぬめりが出てくるので、さっとゆでた後、刻んでとろろのように食べる。
・かき揚げの具にしてもおいしい。

133

小物・特殊野菜

ぎんなん　Gingko nut　イチョウ科

滋養があるイチョウの実

ほのかな苦みともっちり感が特徴。天然物もあるが、栽培品種は8月から出荷される早生の金兵衛、中生の久寿や栄神、晩生で殻が薄く大粒の藤九郎などがある。貯蔵性もあるため周年出回るが、旬は8月〜11月頃。

鮮度の見分け方
・殻の表面がよく乾いているもの
・殻の色が白く、なめらかなもの
・振ってみて音がしないもの

POP
- ●殻むきカンタン レンジで1分！
- ●茶碗蒸しに 秋の味覚

下ごしらえのポイント
・茶封筒の中にぎんなんと適量の塩を入れて、口を数回折り、1分ほど電子レンジで加熱し、熱いうちに殻を取る。

おすすめ料理

おつまみ	天ぷら	茶碗蒸し

販売アドバイス
・たくさん食べると、まれにお腹を壊すことがあるので、食べ過ぎないこと。
・茶碗蒸しなどに入れると彩りがよい。

白瓜　Oriental pickling melon　ウリ科

奈良漬けに定番の瓜

甘みはなく、さっぱりとしている。3世紀頃から日本にあり、様々な品種が存在するほか、産地によって大きさも多様。通常は淡い味を活かして、塩漬け、糟漬け、浅漬け、奈良漬けなどにされる。旬は夏で、主産地は徳島、千葉など。

鮮度の見分け方
・皮にハリがあり、傷がないもの
・実がよくしまっており、太さが均一なもの
・黄緑色でツヤがあり、白すぎていないもの

POP
- ●みずみずしい 夏の浅漬けに
- ●カリウム豊富 夏のほてりに

下ごしらえのポイント
・炒める場合は、少し塩をふり水分を抜いてから。
・カットして天日で干し野菜にしてもよい。

おすすめ料理

漬物	サラダ	酢の物
吸い物		

販売アドバイス
・鮮度低下が速いため、長期保存には向かない。漬け物にするか、すぐに使いきること。
・夏に浅漬けでたべるとさっぱりする。
・カリウムを豊富に含んでいる。

ぎんなん / 白瓜 / ゆうがお / まくわうり　小物・特殊野菜

ゆうがお Gourd　ウリ科

煮物やかんぴょうに

細長いヘチマ型は煮物や炒め物などに利用される。ずんぐりとした丸型は生で食べる例は少なく、主に実を帯状にむき、乾物のかんぴょうとして利用される。古くから日本にある植物だが生産量は減少傾向。主産地は栃木県。ククルビタシン由来の苦味が強いものは食中毒の危険があるため、生で食べないように注意する。

鮮度の見分け方
・皮にハリがあり、傷がないもの
・実がよくしまっているもの
・皮は黄緑色でツヤがあり、白すぎないもの

POP
● しっかり干してかんぴょうに
● 冷やして美味しい夏の煮物、炒め物に

下ごしらえのポイント
・帯状にむかれ、干してかんぴょうにされる。
・水で戻した後、甘辛く煮たものをかんぴょう巻などに。

おすすめ料理

巻き物	炒め物	煮物
吸い物		

販売アドバイス
・生は鮮度低下が速いため、長期保存には向かない。
・苦味が少ないものは、とうがんのように生のまま胡麻和え、炒め物、煮物などに。

まくわうり Oriental melon　ウリ科

さわやかな甘みの伝統瓜

ほのかな甘みでさっぱりとしている。果肉はやや硬め。日本に古くからあり、瓜といえば、まくわうりを指した。漢字では真桑瓜とかく。現在はメロンとの交雑も多く、形状は球形、フットボール形、果皮は緑、縞模様、黄色など様々。旬は夏。

鮮度の見分け方
・皮にハリがあり、傷がないもの
・実がよくしまっているもの
・果皮にツヤがあるもの

POP
● 昔なつかしい夏の果物
● 甘ささっぱり女性に人気

下ごしらえのポイント
・メロンのように、そのまま食べる
・ハムとあわせてサラダなどにしてもよい。

おすすめ料理

生食	漬物	サラダ
酢の物		

販売アドバイス
・夏場のお盆の時期に出回るため、お供物としても利用されている。
・硬いものは甘みが少ないので、ハムなどと一緒にサラダにしても。
・メロンのように、香りが出て、尻がやや柔らかくなってから食べる。

135

小物・特殊野菜

食用ほおずき Strawberry tomato　ナス科

甘酸っぱく、デザートに

甘酸っぱく、少しマンゴーに似た風味がある。生食のほか、チョコレートでコーティングしたり、酸味を利用してジャムへの加工に使用される。別名「フィサリス」。出回りは8月〜11月。観賞用は有毒なので食用にできない。

鮮度の見分け方
・実にハリとツヤがあるもの
・実が硬くしっかりしているもの
・実がみずみずしいもの

POP
● 甘酸っぱいケーキ飾りに
● チョコレートフォンデュに

下ごしらえのポイント
・外側の皮をむき、洗って使う。皮つきで飾りに使う場合は、皮も洗い皮の水気をふき取ること。

おすすめ料理
デザートの飾り

販売アドバイス
・皮つきの状態で少し天日で干しておくと、酸味がまろやかになり甘くなるといわれている。
・チョコレートフォンデュにしても。

山椒の実 Japanese pepper　ミカン科

ピリッとシャープな風味

しびれるような辛みと香りが特徴。辛みは後を引かない。実山椒または青山椒とも呼ばれる。ちなみに、実が弾けた殻（皮）を乾燥させ粉にしたものが粉山椒。青果としては5月に出回り、佃煮などの加工品にされ、周年出回る。

鮮度の見分け方
・実が若く未熟なもの
・濃い緑色でやわらかいもの
・香りの強いもの

POP
● まとめて下ゆでで冷凍ストック
● じゃこと炊いてちりめん山椒

下ごしらえのポイント
・枝からはずし、指でつまむとつぶれるくらいまで下ゆでし、味見してアクがなくなるまで水にさらす。

おすすめ料理

吸い口	佃煮	和え衣

販売アドバイス
・辛み成分のサンショオールには局所麻酔作用があり、青山椒をそのまま食べると舌がしびれる。
・下ゆですれば冷凍保存できる。
・ジャコと炊いてちりめん山椒にしても。

食用ほおずき / 山椒の実 / ザーサイ / アピオス　小物・特殊野菜

ザーサイ　Zha cai　アブラナ科

漬物のほかサラダ用も登場

中華漬物として有名。生で食べると、根はほろ苦さと甘さがあり、葉や茎はピリッとした辛みがある。多くは漬物用だが、近年は生食用の品種も流通している。漬物として周年出回るが、生食の旬は冬。

鮮度の見分け方
・葉が緑でみずみずしいもの
・根は傷がないもの
・見た目よりずっしりとしているもの

POP
● ピリッと辛い葉の塩漬け
● 油で炒めてチャンプル風に

下ごしらえのポイント
・コブは薄切りにしてそのままサラダのほか塩で浅漬けに。葉は油と相性がよく炒め物などに向く。

おすすめ料理
漬物

販売アドバイス
・コブは輪切りにして油でソテーにするなど、部位によって味が違うので飽きずに食べられる。
・苦味が気になる場合は卵を使うチャンプルーなどにするとよい。

アピオス　Ground nut　マメ科

北アメリカのスタミナ野菜

ホクホクとしており、さつまいもとじゃがいもの中間のような味。ネックレス状になる塊根を食べる。別名「ホドイモ」とも呼ばれる。掘り出して乾燥させると1か月ほど保存できる。旬は11月〜翌3月。

鮮度の見分け方
・皮に傷のないもの
・形がそろっているもの
・実がふっくらとしているもの

POP
● 素揚げにしてほっこりホクホク
● ゆでてお塩でホイル焼きでも

下ごしらえのポイント
・よく洗い皮のまま調理する。大きさにバラつきがあると加熱むらがでるので、大きさをそろえるとよい。

おすすめ料理

炒め物	煮物	焼き物
揚げ物		

販売アドバイス
・豆ではあるが、基本的にはイモ類の料理方法でよい。ゆでて軽く塩をふっておつまみに。
・味噌にも合うので、田楽もおすすめ。

小物・特殊野菜

エシャロット（シャロット） Shallot ヒガンバナ科（ユリ科）

フランス料理の隠し味

小型のたまねぎに似た外見と風味だが、たまねぎほど甘みはない。フランス料理では刻んで炒め、コクと香りを出して使う。主力は輸入物で、アメリカやフランスから輸入される。保存が利き、周年出回る。

鮮度の見分け方
・皮にカビなどがないもの
・芽が出ていないもの
・触ってフカフカしていないもの

POP
●たまねぎよりも風味豊か
●刻んで炒めてソースの隠し味に

下ごしらえのポイント
・皮をむき、細かく刻んでから、弱火でじっくりと炒め、ソースなどの材料に使う。

おすすめ料理

ソース	薬味	ドレッシング

販売アドバイス
・生のまますりおろしたものをドレッシングに加えると、他のねぎ類よりも彩りと風味が増す。
・刻んで炒めてソースの隠し味

エシャレット Rakkyo(Scallion) ヒガンバナ科（ユリ科）

やわらかい軟白らっきょう

らっきょう（103ページ）を土寄せして軟白栽培し、若採りしたもの。名前は似ているが、たまねぎの一種の「エシャロット」とは別の野菜で、生のままモロミをつけて食べることが多い。主な品種はらっきょうと同じ「らくだ」で、周年出回る。

鮮度の見分け方
・青葉は食用にしないが、青葉や白い茎がみずみずしく枯れていないもの
・根部の大きさは中くらいのものがよい

POP
●辛みさわやか生でおつまみに
●子供に人気天ぷらで辛くない!

下ごしらえのポイント
・茎の上部の白くてやわらかい部分も生で食べることができる。根を落とし、根に切り込みを入れると食べやすい。

おすすめ料理

サラダ	天ぷら	和え物
汁の実		

販売アドバイス
・家庭での保存は、ポリ袋に入れ冷蔵庫の野菜室へ。
・火を通しすぎないほうが風味がよい。
・天ぷらにすれば辛みが和らぎ子供にも食べやすい。

エシャロット(シャロット) / エシャレット / エンダイブ / カーボロネロ　小物・特殊野菜

エンダイブ　Endive　キク科

高級感たっぷりの西洋葉物

シャキシャキとし、ややほろ苦さがある。品種には縮葉種と広葉種があり、流通が多いのは縮葉種。フランスでシコレと呼ばれているため、同じキク科のチコリとしばしば混同される。旬は10月〜翌3月。

鮮度の見分け方
・切り口の新鮮なもの
・葉がふわっとしているもの
・傷がなく褐変していないもの

POP
● 苦みをいかして大人のサラダ
● 外葉はゆでておひたしに

下ごしらえのポイント
・茎の付け根に汚れがたまりやすいので、よく開いて洗うか、葉を取り外してから洗うとよい。

おすすめ料理

サラダ	つけあわせ	炒め物
煮込み		

販売アドバイス
・葉は加熱にも向く。サラダの場合、さらっとしたドレッシングの方が合うとされる。
・外側の葉はやや硬いので、加熱するとよい。

カーボロネロ　Cavolo nero　アブラナ科

トスカーナの特産野菜

主に加熱して食べる非結球のキャベツ。生では葉が硬いが、煮込みなどにするとやわらかくなり、うま味が増す。イタリアのトスカーナ地方の特産だが、日本での栽培も増えている。日本での別名は「黒キャベツ」。旬は冬。

鮮度の見分け方
・葉が濃緑色で、肉厚なもの
・切り口が新鮮なもの
・葉が細かく縮れているもの

POP
● うま味たっぷり煮込んでスープ
● 塩とオイルでカンタン蒸し煮

下ごしらえのポイント
・よく洗い、加熱して食べるとよい。
・オリーブオイルとの相性がよい。

おすすめ料理

スープ	パスタソース	煮込み

販売アドバイス
・煮込むとうま味が増し、葉に味が浸みこむため、スープなどに向く。
・塩とオリーブオイルで蒸し煮にしてもおいしい。

小物・特殊野菜

スイスチャード　Swiss chard　ヒユ科（アカザ科）

野菜のジェリービーンズ

直売所などで人気が高まっているカラフルな野菜。赤、黄、ピンクなど色鮮やかな茎と葉脈が特徴で、ほうれん草に似た味わいがある。炒め物や煮込みなど用途は幅広く、小葉や白い茎のものふだん草として出ることが多く、幼葉はベビーリーフで出回る。カロテンやビタミンEが豊富。

鮮度の見分け方
- 茎の部分や葉脈の色がきれいなもの
- 葉の色は濃い鮮やかな緑で、いきいきとしているもの
- 柄の部分が長く伸び過ぎていないもの

下ごしらえのポイント
- シャキシャキとした食感の茎は、太いものは硬いので、炒め物や漬け物に。ゆでる場合は茎と葉を別々がよい。

販売アドバイス
- 炒めるなど、油を使用した調理方法でカロテンの吸収が促進される。
- 茎の色を活かしてロールキャベツ風にも。

POP
- 彩りをいかして天ぷらやサラダに
- 赤・黄・ピンクにオレンジ彩り豊かなサラダでどうぞ

おすすめ料理

炒め物	サラダ	スープ
餃子の具		

コールラビ（蕪甘藍・球茎甘藍）　Kohlrabi　アブラナ科

かぶに似たキャベツの変種

やや甘みがあり、ブロッコリーの茎のような風味と食感がある。キャベツの仲間で、球茎甘藍（かんらん）とも呼ばれ、茎の基部が球形に肥大しかぶのような姿になる。淡緑色のものと紫紅色のものがある。旬は12月〜翌3月。

鮮度の見分け方
- 肌にひび割れがないもの
- ずっしりと重みのあるもの
- 葉の切り口が新鮮なもの

下ごしらえのポイント
- 葉柄を落とし、若いうちは皮ごと、大きく皮の硬いものはむいて使う。

販売アドバイス
- サラダや漬物は薄くスライスするとよい。
- 保存は新聞紙に包んで冷蔵庫で5日ほど。
- 火が通りやすいので、煮込みすぎず、食感を活かすとよい。

POP
- 乱切りにしてポトフに
- スライスしてサンドイッチに

おすすめ料理

サラダ	煮込み	炒め物
酢の物		

スイスチャード / コールラビ (蕪甘藍・球茎甘藍) / サボイキャベツ / サルシフィー　小物・特殊野菜

サボイキャベツ　Savoy cabbage　アブラナ科

日持ちする煮込みキャベツ

生では硬いが、煮込むと甘くやわらかくなる。フランスのサボイ地方発祥のキャベツで、葉が縮れていることから、ちりめんキャベツとも呼ばれる。オランダなどからの輸入が多いが、最近は国産もある。国産の出回りは秋冬。

鮮度の見分け方
・巻きが固くずっしりと重みのあるもの
・葉の縮れが細かいもの
・切り口が変色していないもの

POP
●うま味抜群ビストロの味
●煮込みに最適ロールキャベツに

下ごしらえのポイント
・砂をかけて栽培されるので、縦に切れ目を入れ、よく洗うようにすること。

おすすめ料理
| ロールキャベツ | 煮込み | 炒め物 |

販売アドバイス
・巻いたり詰めたりする場合の下準備として、薄い塩水につけて、蒸しておくとよい。
・味がよくしみるので、スープ料理に向く。

サルシフィー　Salsify　キク科

姿はごぼう。でもホクホク

ホクホクとした食感とカキに似た風味が味わえる。別名オイスタープラント。また流通では、形がごぼうに似ることから西洋ごぼうとも呼ばれている。輸入物が主流で、下処理済みの加工品が周年出回る。国産は秋冬に出回る。

鮮度の見分け方
・表面に傷のないもの
・切り口が乾いておらずスカスカしていないもの
・しっかりとした弾力のあるもの

POP
●皮をむいてフリットに
●鶏肉と合う！バターソテーに

下ごしらえのポイント
・皮をむき、水とき小麦粉、塩、レモン汁を加えたお湯でゆでてアク抜きをし、水洗いする。

おすすめ料理
| クリーム煮 | バター炒め | シチュー |
| サラダ |

販売アドバイス
・下ごしらえの後、サラダにしたりソテーに。
・産地ではほろ苦い若葉もサラダなどにする。
・油にも合う味なので、バターソテーやフリットにしても。

小物・特殊野菜

チコリ（白・赤） Chicory キク科

白さ際立つ舟形の葉物

ほろ苦くシャキシャキとした歯ごたえ。キク科の植物で軟白栽培したはくさいの芯のようなの葉を食用とする。フランスではアンディーブというため、レタスに似たエンダイブと混同される。水耕により周年出回るが、旬は1月～3月。

鮮度の見分け方
- 巻がしっかりしているもの
- 切り口が新鮮で葉先がしおれていないもの
- 傷や褐変がないもの

POP
- 葉をお皿にしてオードブルに
- 苦みまろやか天ぷらに

下ごしらえのポイント
- 葉を1枚ずつはがし洗う。形を活かし、上に生ハムやスモークサーモン、チーズをのせるとよい。

おすすめ料理
サラダ ／ バター炒め ／ 煮込み

販売アドバイス
- 苦みが気になる場合は、付け根部分を切り取るか、リンゴとともに刻んで食べるとよい。
- 葉の丸みを活かしてカップに見立てオードブルにしても。

アイスプラント Ice plant ハマミズナ科

不思議なプチプチ食感

ほのかな塩味と、プチプチした食感が特徴。表皮には根から吸い上げた養分を隔離するための細胞（ブラッター細胞）が付き、それが氷のように見えることが名前の由来。他にバラフ、プッチーナなどの名がある。水耕で周年出回る。

鮮度の見分け方
- 水泡がつぶれていないもの
- 茎の切り口がみずみずしいもの
- 折れやトロケがないもの

POP
- ほのかな塩味サラダの彩りに
- 天ぷらでとろっと食感

下ごしらえのポイント
- 加熱すると溶けてしまうので、天ぷらにする以外は生のまま食べるのがおすすめ。

おすすめ料理
サラダ ／ つけあわせ ／ 天ぷら

販売アドバイス
- 保存はパックのままか、ビニール袋に入れて、空気を入れて閉じ、野菜室で保存する。
- 栽培方法によって塩味が若干異なるためサラダの時は味見をしてから調味をすること。

チコリ（白・赤）／アイスプラント／トレビス　**小物・特殊野菜**

トレビス　Trevise　キク科

鮮やかなコントラストとほろ苦さがアクセントに

やや苦みがあり、葉は赤紫でやわらかい。フランスではトレビス、イタリアではラディッキオと呼ばれることが多い。結球型、非結球型、ロケット型などの品種がある。主流は結球型で、アメリカなどから輸入され、周年出回る。

ラディッキオ
イタリアの品種。球形でサラダのほかグリルにも。最もメジャーなタイプ

タルディーボ
葉が細長く結球しない品種。みずみずしく甘みがある

カステルフランコ
地はクリーム色で紫の斑紋がある。ゆるく結球し、サラダに向く

鮮度の見分け方

・葉に弾力があり、みずみずしいもの
・白い部分に変色がないもの
・傷やしおれがないもの
・下の切り口が新鮮で、変色の少ないもの

最適な保存条件

家庭での保存は、ラップに包み冷蔵庫の野菜室へ。さっとゆでて、冷凍保存もできる。傷つくことで褐変を起こしやすいので、取り扱いには充分注意すること。

栄養＆機能性

栄養価はそれほど高くないが、鮮やかな紫色は、ポリフェノールの一種であるアントシアニン。抗酸化作用が期待されており、がん予防の研究がなされている。

下ごしらえのポイント

・レタスと同様、包丁で切ると細胞が押しつぶされ、鉄分と反応し苦みが強くなり、切り口も褐色に変わるため、手でちぎるとよい。

・ラディッキオは葉の濃い赤と、葉脈の白いコントラストが活きるように、縦にちぎるとよい。

・加熱すると苦みが強くなるのを活かし、料理のアクセントに。肉料理のつけあわせにしたり、イタリアではチーズと合わせてリゾットなどに使用される。

おすすめ料理

サラダ	つけあわせ

販売アドバイス

・加熱すると苦みが増すので注意。
・酸味のあるフレンチドレッシングと相性がよい。
・中華麺と炒めると、麺が翡翠（ひすい）色になる。
・肉料理に合わせると口直しになる。

POP
●いろどり豊かなビストロ風サラダ
●肉料理に合わせてほろ苦さがアクセント

小物・特殊野菜

パクチー Coriander セリ科

独特の香りが近年ブームに

パクチーという名はタイ語で、日本でもこの名で呼ばれることが多い。ハーブとしては英語名のコリアンダーが一般的。中華では香菜（シャンツァイ）と呼ばれる。香りが独特なため、かつては種子や葉の乾物をスパイスとして利用するのみであったが、近年の東南アジア料理ブームに伴い人気が出てきた。

鮮度の見分け方
- 葉先までみずみずしく張りのあるもの
- 葉の切り口が新鮮なもの
- 葉が緑色のもの。黄化していないもの

POP
- ●クセになる香り 本格アジア料理に

下ごしらえのポイント
- 水の中で振り洗いをし、葉に傷を付けないようやさしく扱う。
- 新鮮なほうが香り高いため、早めに食べること。

おすすめ料理

薬味	サラダ	フォースープ
炒め物	トムヤムクン	

販売アドバイス
- 香りには食欲増進効果があるといわれる。苦手な場合は加熱すると食べやすい。
- 岡山の「岡パク」など、マイルドな香りの品種のブランド化も進んでいる。

セロリアック Celeriac セリ科

根を食べるセロリ

根がかぶ状になったセロリの変種で、味はセロリそのものだが、香りは弱めで、生食もできる。スープや煮込み料理にも適している。葉は硬くて苦みが強いため食用には向かない。輸入が主流で周年出回る。国産は、主に11月下旬〜3月頃。

鮮度の見分け方
- 表面が裂けていないもの
- ずっしりと重みのあるもの
- 傷が少ないもの

POP
- ●セロリより香りやわらか
- ●厚めに皮むき ベーコン炒めに

下ごしらえのポイント
- 厚めに皮をむくこと。アクが強く、切り口からすぐ変色するのでレモン汁や酢水につけるとよい。

おすすめ料理

サラダ	バター炒め	スープ
煮込み料理		

販売アドバイス
- 皮をむいて千切りにし、ゆでてさまし、マヨネーズなどで食べるのが比較的簡単な食べ方。
- セロリよりも香りがやわらかい。

144

パクチー / セロリアック / 花ズッキーニ / パールオニオン・ルビーオニオン　小物・特殊野菜

花ズッキーニ　Zucchini flower　ウリ科

ボリューム満点の花つき果

クセがなく料理の彩りに使われる。カボチャの仲間であるズッキーニの開花直前の幼果で、花弁の中に保護クッションを詰めて出荷されることが多い。イタリア料理で珍重され、チーズや肉を詰めた料理にされる。出回りは初夏〜夏。

鮮度の見分け方

- 花が開いていたりしおれていないもの
- 切り口が新しいもの
- 実に傷や褐変がないもの

POP
- 挽肉を入れてオーブン焼きに
- フリッターでワインのお供に

下ごしらえのポイント

- 花の中にあるめしべを取って、実と花の部分をよく洗い、水気をふき取ってから使う。

おすすめ料理

| フリッター | 蒸し煮 | オーブン焼き |

販売アドバイス

- 花の部分にチーズを詰めてフリッターにする場合、チーズがはみ出さないようにしっかり包む。
- 挽肉を入れてオーブン焼きにするとワインにも合う。

パールオニオン・ルビーオニオン　Onion　ヒガンバナ科（ユリ科）

光沢のある小たまねぎ

白い光沢のある皮に包まれた白い小たまねぎ。赤皮のものはルビーオニオンと呼ばれる。大きさは1cm程度のものからピンポン玉大のものまで様々。主に米国から輸入される。またピクルスなどの加工品は周年出回る。

鮮度の見分け方

- 小さく粒がそろっているもの
- 根が伸びていないもの
- 皮に傷などがないもの

POP
- マイルドな辛みピクルスに
- 大人のカクテル「ギブソン」に

下ごしらえのポイント

- 皮をむき、香りづけにするには生のまま細かく刻む。オリーブの実とピクルスにすることが多い。

おすすめ料理

| ピクルス | つけあわせ | カクテル |

販売アドバイス

- 辛口のカクテル「ギブソン」には皮をむいたパールオニオンを1つ沈める。
- 小粒でマイルドな辛みなのでピクルスにもピッタリ。

小物・特殊野菜

ビーツ   Beet root   ヒユ科（アカザ科）

ボルシチに必須の赤色

独特の甘みがあり、砂糖の原料となるテンサイの仲間。葉柄も根も紫紅色で加熱すると、より鮮明な濃紫紅色になる。根を輪切りにすると赤い輪が年輪状に入っている。輸入で周年出回るが、国産は初秋〜冬が旬。

鮮度の見分け方
・直径7〜8cmくらいのもの
・皮の表面に凸凹のないもの
・茎のつけ根の皮がむけていないもの

POP
●ゆでるときは皮ごとゆでて
●酢に漬けるとさらに鮮やかに

下ごしらえのポイント
・茎を切り取り、皮をよく洗って泥を落とす。
・皮をむいてゆでると色が抜けるので、皮ごとゆでる。

おすすめ料理

サラダ	酢漬け	スープ
ボルシチ		

販売アドバイス
・サラダの場合は色が他の野菜に移るので、食べる前に盛り付ける。
・色抜きを防ぐため、ゆでる際は皮ごとゆでる。また酢につけると鮮やかに発色する。

ルバーブ   Rhubarb   タデ科

あんずに似た香りと酸味

強い酸味と赤くふきに似た茎が特徴。タデ科の大黄（だいおう）の近縁種で食用大黄とも呼ばれている。砂糖煮にしてお菓子に使われることが多い。オランダ、ベルギー、オーストラリアなどからの輸入が多い。国産の旬は4月〜6月。

鮮度の見分け方
・茎がしならないもの
・先までピンとしているもの
・切り口が新鮮なもの

POP
●水でさらしてスライスサラダ
●ヨーグルトにルバーブジャム

下ごしらえのポイント
・葉柄の根元を切って、よく洗う。
・生で食べる場合は、水にさらしてアク抜きする。

おすすめ料理

サラダ	ジャム	お菓子

販売アドバイス
・皮をむき水に浸してアク抜きをし、砂糖を加えて弱火で煮ると、酸味のきいた赤いジャムに。
・ルバーブジャムはヨーグルトなどの乳製品にあう。
・スライスして水でさらし、サラダにしてもよい。

ビーツ / ルバーブ / フローレンスフェンネル / ルッコラ　小物・特殊野菜

フローレンスフェンネル Florence fennel セリ科

根、花、種まですべて利用

ポリポリした歯ごたえと甘みのある香りが特徴。イタリアウイキョウやフィノッキオとも呼ばれる。トキタ種苗のスティックタイプの品種「スティッキオ」もある。種子はカレーのスパイスに利用される。輸入のほか、北海道や長野県で栽培される。国産の旬は4月〜6月。

スティッキオ

鮮度の見分け方
・株元が白く、丸く十分に膨らんでいるもの
・葉の緑色が鮮やかなもの
・葉がごわごわしていないもの

POP
● 葉は鮭とオムレツに
● 生でポリポリ煮こんでトロリ

下ごしらえのポイント
・葉と茎を分けて洗い、茎と根はサラダに、葉はピクルス、魚料理、スープの香りづけに使う。

おすすめ料理

サラダ	マリネ	煮込み
スープ		

販売アドバイス
・根の部分を煮込むとやわらかくなり、セロリに似た味に、生では歯ごたえの良い食感が楽しめる。
・葉は鮭などとともに、オムレツにするとおいしい。

ルッコラ Rocket salad アブラナ科

ごま風味のイタリア野菜

やや辛みがあるが、ごまに似た風味とやわらかい食感で食べやすく人気。イタリア料理では定番の野菜で、地中海が原産。別名はキバナスズシロ、ロケットサラダ、エルーカ。日本各地で栽培され、家庭菜園でも近年人気。本来の旬は春と秋。

鮮度の見分け方
・葉が下から密生しピンとしているもの
・茎が細めで切り口が褐変していないもの
・鮮やかな淡い緑色のもの

POP
● トマトにも合うゴマの風味
● ピザの仕上げにさっとのせて

下ごしらえのポイント
・洗って、そのままサラダやカルパッチョ、ピザのトッピングに。また油炒めやスープなどにも。

おすすめ料理

サラダ	ピザ	炒め物

販売アドバイス
・ベビーリーフとしても利用されている。
・ピザの仕上げにのせる他、魚や肉とも相性が良い。

小物・特殊野菜

プンタレッラ

Asparagus chicory キク科

ローマ名物のほろ苦い花茎

中は空洞だが歯ごたえはしっかりしており、ほろ苦い。チコリの一種でイタリア・ローマの代表的な冬野菜。アスパラガスチコリとも呼ばれる。日本では宮城などで栽培され、出回りは 11 月～翌 2 月と短い。

鮮度の見分け方

・切り口が新鮮なもの
・黄緑色の鮮やかなもの
・傷や褐変がないもの

POP
●オリーブオイルで炒めてもおいしい
●サラダやバーニャカウダに

下ごしらえのポイント

・手で小さい株に分けて洗う。その後茎をつぶして 2 つに裂き、水の中にさらしアク抜きをする。

おすすめ料理

サラダ	パスタ	フリット

販売アドバイス

・水にさらすときれいなカール状になる。アンチョビソースをかけて食べるのが一般的。
・生でサラダやバーニャカウダに。
・水につけるとシャキシャキの食感になる。

パースニップ

Parsnip セリ科

ホクホク甘い、いものような味

加熱すると甘みが増しホクホクする。白くにんじんのような形をした根部を食用とする。しかし、味はにんじんとは異なり、かぶとキャベツの芯といもを合わせたような風味となる。主流は欧米からの輸入物。貯蔵性があり、旬は冬～春先。

鮮度の見分け方

・表面に傷や割れのないもの
・皮が白いもの
・葉が育っていないもの

POP
●甘み引き立つローストも美味
●ヨーロッパの煮込み用野菜

下ごしらえのポイント

・生では香りがきつく、食感もボソボソするため、加熱して食べるのが一般的。主に煮込みにする。

おすすめ料理

シチュー	ポトフ	かき揚げ
ポタージュ		

販売アドバイス

・皮をむいて、チップス状にして素揚げし、塩などをふってそのまま食べてもおいしい。
・欧米では煮込み料理に使われるのが一般的。
・ローストにすると甘みが引き立つ。

プンタレッラ / パースニップ / ホースラディッシュ（山わさび・わさびだいこん）/ ベビーリーフ　　小物・特殊野菜

ホースラディッシュ（山わさび・わさびだいこん）
Horseradish　アブラナ科

マイルドな風味のわさび

わさびのような刺激があるが、香りも味もマイルド。ローストビーフの薬味として有名。レホール、わさびだいこん、西洋わさび、山わさびなど、いろいろな名で呼ばれる。北海道が主産地。出回りは周年。粉わさびの原料にもされる。

鮮度の見分け方
・皮が乾いておらず、みずみずしいもの
・傷やヤケがないもの
・表面がごつごつしているもの

POP
●みじん切りにしてしょうゆ漬けに
●すりおろしてローストビーフに

下ごしらえのポイント
・すりおろして薬味やソースに使う。時間の経過により辛みと香りが薄れるので、使う分だけおろすこと。

おすすめ料理
| ソース | 薬味 |

販売アドバイス
・粉わさびの原料には、ホースラディッシュの乾燥・粉末が使われている。
・すりおろしてローストビーフに添えるほか、みじん切りにしてしょうゆ漬けにしてもおいしい。

ベビーリーフ
Baby leaf

バラエティー豊かな幼葉

数種類の葉物野菜の幼葉を摘み採って混ぜ合わせて商品化したもの。品目は、みず菜やピノグリーンのほか、キャベツの仲間のレッド・ケール、レタスの仲間のロロ・ロッサ、レッド・ロメインなど多くの品種がある。出回りは周年。

鮮度の見分け方
・みずみずしいもの
・葉にトロケや傷のないもの
・袋内に水が溜まっていないもの

POP
●ハムで包んでひとくちサラダ
●洗うだけで贅沢サラダに

下ごしらえのポイント
・水洗いし、そのまま盛り付け、ドレッシングをかけて食べる。

おすすめ料理
| サラダ | つけあわせ |

販売アドバイス
・日本ではパック入りが多いが、欧米では量り売りもある。必要量だけ買い求め、使い切ること。
・ハムで巻いたり、手巻きずしに入れるなど、薬味としても使える。

小物・特殊野菜

リーキ　Leek　ヒガンバナ科（ユリ科）

ヨーロッパの煮込み用ねぎ

香りが強く、煮込むと甘くなる。食べるのは白い部分のみで、肉厚で煮くずれしない。若いものは青ねぎのように利用することもある。フランス名はポワロー。主力は輸入物で、オーストラリア、ベルギー産が多い。旬は冬。

鮮度の見分け方
- 根元の白い部分が太いもの
- 触ってフカフカしていないもの
- 葉先までみずみずしいもの

POP
- スープ煮にしてチーズ焼きに
- 加熱向き　甘くなります

下ごしらえのポイント
- スープ煮にしてから調味する。縦に裂いて水洗いし、塩ゆでしてから、調理すること。

おすすめ料理

煮込み	サラダ	酢漬け
バター炒め		

販売アドバイス
- スープ煮は、ベーコン、にんじん、ブイヨンで。
- 先端部は細かく刻んで、スープのだしに用いる。
- ゆでると甘みが増す。スープ煮にした後、溶けるチーズをかけて焼いても。

ルタバガ　Rutabaga　アブラナ科

ち密な肉質の西洋かぶ

セイヨウアブラナ科の植物の肥大した根を食用とする。加熱すると、いものようにほっくりとし、かぶに似た風味を持つのが特徴。皮は緑、赤、紫があり、中は黄色。北海道で少量生産されているが、主流は輸入物となる。旬は冬。

鮮度の見分け方
- 皮に傷が少ないもの
- 断面にスが入っていないもの
- 重量感のあるもの

POP
- 味や使い方はかぶと同じ
- 和風の煮物やお味噌汁にも

下ごしらえのポイント
- 洗ってスライスすれば生でも食べることができるが、加熱で甘みが増すため、下ゆでして使われる。

おすすめ料理

サラダ	シチュー	ボルシチ
ピクルス		

販売アドバイス
- スコットランドの伝統料理のハギスには、ゆでてマッシュにされたルタバガが添えられる。
- かぶと同じように和風の煮物やお味噌汁にも合う。

リーキ / ルタバガ / 壬生菜 / 金時草　　小物・特殊野菜

壬生菜　Mibuna　アブラナ科

ピリッと効く！大人の味

京野菜のひとつで、みず菜の一種。自然交雑による変種といわれる。葉先にへらのような丸みがあり、丸みず菜とも呼ばれる。葉はやわらかく、味はみず菜に比べほろ苦い。ハウス栽培により周年出回るが、12月〜翌3月が本来の旬。

鮮度の見分け方

・葉に折れがなく、先までみずみずしいもの
・葉は濃い緑をしているもの
・切り口が新鮮で、みずみずしいもの

POP	●香りピリッと食欲増進
	●お肉もさっぱりつけ合わせにも

下ごしらえのポイント

・火の通りが早いので、さっと湯がいたり、煮物の場合は仕上げの少し前に加えると歯切れがよい。

🍴 おすすめ料理

漬物	煮物	和え物
サラダ		

販売アドバイス

・風に弱く水分の蒸散が激しいため早めに使い切る。
・茎の細いものは、そのまま生でサラダに使える。
・ピリッとした香りは食欲を増進させ、お肉の付け合せにするとさっぱりする。

金時草　Okinawan spinach　キク科

ぬめりがおいしい健康野菜

清涼感ある香りとクセのない味が特徴。加熱により独特のぬめりと葉脈のシャキシャキ感が生じる。露地栽培の旬は6月下旬〜11月中旬。ハウス栽培で通年で出回る。加賀野菜のひとつで、この名は葉の裏が赤紫色（金時色）であることから。水前寺菜、はんだまとも呼ばれる。

鮮度の見分け方

・葉が生き生きとして、ピンと張っているもの
・色が濃く葉の大きなものほど、ぬめりが強い

POP	●ポリフェノールたっぷり
	●お湯に10秒カンタンおひたし

下ごしらえのポイント

・茎から葉を摘み取り、葉の部分を食べる。
・ゆでる場合は湯に10秒ほどくぐらせ冷水にとる。

🍴 おすすめ料理

おひたし	酢の物	和え物

販売アドバイス

・紫色の煮汁はポリフェノールがたっぷり。ゼラチンと甘みを加え、ゼリーにするのもおすすめ。
・茎をプランターで挿し木にし、上手に栽培すれば再収穫も可能。

151

小物・特殊野菜

アロエの芽 Aloe flower アロエ科

アスパラガス風味のつぼみ

アスパラガスのような風味が特徴。アロエベラのつぼみで、産地ではアスパラガスのように塩・コショウで炒めたり、ゆでてサラダ、和え物にされるが、低温で色が抜けるため揚げ物が最適。主に愛知県産が春と秋に出荷されている。

鮮度の見分け方
・つぼみが固くしまっているもの
・緑色が鮮やかなもの
・茎が硬く、切り口が新鮮なもの

| POP | ●春と秋だけ貴重な味わい
●イチオシは天ぷらやフライで |

下ごしらえのポイント
・洗ってよく乾かし、揚げ物などにする。炒めてもおいしいが、色があせるので注意。

| おすすめ料理 |
| 揚げ物 | 炒め物 |

販売アドバイス
・切ると黄色いねばりのある汁が出る。手に付くと取れなくなるので注意。
・春と秋だけ出荷される。天ぷらやフライにするとおいしい。

四角豆 Winged bean マメ科

四角い断面のあっさり豆

ポリポリした歯ごたえで、クセのない味。青果としては若サヤを食用とする。四稜のウィングを持ち、断面は四角形に。品種が多いが、有名なものは沖縄の「ウリズン」。本州の品種は秋に出回るが、ウリズンは7月〜9月。

鮮度の見分け方
・角がしっかりとあるもの
・ひだに折れがないもの
・色が鮮やかでみずみずしいもの

| POP | ●塩ゆでにしてサラダでどうぞ
●いんげん風味炒め物にも |

下ごしらえのポイント
・塩を入れたお湯でさっとゆでてから、サラダなどに使う。揚げ物の場合は生からでよい。

| おすすめ料理 |
| サラダ | 揚げ物 | シチュー |
| スープ | | |

販売アドバイス
・通常若サヤを食べるが、若い茎葉、花、塊根なども食用になる。
・輪切りにして形を活かした盛りつけに使うとよい。

152

アロエの芽 / 四角豆 / へちま / 青パパイヤ　**小物・特殊野菜**

へちま　Sponge cucumber　ウリ科

なすのようなトロッと食感

青さの残る香りと、なすのような食感が特徴。「ナーベラー」とも呼ばれる。沖縄ではダルマ型品種の開花から2週間程の幼果を食べる。他の地方では食用にされていなかったが、近年グリーンカーテン用に人気が出てきた。旬は夏。

鮮度の見分け方
- 皮に傷や黒斑がないもの
- ずっしりと重いもの
- 育ちすぎているものは繊維が多いので避ける

POP
- クセになる味噌炒め煮
- 夏にぴったりカレーの具にも

下ごしらえのポイント
- 皮を厚くむいてから輪切りにする。加熱すると水分が出てトロッとした口当たりになる。

おすすめ料理

チャンプルー	味噌炒め	味噌煮込み
天ぷら		

販売アドバイス
- 煮出した汁は、新陳代謝を活発にするサポニンを含むなど、健康面でも注目されている。
- 日持ちしないので、すぐに炒めたり、スープやカレーの具にするとよい。

青パパイヤ　Papaya　パパイヤ科

消化を助けるパパイン酵素

クセがなくシャキシャキとした食感。パパイヤというと黄色い果物のイメージが強いが、熟す前に収穫した青い果実は、沖縄やアジア圏では一般的な野菜。周年出回るが、3月～10月に出荷量が多い。

鮮度の見分け方
- 緑が濃くツヤがあるもの
- ずっしりと重いもの
- 皮にしわが寄っていないもの

POP
- ナッツを砕いてアジアンサラダ
- 千切りにして豚肉炒めに

下ごしらえのポイント
- アクが強いため、切ってから水にさらし、水が透明になるまで水を換える。水洗いしてもよい。

おすすめ料理

サラダ	炒め物

販売アドバイス
- たんぱく質をやわらかくするパパイン酵素が入っているので、肉を使った料理もおすすめ。
- 砕いたナッツとともにアジアンサラダにするとよい。また、千切りにして豚肉などとともに炒めても。

小物・特殊野菜

ドラゴンフルーツのつぼみ Pitaya blossom サボテン科

トロピカルな花芽を食用に！

山菜のたらの芽のようなコクと、ねばねばした食感が特徴。ドラゴンフルーツの摘花した花芽を食用とするもので、開花直前に収穫される。沖縄産が多く、5月～8月くらいまで出回る。収穫量が多くなるのが6月～7月。

鮮度の見分け方
- 皮に傷のないもの
- 緑色と赤色が鮮やかなもの
- 付け根の切り口が新鮮なもの

POP
- 油と好相性 天ぷらにお塩で
- 皮もやわらか ねばねば食感

下ごしらえのポイント
- 空気に触れると色が変わるので、切ったらすぐに調理するほうがよい。

おすすめ料理

和え物	炒め物	天ぷら
汁物		

販売アドバイス
- 熱を持つので、保存は冷蔵庫で。油との相性がよい。ゆでると色が悪くなるが食味には影響ない。
- 天ぷらにするには、皮ごとが良い。塩味で食べるのがおすすめ。

アーティチョーク Artichoke キク科

ゆり根風味のほのかな甘み

ほのかな甘みとホクホクとした食感。大型アザミのつぼみを食用とするもので、和名はチョウセンアザミ。需要のほとんどがフランス料理などの業務用。米・カリフォルニア、イタリア、フランスからの輸入が多く、旬は初夏。

鮮度の見分け方
- 切り口がみずみずしいもの
- ガクがふっくらとしているもの
- 色が鮮やかなもの

POP
- 30分ゆでて溶かしバターで
- 裂いて干してお茶にも

下ごしらえのポイント
- 茎の部分を切って、レモンのスライスを当て、開かないようにヒモを米の字にかけてボイルして使用する。

おすすめ料理

サラダ	つけあわせ	グラタン

販売アドバイス
- りん片の基部の肥厚部を歯でしごくようにして食べ、花托（かたく）も切り分けて食べる。
- 30分ほどゆで、とかしバターで食べるとよい。
- 割いて天日で乾燥させ、お茶にも利用される。

ドラゴンフルーツのつぼみ / アーティチョーク / たらの芽 / ふきのとう　　小物・特殊野菜　山菜・つま物

たらの芽 Aralia sprout ウコギ科

コクがある山菜の王様！

たらの木の若芽で、風味がよく濃いコクがあるため「山菜の王様」といわれる。3月〜4月に露地物も出回るが、近年は品種改良により、トゲの少ない品種をふかし栽培したものが多い。やや小ぶりだが12月頃〜翌3月末頃まで出回る。

鮮度の見分け方
- トゲがピンと張っているもの
- ずんぐりとして太いもの
- 鮮やかな黄緑〜緑色のもの

POP
- まずは天ぷら 春一番を味わって
- ほろ苦い香りは 春の山のめぐみ

下ごしらえのポイント
- 根元が硬い場合はカットし、ハカマの部分を取り除く。その後さっと洗って水気をきってから利用する。

おすすめ料理

おひたし	ごま和え	マヨネーズ和え
天ぷら		

販売アドバイス
- ほろ苦さと香りが命なので、できるだけ早めに食べること。
- 苦味が気になる場合は天ぷらにするとよい。
- 保存する場合は、新聞紙に包み、冷蔵庫の野菜室へ。

ふきのとう Butterbur scape キク科

見栄えよく春を演出

アクがあり、ほろ苦さが特徴。早春の売り場に欠かせない野菜。ふきの葉が出る前に発生する花蕾を食用とする。出回りは12月〜翌5月で、最盛期は2月〜3月。東北や群馬が産地で、自生種のほか、栽培品種には春いぶきなどがある。

鮮度の見分け方
- 葉が開いておらず、しっかりとしたつぼみの状態で5cm程に伸びているもの
- 外皮につやとハリがあるもの

POP
- ほろ苦さで 代謝も活発に
- ディップにも！ ふきのとう味噌

下ごしらえのポイント
- 外皮を1枚むき、根元の褐変した部分を切り取って、縦半分に切り、水にさらす。

おすすめ料理

天ぷら	味噌汁	和え物
煮物	味噌	

販売アドバイス
- ふきのとう味噌は、ゆでてみじん切りにしたふきのとうを、甘味噌に加えて練る。野菜のディップソースにも使え、やや香りは飛ぶが小分けにして冷凍も可能。

155

山菜・つま物

わらび　Bracken　ワラビ科

春の味！アク抜きが決め手！

独特の歯ごたえが特徴。日本各地の山野に自生する代表的な山菜のひとつ。乾燥物、水煮物が周年出回っているが、春に出回る生わらびは、旬を訴求する季節野菜。栽培物が主流で、東北、北関東が産地。4月〜5月が最盛期。

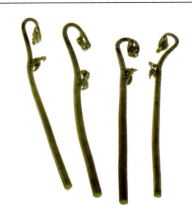

鮮度の見分け方
・軸がピンとしており、ポキンと折れるくらいのもの
・香りが強いもの
・表面がさらっとしているもの

POP
● 重曹とお湯で一晩アク抜き
● 春の限定品！「生」わらび

下ごしらえのポイント
・アク抜きは熱湯と重曹を入れた鍋にわらびを入れ、一晩おいた後、半日ほど水にさらす。

おすすめ料理
おひたし｜和え物｜煮物

販売アドバイス
・発がん性物質があるため、必ずアク抜きする。重層とお湯で一晩おくのが一般的。
・保存適温は5℃。風の当たる場所は避ける。

ぜんまい　Zenmai　ゼンマイ科

アク抜き不要の水煮が主流

独特の風味としっかりした食感が特徴。シダの仲間の山菜で裸葉を食用とする。生ぜんまいは天然物も存在するが、栽培品が主流で出回りは4月〜5月。和食などで一般的に使われているのは乾燥品の水煮で、主に中国産が周年出回る。

鮮度の見分け方
・軸に弾力のあるもの
・色が鮮やかで、黒く変色しておらず、巻きがしっかりしているもの

POP
● 煮物・ナムルに用途多彩
● 栄養豊富 干しゼンマイ

下ごしらえのポイント
・生の場合は、綿毛を取り除き、たっぷりのお湯で緑色に変わるまでゆでてから使う。

おすすめ料理
おひたし｜和え物｜煮物

販売アドバイス
・生のものの保存は、ゆでた水に浸し冷蔵庫で保管。毎日水を替えながら1週間ほど持つ。
・山で採取した場合は乾燥させておくとよい。
・用途は山菜の中では多く、煮物にもナムルにも使える。

わらび / ぜんまい / じゅんさい / おかひじき　　山菜・つま物

じゅんさい　Water shield　ジュンサイ科

透明感が夏の涼しさを演出

寒天状の物質に覆われており、つるりとした舌触りが珍重される。生育する湖沼の水質によって品質が異なる。若い葉芽は生食できるが、通常は加熱・冷却後、瓶詰などで周年出回る。秋田県が主産地で、旬は6月～8月。

鮮度の見分け方
・ゼリー部分が透明のもの
・ハリとみずみずしさのあるもの
・小さいものほど高値で取引される

下ごしらえのポイント
・洗うときはぬめりを落とさないように、ボウルに入れて2～3回水を変えながら優しく洗いザルにあける。

POP
●暑い夏に つるんと涼しい
●加熱はさっと 緑になればOK

おすすめ料理

吸い物	三杯酢	天ぷら
鍋物		

販売アドバイス
・生はさっとゆでて冷やして食べる。緑が鮮やかになればOK。
・瓶詰めは加熱済みなのでそのまま使うこと。

おかひじき　Saltwort　ヒユ科（アカザ科）

ミネラル豊富な浜辺の野草

ゆでるとアクが抜け、シャキッとした歯触りとクセのない味になる。海岸の砂地に自生する植物の葉を食用としたもの。近年、栽培種が育成され、主産地の山形県では「やまがた伝統野菜」にも指定されている。旬は4月～7月。

鮮度の見分け方
・葉の先がツヤツヤしているもの
・やわらかいもの
・緑色の濃いもの

下ごしらえのポイント
・根元の硬い部分はカットしてゆでる。シャキシャキ感を残すように、ゆですぎないほうがおいしい。

POP
●サッとゆでて 卵焼きの具に
●ペペロンチーノ パスタにも

おすすめ料理

天ぷら	和え物	サラダ
卵料理	パスタ	

販売アドバイス
・イタリアでは近縁種がパスタに使われるため、イタリアンのシェフにも注目の存在。
・サッとゆでて卵焼きの具、ペペロンチーノなどにも。

157

山菜・つま物

こごみ Ostrich fern イワデンタ科

手軽で食べやすい山菜

アクがなく、さっとゆでるだけで独特の食感とぬめりが楽しめる。春に生えるクサソテツの若芽を食用にしたもので、栽培の主産地は東北地方。旬は4月〜5月。乾燥品として周年出回る。

販売アドバイス
- アク抜きの必要はないので、洗えば調理できる。
- クルミやゴマなど、濃いめの和え物に合う。

おすすめ料理

おひたし	和え物
炒め物	天ぷら

POP ●アク抜きなし かんたん春の味

かたくり Dogtooth violet ユリ科

品格ある容姿と甘さ

なめらかな口当たりで、ほのかな甘みがある。茎、葉、花ともアクが少ないため、さっとゆでればよい。花が咲くのに7年かかる貴重な山草で、3月〜5月の開花したものを食用にする。

販売アドバイス
- 加熱して食べるのが一般的だが、アクが少ないので生の状態から調理することができる。

おすすめ料理

炒め物	和え物
汁物	酢の物
揚げ物	

POP ●薄味に合う ほのかな甘さ

のびる Wild rocambole ヒガンバナ科（ユリ科）

身近な野草で手間いらず

たまねぎに似た香りと辛みが特徴。都心の公園にも生えている身近な野草。地下にできる鱗茎（りんけい）と若芽は生食にも。周年採取できるが、葉も食べることができるのは5月〜7月。

販売アドバイス
- 新鮮なものは葉も根も生で食べられる。葉を一皮むいてから、味噌をつけたり和え物などに。

おすすめ料理

おつまみ	酢味噌和え
味噌汁	焼き物

POP ●葉はやわらか そのまま生で

山菜・つま物　こごみ / かたくり / のびる / うるい / みず / やぶれがさ

うるい　Hosta grass　キジカクシ科

さわやかな辛さとぬめり

ほろ苦く、長ねぎに似たぬめりが特徴。おおばぎぼうしの若葉を食用とする。天然物の旬は4月〜6月が旬だが、2月から促成物が出回る。軟白栽培の物は生でも食べることができる。

販売アドバイス

・生のままサラダなどに使うが、ハカマを取り除くと口当たりがよい。

おすすめ料理

汁の実	おひたし
天ぷら	辛子酢味噌

POP　●入れるだけで汁物を風味よく

みず　Mizu　イラクサ科

茎がおいしい清流の恵み

ぬめりと、シャキッとした食感が特徴。主に食用とされるのはクセのない茎の部分。葉はアクが強いので天ぷらなどに。茎の下部が赤いあかみず、緑色のあおみずがある。旬は4月〜5月。

販売アドバイス

・よく洗い、根元5cmくらいは生で細かくたたいてたたきに。葉は天ぷらなどにするとよい。

おすすめ料理

おひたし	和え物
炒め物	みずとろろ
天ぷら(葉)	

POP　●よ〜くたたいて絶品とろろ

やぶれがさ　Yaburegasa　キク科

野性味あふれる苦み

シャキシャキしており、アクを感じる苦さがある。しどけ（162ページ）に似ているが、アク味が強い。綿毛に覆われており番傘をすぼめたような形をしている。4月〜5月が旬。

販売アドバイス

・手に入れたその日のうちに、アク抜き処理をすること。アク抜きは、下ゆで後、数時間水にさらす。

おすすめ料理

おひたし	油炒め
煮びたし	天ぷら

POP　●大人の苦み辛子和えにも

159

山菜・つま物

ほじそ　Perilla flower　シソ科

お造りに花を添える名脇役

さわやかな香りが特徴。しその花穂を薬味やつまとして利用する。薄紫色の花がついているものを花穂紫蘇、花が落ちた後の実がついているものを穂紫蘇と呼ぶ。出回りは周年。

販売アドバイス
・実や花が取れないように優しく洗うこと。水分はキッチンペーパーで押えるように吸い取る。

おすすめ料理

刺身のつま	しょうゆ漬け
薬味	

POP　●贅沢な香味　手巻き寿司にも

つるな　New Zealand spinach　ハマミズナ科

暑さに強く、真夏に重宝

クセが少なく、肉厚でほうれん草に似た風味が特徴。若い芽は特にやわらかい。カロテンなどが豊富なうえに、暑さにも比較的強い。初夏から出回り、最盛期は7月〜10月と長め。

販売アドバイス
・生のままでも食べることができるので、加熱しすぎに注意する。葉をつまんでサラダにも。

おすすめ料理

おひたし	炒め物
汁物	煮物

POP　●肉厚でやわらか　カロテンも豊富です

とんぶり　Kochia seed　ヒユ科（アカザ科）

プチプチ食感　畑のキャビア

味にクセがなくプチプチとした食感が特徴で、別名「畑のキャビア」。主産地は秋田県。ホウキギの種実で大きさは直径1〜2mmほど。収穫は秋。真空パックや瓶詰めで周年出る。

販売アドバイス
・納豆や山芋など、ねばねばするものとよく合う。食感を残すため、食べる前に味をつけるとよい。

おすすめ料理

酢の物	サラダ
和え物	

POP　●山芋とあわせて　サッと一品

ほじそ / つるな / とんぶり / 芽ねぎ（姫ねぎ）/ 木の芽 / たで　　山菜・つま物

芽ねぎ（姫ねぎ） Welsh onion sprout　ヒガンバナ科（ユリ科）

寿司ネタでも人気

やわらかく香りが高い。ねぎの種を密植し8〜9cmの針のように生育させたもの。栽培に手間がかかる。近年は水耕栽培もあり、周年出回る。高級日本料理店で使われることが多い。

販売アドバイス
- 根を切ってそのまま食べる。
- トロケがあると鮮度に影響するので取りのぞくこと。

おすすめ料理：吸い物 / お寿司

POP：●さわやかな香り 仕上げにどうぞ

木の芽 Japanese pepper leaf　ミカン科

舌への刺激が食欲をそそる

清涼感ある豊かな香気と、ややしびれる辛みが特徴。サンショウの若芽をつま物として利用するもの。需要の中心は業務用で、温室栽培により周年出回る。旬の演出には3月〜5月が最適。

販売アドバイス
- 優しく洗い、キッチンペーパーで水気を取る。
- 使う前に、手のひらで優しくたたくと香りがたつ。

おすすめ料理：吸い口 / 炊き込みご飯 / つま物

POP：●たけのこ煮 焼き魚に最適

たで Smartweed　タデ科

春夏の食材に合う消臭効果

ほろ苦さと鮮やかな色が特徴。色によって紅たで、藍たでがある。香り成分のタデオールは、非常に辛みが強く、解毒消臭効果があり、わさびよりも効能が長続きするといわれる。

販売アドバイス
- たで酢は藍たで（葉たで）の葉をすりおろし、酢を混ぜたもの。葉が5〜6枚ついたものがよい。

おすすめ料理：たで酢 / つま

POP：●ほろ苦い口直し 鮎の塩焼きに

161

山菜・つま物

菊芋 Jerusalem artichoke キク科

注目成分イヌリン豊富

シャキシャキ感とほのかな甘みが特徴。北アメリカ北部が原産のキク科の植物で、根塊部を食用とするもの。急激な血糖値の上昇を抑えるイヌリンを含み、健康食品などに利用される。

販売アドバイス

・土つきのまま野菜室で保存すると日持ちが良い。
・生で薄切りにするとシャキシャキのサラダになる。

おすすめ料理

きんぴら	サラダ
煮物	スープ

POP ●生でも加熱でも食べやすい健康野菜

ぼうふう American silvertop セリ科

一本添えるだけで華やかに

セリに似たさわやかな香りが特徴。海岸に自生し、風を防ぐ役割をしているので「防風」と呼ばれている。根株を養成して軟化栽培したものが周年出回り、業務需要がほとんど。

販売アドバイス

・刺身のつまの「いかりぼうふう」は、茎に縦の切れ目を入れ冷水にとると、きれいに仕上がる。

おすすめ料理

天ぷら	酢の物
吸い物	刺身のつま

POP ●お造りのボリュームUPに

しどけ Shidoke キク科

食通好みの高級山菜

茎と葉に独特の香りとほろ苦さがある。葉の形がもみじに似ているところから紅葉傘（もみじがさ）とも呼ばれ、若い茎葉を食用とする。東北地方では代表的な春の山菜で旬は4月～5月。

販売アドバイス

・アクが強いときは下ゆでを。塩を入れたお湯でゆでたあと、冷水で冷ますと色がきれいになる。

おすすめ料理

おひたし	和え物
天ぷら	煮物
塩漬け	

POP ●季節限定クセになる苦み

菊芋 / ぼうふう / しどけ / ちょろぎ / つくし / 芽じそ　　山菜・つま物

ちょろぎ　Chinese artichoke　シソ科

黒豆に添える縁起物

しょうがに似た風味とシャキシャキ感が特徴。シソ科の植物で根にできる巻貝のような塊茎を食用とする。本来は白いが梅酢などで赤く色づけし、おせちに使われる。需要期は12月〜翌1月。

販売アドバイス

・アクが強く変色しやすいため、ゆでたり、塩漬けにしてから利用する。生で天ぷらにしてもよい。

おすすめ料理

甘酢漬け	味噌漬け
煮物	吸い物
天ぷら	炒め物

POP　●ほっくほくのバター炒めにも

つくし　Field horsetail　トクサ科

春の訪れを感じるほろ苦さ

薄茶色の外観とほろ苦さが特徴。スギナの胞子穂を食用とする。粉末状の胞子がある頭が閉じているものがよい。日本各地でみられるが、近年促成栽培もされている。旬は2月〜4月。

販売アドバイス

・ハカマを取り除いてから調理するとよい。また、ゆでた後、水にさらすとアクが抜けやすい。

おすすめ料理

煮つけ	炒め物
卵とじ	

POP　●なつかしい春の野の味

芽じそ　Perilla sprout　シソ科

魚介にあわせて使い分けを

青じその若芽を青芽（あおめ）、赤じその双葉に本葉が出たばかりのものを紫芽（むらめ）と呼ぶ。刺身のつまや薬味に利用され、赤身の魚には青芽、白身魚には紫芽の利用が多い。

販売アドバイス

・紫芽は紅たでに似ているが、紫芽は紅たでよりもひとまわり大きく裏が赤く、表が緑色をしている。

おすすめ料理

刺身のつま	薬味

POP　●青は赤身魚に　赤は白身魚に

163

きのこ類

しいたけ Shiitake mushroom ツキヨタケ科

うま味で減塩も可能
手頃に使えるヘルシー食材

原木栽培・菌床栽培の2種類がある。原木栽培はコナラやクヌギを使ったホダ木に菌を植えて栽培し、菌床栽培は、おが屑と養分をブロック状に固めたものに菌を植えて栽培する。品種は、一般的な肉薄の「香信（こうしん）」と肉厚の「冬菇（どんこ）」。周年出回るが、需要期は10月〜翌3月。

鮮度の見分け方
・傘が乾いており、うぶ毛が生えているもの
・肉厚で傘が開きすぎていないもの
・軸が太く短めで、裏は白くひだの細かいもの

最適な保存条件
家庭での保存は、湿気に注意しキッチンペーパーに包むか、紙袋に入れて冷蔵庫の野菜室へ。鮮度が落ちやすいので早めに食べる。冷凍保存はカットして生のまま可能。また、煮含めてから細切りにして冷凍すると、炊き込みご飯や煮物に使えて便利。

栄養＆機能性
骨の形成に重要な役割を果たすビタミンDが豊富。しいたけに含まれるエルゴステロールが太陽の光に当たることでビタミンDに変化するといわれている。また、食物繊維も多く、加えてエリタデニンという物質を含み、血中のコレステロール値を下げる効果が期待される。

食物繊維　ビタミンD　ミネラル

下ごしらえのポイント
・水気を吸って風味が落ちるので洗わないのが原則。

・汚れが気になるときは傘の上からたたいて、ひだの汚れをおとすか、ぬらしたふきんで表面をふく。

・自家製干ししいたけは60℃のお湯でもどすと、短時間でふっくらとし、うまみも逃げない。

おすすめ料理

煮物	焼き物	汁物
炒め物	鍋物	揚げ物

Q 料理の本に「石づきをとる」と書いてあるが、軸のどこまでが石づき？

石づきとは、きのこが地面についていたところ。しいたけの場合、軸のもとについている黒っぽくて硬い部分のことを指す。硬くて食べることができないため、切り落としてから料理に使われる。

販売アドバイス
・調理の際は「洗わず」「煮すぎず」「炒めすぎず」で、栄養が損なわれない。

・焼きしいたけは傘を下にして下から炙り、汁を落とさないように焼くのがコツ。

・軸の部分は、十字に包丁で切れ目を入れたり、手で縦に裂いて利用する。裂いたものを素揚げにすると、サラダの飾りや、スープの浮き身になる。ボリューム感が増すだけでなく、しいたけのうま味が隠し味にもなるので、一度に揚げて作り置きしておくと便利。

・生しいたけが大量に手に入ったときは、ザルで天日干しにして自家製干ししいたけにするのもおすすめ。

・干ししいたけは、生のしいたけよりもビタミンDの含有量が多い。

しいたけ　きのこ類

しいたけ品種紹介

原木しいたけ
菌床に比べ風味が豊か。近年は原木の不足などから少なくなっている

どんこしいたけ
丸い形で、肉厚。傘が開く前に収穫したもの。香りがよく高級品

ジャンボしいたけ
肉厚で味が濃く、しいたけステーキなどメインメニューに使える。大きいものでは10cm以上あるものも

家庭栽培しいたけ
表面に水を吹きかけておくだけで、手軽に室内で栽培ができるキット

POP
- 焼くときのコツ
  傘を下にして片面焼き
- 軸も活用
  炒め物の隠し味に
- あまったら天日干し
  ビタミンDがアップ

生産動向 （生しいたけ）

生産量	2016年	69,707 t
	2015年	68,285 t
	2014年	67,510 t

2016年生産量 上位3位

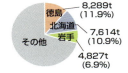

- 徳島 8,289t (11.9%)
- 北海道 7,614t (10.9%)
- 岩手 4,827t (6.9%)
- その他

コラム　干ししいたけ

長期保存がきく干ししいたけは、生のしいたけに比べてビタミンDやうま味成分の量が多くなっている。これは、干すことによりビタミンDが増えるだけでなく、乾燥することによって細胞が壊れ、酵素がうま味成分に作用するため。このうま味成分はグアニル酸で、こんぶのうま味成分であるグルタミン酸、かつお節などに含まれるイノシン酸と組み合わせて調理すると、相乗効果を生み、1種類だけ使用した時よりもさらにうま味を感じるようになる。うま味がしっかりしていると、薄味でも満足できるため、余分な塩分摂取を抑えられる利点もある。また、食物繊維が豊富なアルカリ食品は、肉類中心の食生活には、積極的に使いたい食材である。

市場シェアと出回り時期

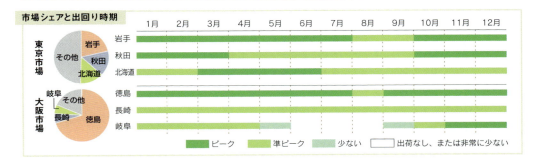

165

きのこ類

まつたけ
Matsutake mushroom キシメジ科

秋の味覚の王様！
産地と鮮度を見極めて

国産
関東では傘がつぼんだもの、関西では香り重視で傘が少し開いたものが人気

特有の香りと食感が珍重され、秋の味覚の代表となっている。生育にアカマツの生体を必要とするため、人工栽培技術が確立できておらず貴重。しかし、単価の安い輸入品が増加し、比較的手に入りやすくなっている。国産の出回り時期は10月〜11月。輸入品は中国が7割強を占め7月〜出回る。

鮮度の見分け方
・軸が短かめで丸いもの
・軸が固くしまっているもの
・茶色と白のコントラストがはっきりしているもの
・表面が乾燥していないもの

最適な保存条件
家庭での保存は、固くしぼった濡れ新聞紙で包み野菜室へ入れる。新鮮なものほど香りが高いので、早めに食べきること。乾燥に注意していても、日が経つにつれ香りと味が落ち、かさかさした食感になる。

栄養＆機能性
まつたけ特有の香りはマツタケオールや桂皮酸メチルによるもの。この香りには食欲増進の効果があるといわれている。香りは傘に多く含むといわれる。

下ごしらえのポイント
・汚れは濡れふきんでふく程度にとどめる。傘のふき方は中心から外側へ。軸は下から上にふく。

・根元の石づきの部分を包丁で削り落とす。

・軸がフカフカしているものは虫がいる場合がある。塩水に浸しておけば、虫を取り除くことができる。

おすすめ料理

炊き込みご飯	吸い物	網焼き
土瓶蒸し		

販売アドバイス
・香りと味わいを活かし、味付けをする場合は、薄味に仕上げるのがよい。

・傘の開いていないものは、上品な香りで味わいが豊か。姿を活かして高級日本料理などにも使われる。

・傘が開き、柄も太く成長したものは、香りが強く、うまみが濃いといわれ、少しの量でも風味を堪能することができる。

・丸ごとラップして冷凍することもできるが、香りは落ちる。調理の際には半解凍にしてから使うこと。

・輸入マツタケは手頃な価格が魅力。たくさんあるときはフライや天ぷらにしてもよい。

まつたけ　きのこ類

まつたけ品種紹介

中国産
9月がピーク。国産より少しやわらかいが、見た目はあまり変わらない

トルコ産
11月がピーク。全体的に小ぶりで、味と香りは国産に比べ薄め

カナダ、アメリカ産
10月がピーク。丸みがある形。香りは生の時は強いが、加熱で薄くなる

Q 輸入物は、国産と違う種類？

分類上の科属は同じ。一部別種で生える木が違うものがある。日本や中国、韓国のまつたけはアカマツに生えるが、北米やヨーロッパのものは、植物学上では別種でレバノンスギなどの林に生える。また中国産の一部はブナの林に生えるものもあり、多少の食味の違いはあるものの、香りなどの成分はほぼ同じといわれる。

POP
- 贅沢に香りを楽しむ フライや天ぷらに
- 日本の秋 この香りはこの時期だけ
- お手頃な輸入松茸で 贅沢に一人一本

生産動向

生産量	2016年	69.4 t
	2015年	70.9 t
	2014年	42.1 t

2016年生産量 上位3位

岡山 1.9t (2.7%)
岩手 20.7t (29.8%)
長野 42.5t (61.2%)
その他

市場シェアと出回り時期

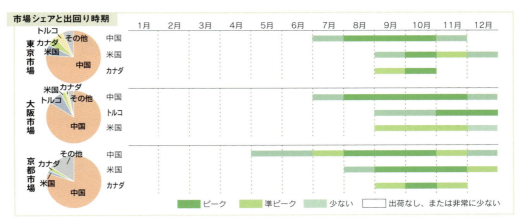

ピーク　準ピーク　少ない　出荷なし、または非常に少ない

167

きのこ類

ぶなしめじ　Buna shimeji mushrooms　シメジ科

調理しやすく、高機能！手頃なヘルシー食材

シャキシャキした食感が特徴。しめじという商品名で周年出回るのはひらたけ（174ページ）。ぶなしめじは別種で傘が黒、薄茶、白色のものがある。天然のほんしめじはほとんど採れず、栽培も難しいが、菌床栽培の丹波しめじが天然物の風味に似ているとされる。

ジャンボしめじ
一般的に大きめのひらたけを指すが、地域によっては大ぶりのぶなしめじにも、この名がつく

鮮度の見分け方
・軸が短く太いもの
・石づきが硬くしっかりしているもの
・傘が小ぶりで開きすぎていないもの
・黒、薄茶色とも傘の色が濃い方が新しい

最適な保存条件
家庭での保存は、パックのまま冷蔵庫の野菜室で。袋を開けた場合は密封容器に入れ野菜室へ。ムレないように注意すること。

栄養＆機能性
エルゴステロールというビタミンD前駆体が含まれている。ビタミンDはカルシウムとリンの吸収に関わり、骨の形成を促進する働きがある。

下ごしらえのポイント
・水で洗う場合は、さっと手早く。長時間加熱しても、形が崩れにくく、独特の歯触りも残るので、鍋物や煮物に向く。

おすすめ料理

鍋物	煮物	汁物
焼き物	炒め物	揚げ物

POP
● ヘルシー食材
　食物繊維をお手軽に
● 食感そのまま
　鍋、煮物、グラタンに

生産動向
生産量　2016年　116,271t
　　　　2015年　116,152t
　　　　2014年　115,751t

2016年生産量 上位3位

その他／長野 49,807t (42.8%)／福岡 13,657t (11.7%)／新潟 20,751t (17.8%)

販売アドバイス
・煮汁や炒めたあとの汁も残さず利用すると、溶け出したビタミンやミネラルを摂取できる。
・油をあまり吸わないので、揚げ物でもヘルシー。
・傘や軸が白くなることがあるが、食用に影響はない。鮮度が低下したものは傘が灰褐色になる。
・現代人に不足しがちな必須アミノ酸も多く含まれる。

きのこ類 / ぶなしめじ / えのきたけ

えのきたけ Enoki mushrooms タマバリタケ科

「ギャバ」が豊富
安眠効果に期待が高まる

ぬめりと歯ごたえが特徴。エノキ、コナラ、カキなど種々の広葉樹の枯木に寄生する。流通している大半のえのきたけが人工栽培で周年出回る。安眠したときに脳内で作られる「ギャバ」が含まれ、精神安定効果があるといわれている。

琥珀だけ
傘が大きめで、宝石の琥珀（こはく）の色。えのきたけの原種から開発された

POP
●しゃぶしゃぶでさっと加熱
●夏はマリネでさっぱりと

鮮度の見分け方
- 傘が小ぶりでそろっており、変色していないもの
- しっかりと脱気されており、水気がないもの
- 軸が密で、茎が軟化していないものがよい

最適な保存条件
真空パックのものは冷蔵庫の野菜室で保存する。開封したものはラップで包み同様に保存するが、早めに食べきるのが望ましい。

栄養&機能性
ビタミンB1は体内で糖質がエネルギーに変わるときに必要な補助酵素として働く重要なビタミン。不足すると手足のしびれなど脚気（かっけ）の症状が出てくる。

下ごしらえのポイント
- 加熱するとぬめりが出ておいしくなるが、歯ごたえと歯切れのよさも残すため、火を通しすぎないように注意する。新鮮なものは生でも食べられる。

おすすめ料理		
なめたけ	汁物	揚げ物
鍋物	炒め物	おひたし
和え物		

生産動向

生産量	2016年	133,297t
	2015年	131,683t
	2014年	135,919t

2016年生産量 上位3位

販売アドバイス
- 簡単な長期保存法は、しょう油漬け。根元を切って、生のまま酒を少々加えたしょう油に漬ける。密閉容器かびんに入れ、冷蔵庫に保存する。
- 夏はマリネにするなど、さっぱりとした味もおすすめ。
- 生でも食べられるといわれており、火を通す時はしゃぶしゃぶのようにさっと火を通すだけにとどめる。

きのこ類

まいたけ
Maitake mushrooms トンビマイタケ科

免疫力を高めるグルカン！
含有量はトップクラス

料理用途が広く、香りや食味がよい。天然物は、ミズナラやシイなどの大木に群生する。太く短い軸に、イチョウの葉のような形の傘が伸びる。天然物は高価だが、人工栽培の技術の普及によって生産量が増加し周年出回っている。

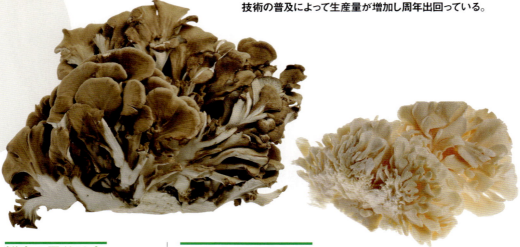

鮮度の見分け方
- 傘が肉厚で茶褐色の部分が濃いもの
- 触るとパリッと折れるくらいのものが鮮度がよい
- 軸がしっかりとしており、ハリがあるもの

最適な保存条件
パックのまま低温保存する。家庭での保存は、天然物は新聞紙に包み、ビニール袋に入れて冷蔵庫の野菜室へ。風味は落ちるが、根元をカットして小分けにし、冷凍保存することもできる。

栄養＆機能性
エルゴステロールというビタミンD前駆体が含まれている。ビタミンDはカルシウムとリンの吸収に関わる働きを持ち、骨の形成が促進される働きがある。

下ごしらえのポイント
- 縦に裂いて使う。汚れが気になる場合は濡れたふきんで軽くふく程度に。煮すぎると栄養分が逃げるうえ、色黒くなるので、最後に加えるようにする。

おすすめ料理

炊き込みご飯	汁物	煮物
炒め物	揚げ物	

POP
- シャキっと食感が特徴 炊き込みや天ぷらに
- 舞いたくなる 山の恵み

白まいたけ
風味を残し、煮ても色が出ないので、お吸い物向き。食感はやわらかめ

生産動向
生産量　2016年　48,523 t
　　　　2015年　48,852 t
　　　　2014年　49,541 t

2016年生産量 上位3位

3,810t (7.9%) その他
福岡
静岡
5,438t (11.2%)
新潟 30,275t (62.4%)

販売アドバイス
- サクサクの食感が魅力。炊き込みご飯や天ぷらの時は崩しすぎないように。
- β-グルカンという多糖類が主成分で、免疫力を高める効果が注目されている。
- 語源は「舞うほどにおいしいから」とも言われる。

まいたけ / エリンギ　　きのこ類

エリンギ　King trumpet mushroom　ヒラタケ科

日持ちする人気のきのこ
メニューによって切り方を変えて

近年、人気のきのこで、夏場でも需要が落ちない。コリコリとした弾力のある食感でクセがないため、鍋だけでなく炒め物やパスタなど用途が広いのが魅力。おがくずを利用したびん詰め栽培法が普及し周年出回り、長さ15cm以上の巨大エリンギもある。

鮮度の見分け方
・裏のヒダが白いものが鮮度が良い
・傘が開きすぎておらず、薄い茶色のもの
・軸は白く、弾力があり、傷などがないもの

最適な保存条件
家庭での保存はパックを開けた場合は、湿気をふき取り、ラップで包んで冷蔵庫の野菜室へ。なるべく早めに使いきること。縦切りやみじん切りなど、適当な大きさにカットして冷凍保存も。

栄養＆機能性
不溶性の食物繊維は便のかさを増やし、腸のぜん動運動を活発化させるため、便通をよくする働きがある。和食中心の食生活であれば不足の心配はないといわれるが、日常的に摂取したい。

  カリウム

下ごしらえのポイント
・縦方向に繊維が走っているため、縦に切ったり裂いたりすることが多いが、軸の部分を輪切り、または斜め輪切りにして調理すると、また違った食感になる。

おすすめ料理
ソテー	揚げ物	網焼き
ピクルス	パスタソース	炒め物

POP
●バーベキューやシチューにぴったり
●縦切りでシャキシャキ　輪切りでふんわり

生産動向
生産量　2016年　40,475 t
　　　　2015年　39,692 t
　　　　2014年　39,645 t

2016年生産量 上位3位

2,698t (6.7%) その他
広島
12,571t (31.1%) 新潟
長野 17,244t (42.6%)

販売アドバイス
・形が崩れず、うま味がプラスされるため、ソースや煮込み料理にも向いている。
・野菜炒めでは薄めの輪切りにして入れるとよい。
・縦切りでシャキシャキ、輪切りでふんわりした食感になる。
・きのこの中では日持ちがするので、夏場はバーベキューなどの食材に。

171

きのこ類

なめこ Nameko mushrooms モエギダケ科

美味しいぬめり
汁物に好相性

全体が独特の粘液に覆われているのが特徴。ケヤキ、ブナ、ナラなどの広葉樹に群生する。なめたけと呼ぶ地域もある。周年出回るのは菌床栽培のもの。料理用途が限られていることもあり、夏場の需要は低い。入荷量が多いのは10月～翌3月。

なめこの脱気パック
生のなめこをカットし袋詰めしたもの。
さっと洗い、加熱して食べる

鮮度の見分け方
・傘が折れておらず、茎が軟化していないもの
・傘が褐色に変化していないもの
・脱気パックは袋の膨張がないもの

最適な保存条件
パックされたものは低温であれば日持ちがする。家庭での保存は冷蔵庫へ。さっと湯通ししてから冷凍保存することもできる。

栄養＆機能性
水溶性の食物繊維は、その独特の粘りで腸内のゴミを包み込み排出の助けをする。腸に残ったカスから発生する毒素は、肌荒れを起こしたり、ガスがたまりやすくなるため、日常的に摂取したい。

下ごしらえのポイント
・ザルに入れてふり洗いをするか、熱湯をまわしかけてから使う。なめこらしい食感とおいしさを保つため、できるだけぬめりを洗い落とさないよう注意。

おすすめ料理

汁物	大根おろし和え
納豆和え	あんかけ	酢の物
鍋物	雑炊

POP
● 胃にやさしい
　ぬめり効果
● なめこ鍋で
　ほっこりあったか

生産動向
生産量　2016年　22,935 t
　　　　2015年　22,897 t
　　　　2014年　21,796 t

2016年生産量 上位3位

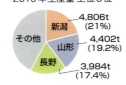

新潟　4,806t (21%)
山形　4,402t (19.2%)
長野　3,984t (17.4%)
その他

販売アドバイス
・歯ごたえや味を楽しむには大粒を。
・消化はあまりよくないので、消化酵素が多く入っただいこんと一緒に食べるとよい。
・なめこ汁にするとぬめりも相まって体が温まる。

なめこ / マッシュルーム　　きのこ類

マッシュルーム　Mushroom　ハラタケ科

きのこで一番低カロリー！
うま味が多く、味にも定評

かつては缶詰が主流で、生鮮物は高級業務用商材であったが、現在では一般向けに販売され国産品も多く、消費は定着している。ころんとした形と濃いうま味が特徴。欧米ではきのこの主流はマッシュルーム。出回り時期は4月～6月、9月～11月。

ブラウンマッシュルーム
ホワイトに比べて香りが濃い。傘の外側のみが濃い茶色をしている

ジャンボマッシュルーム
傘の直径が15cmにもなる。きのこステーキなどメイン食材にも使われる

POP
- ●カット不要 手軽にシチュー
- ●細かく刻んで煮込んで料理の隠し味にも

鮮度の見分け方
- 傘が開いておらず、表面のすべすべしたものがよい
- 肉質がしまり、丸みを帯びたもの
- 軸が大きく、太く、切り口が赤褐色、黒褐色に変色していないもの

最適な保存条件
家庭では、パックのまま冷蔵庫の野菜室へ。褐変や傷みが起きやすいため、できるだけ早めに食べることが望ましい。

栄養＆機能性
特に目立った栄養があるわけではないが、きのこの中ではたんぱく質を比較的多く含む。たんぱく質は主に肉などに多く含まれ、体を作る重要な役割がある。

下ごしらえのポイント
- ザルにのせて手早く流水で洗う。水に長時間つけておくとホワイト種は変色するので注意。切り口も変色しやすいのでレモン汁や酢をふりかけて褐変を防ぐ。

おすすめ料理

炒め物	シチュー	スープ
サラダ		

生産動向

生産量	2014年	5,632 t
	2012年	5,208 t
	2010年	4,496 t

2014年生産量 上位3位

- 岡山 2,150t (38.2%)
- 千葉 2,005t (35.6%)
- 山形 802t (14.2%)
- その他

販売アドバイス
- 変色したり傷みやすいので、早めに調理する。
- 「西洋まつたけ」とも呼ばれるほど味がよく、古代エジプトでは神様の贈り物として珍重された。
- 頭の部分を触らないように扱う。手の脂と熱ですぐに変色するので注意。
- 小さいものは、シチューなどにそのままいれても。細かく刻んで煮込み、料理の隠し味にしてもよい。

  食物繊維

きのこ類

きのこ品種紹介

柳まつたけ
ぬめりがあり、まつたけに似た風味が特徴。シャキシャキとしている

やまぶしたけ
山伏が衣の上に着る飾りに似ていることから。弾力があり、クセがない

たもぎだけ
歯切れがよく、わずかに粉っぽいがクセはない。ひらたけの仲間

ひらたけ
うま味があり食べやすいため、料理用途が広い

とき色ひらたけ
加熱しても淡いサーモンピンクが変わりにくい。ひらたけの仲間

コプリーヌ
アワビに似た歯ごたえ。加熱に強く、うま味があるため、煮物に向く

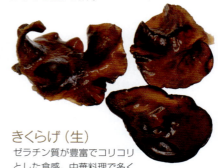

きくらげ（生）
ゼラチン質が豊富でコリコリとした食感。中華料理で多く使われる

果物編
FRUITS

果物

みかん　Satsuma orange　ミカン科

日本の代表的なフルーツ 甘さにこだわり量から質へ

皮がむきやすくジューシーな日本の冬の代表的な果物。量より質の時代を反映し、各産地では高糖系品種を導入、品質の向上に力を入れている。高糖系品種とは、糖度12度以上、クエン酸0.9%以下の品質とされている。品種としては、青島、寿太郎、金峰、十万、大津4号、南柑20号、丹生系、紀の国など。これらの品種だけでなく、高品質なみかんには、適地での徹底した栽培管理も重要な要素になっている。旬は11月〜翌2月。

温州みかん

鮮度の見分け方
・ヘタが青く小さいもの
・腰が低く形が扁平なもの
・表面にツヤがあり、色の濃いもの
・浮皮の少ないもの

最適な保存条件
風通しの良い冷暗所で保存するとよい。段ボール箱に入っている場合は箱のふたを開けて保存すること。長期に保存するためには、他の段ボール箱に分けるなどし、新聞紙をかぶせて冷暗所へ。重ねすぎないほうが望ましい。

食べ方のアドバイス
・皮は手でむくことができる。じょうのう膜（薄皮）や白い筋には食物繊維が豊富で、血糖値の上昇を抑える働きがあるとされるため、食べるようにするとよい。

・皮ごと冷凍して、冷凍みかんにしてもおいしい。自然解凍で、半解凍くらいで食べるとシャーベットのように食べることができる。

栄養＆機能性
カロテンが100g中1100μgと緑黄色野菜より多い。カロテンは体の中で必要に応じてビタミンAに変換され、皮膚や粘膜を丈夫に保つ働きなどがある。

ビタミンC　カロテン　カリウム

POP
●家族が集まるお正月
　ビタミン補給に

●こたつでみかん
　冬の家族団らんに

●3個でクリア
　1日分のビタミンC

販売アドバイス
・果皮と果肉の間に隙間ができ、ふかふかする現象は「浮皮」と呼ばれる。これは吸水によって果皮の水分量が多くなり、反対に果肉がしぼんだことが原因で、秋に長雨に遭うと発生することが多い。
・小ぶりのほうが糖度が高いといわれている。
・食べすぎで手が黄色くなるのはβ - クリプトキサンチンが蓄積するためで、病気ではない。
・カロテンはトマトの2倍含まれるといわれ、冬場の貴重なビタミン源といえる。
・一日に必要なビタミンCはみかん約3個分になる。

みかん　果物

Q 表面にキラキラした金粉のようなものが付いていたが、これはなに？

被膜剤であるフルーツワックス（シェラック樹脂）がはがれたもの。食べても消化されずに、排泄される。

Q ヘタは小さいほうがおいしいといわれるが、それはなぜ？

ヘタの小さいものは道管と呼ばれる養分などを通す管が狭くなっている。狭いと果実に入った養分などが逆流しないため、おいしいといわれている。

Q みかんを手でもむと甘くなるといわれるが、それはなぜ？

手でもむと果肉にストレスがかかり酸が減少するため、甘みを感じやすくなる。ただ、糖が増えるわけではない。

Q 傷んだみかんの「腐れ汁」にふれると、傷むのが早くなるが、対処はどうしたらよい？

腐れ汁には腐敗菌がついており、ふき取っただけでは、果皮の細部に腐敗菌が残ってしまう。水洗いすれば、ふき取ったものよりも断然日持ちがよくなる。

コラム　「ベジフルフラワー」で、もっと野菜を楽しもう！

　野菜や果物の楽しみは、育てたり、食べたりするだけにとどまらない。最近は、野菜や果物を、見て、贈って、食べる「ベジフルフラワー」という新しい楽しみ方が広がっている。

　ベジフルフラワーとは、野菜や果物の形象を最大限に活かし、フラワーアレンジメントのようにブーケやオブジェとして制作したもの。友人へのプレゼントだけでなく、レストランのテーブルブーケ、イベント会場の空間演出などに好評だ。

　また、規格外品の有効活用の点でも注目に値する。産地では、曲がったキュウリや摘果された果物といった、形やサイズが市場流通の規格にあわず出荷できないものも多く収穫される。このような規格外品のほとんどは、廃棄されたり、安価な値段で販売されている。ベジフルフラワーでは、この規格外品も使うことができ、さらに、作品の個性的な形象や動きを生み出すアクセントとして意図的に使用されることもあるのだ。不揃いな野菜・果物に新たな価値を見出すアートである。

　日本野菜ソムリエ協会では、この楽しみを社会に発信するスペシャリスト「ベジフルフラワーアーティスト」の養成講座を行っている。受講者は野菜ソムリエをはじめ、シェフ、市場関係者といった食のプロも多い。「自分の個性を野菜で表現できて楽しい」「プレゼントして喜ばれた」「野菜の扱い方、保存方法の知識がより深まった」など、それぞれのフィールドにあった楽しみを見出せるのも魅力の一つであろう。

　最近では、講座の開講に加え、資格取得者によるイベントやセミナー、作品展の開催といった活動が広がっており、今後のベジフルフラワーアーティストの活躍に期待が集まっている。

日本野菜ソムリエ協会
ベジフルフラワーアーティスト養成講座
ホームページ　http://vegeart.jp/

生産動向

生産量　2017年　741,300 t
　　　　2016年　805,100 t
　　　　2015年　777,800 t

2017年生産量 上位3位
- 和歌山　144,200 t（19.5%）
- 愛媛　120,300 t（16.2%）
- 熊本　85,700 t（11.6%）
- その他

市場シェアと出回り時期

東京市場：愛媛、静岡、長崎、熊本、和歌山／その他
大阪市場：和歌山、愛媛、徳島、熊本、佐賀／その他

■ ピーク　■ 準ピーク　□ 少ない　□ 出荷なし、または非常に少ない

果物

ハウスみかん   Satsuma orange   ミカン科

皮が薄くなめらか ハウス栽培の早生みかん

露地物がまだ出回らない時期に生産する温州みかん。ハウス内を加温機であたためて花を咲かせるなど、人工的に温度を操作し栽培される。早生品種を中心に極早生品種も使われ、加温時期により、早生加温（4月～7月中旬）、後期加温（7月下旬～9月下旬）に分かれる。

鮮度の見分け方
- ヘタ枯れが少ないもの
- 果実が扁平なもの
- 皮が薄いもの
- 皮の紅色が濃いもの

最適な保存条件
最盛期は気温の高い時期に当たるので一度にたくさん購入せず、早めに食べきること。冷蔵庫に入れる場合は冷やしすぎないように注意する。常温の場合は風通しの良い冷暗所で保存するとよい。

食べ方のアドバイス
- 露地みかんに比べると、軟弱で果皮が薄いため、しおれ、浮皮、色変わり果の発生が多い。早めに食べること。

栄養＆機能性
五訂日本食品標準成分表には、ハウスみかんの表記はない。参考的に表記する場合は、温州みかん（早生）を引用したうえ、必ず但し書きをつけること。

ビタミンC　カロテン　食物繊維

販売アドバイス
- 皮が薄いため、皮ごとのまま半分に割ることができる。割った後、房を取り出して食べる。
- 見栄えもよく贈り物に喜ばれる。
- 少し冷やして食べてもデザート感覚でおいしい。

POP
- 温室育ちの極上品　冷やしてデザートに
- 見栄えも最高！　贈り物にぴったり！

生産動向
生産量		
2017年	20,200	t
2016年	21,100	t
2015年	22,000	t

2017年生産量 上位3位

その他
佐賀 6,990t (34.6%)
愛知 4,280t (21.2%)
大分 1,440t (7.1%)

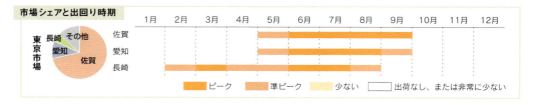

ハウスみかん / 不知火（デコポン）　　果物

不知火（デコポン）　Shiranui　ミカン科

特徴的なアタマの凸
高糖度でさっぱりが人気

ヘタの部分が飛び出ている特徴的な形状で、皮がむきやすくジューシー。ポンカンの香りがする。不知火は清見とポンカンの交配種で、デコポンはJA熊本果実連の登録商標（Q&Aを参照）。出回り時期は12月～翌4月で、露地物は3月～4月。

鮮度の見分け方
・適度な重量感があるもの
・皮が鮮やかで濃い橙黄色のもの
・皮にハリがあるもの

最適な保存条件
保存は常温。温度が高い時期は、野菜室に入れて保存する。ただし、冷風に当たると皮のしなびが発生するため、ラップにくるんでおくとよい。

Q 「デコポン」と「不知火」は、どこが違うの？
日本園芸農業協同組合連合会加盟の農協が出荷する不知火のうち、糖度13度以上、クエン酸1.0％以下の基準をクリアしたものがデコポン。

食べ方のアドバイス
・果皮はむきやすいため手でむいて、薄皮ごと食べる。

・加工品としてはケーキのほか、ジュース・ジャム・果実酒として利用されている。

販売アドバイス
・皮をむき、房に分けて冷凍し、ひと口シャーベットにしてもおいしい。
・果皮はやわらかく傷つきやすい。取り扱いには注意する。

POP
● おへそがかわいい
　ジューシー柑橘
● 子供でも皮むき簡単
　薄皮ごとパクリ！

生産動向
生産量　2015年　42,150 t
　　　　2014年　46,819 t
　　　　2013年　47,435 t

2015年生産量 上位3位

熊本　10,448t（24.8％）
愛媛　9,907t（23.5％）
和歌山　4,955t（11.8％）
その他

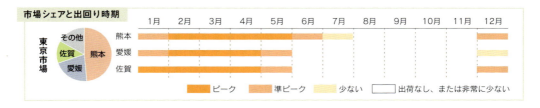

果物

いよかん
Iyo tangor　ミカン科

むきやすく果汁たっぷり
少し冷やしてもおいしい

赤紅色の果皮が美しく、果汁の豊富さ、強い芳香がある。明治時代に山口県東分村（現・萩市）で発見された。その後、愛媛県で育成が進み現在に至っている。出回りは年明け〜3月頃。中晩柑類の主力商品として定着している。

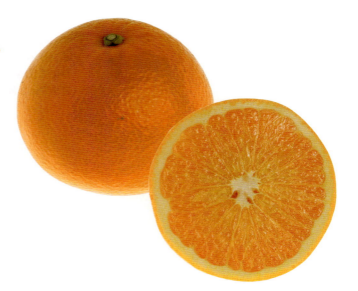

鮮度の見分け方
・ヘタ枯れのないもの
・ヘタ落ちがないもの
・紅色が濃く全体的に色づいているもの
・重量感のあるもの

最適な保存条件
温度3〜7℃、湿度90％。高湿になるほど果面の色がよくなるが、味ぼけが速くヘタ枯れの発生が多くなる。カラーリング処理がされている場合が多いので注意。

POP
●むいて冷やしてデザートに
●カンタン皮むき　冬のビタミン補給

食べ方のアドバイス
・やや硬い果皮は簡単にむくことができ、薄皮も一つひとつはがしやすい。そのまま食べる人もいるが、通常はむいて食べる。

・皮ごと半分に切って果肉を取出せばカップのように。

販売アドバイス
・持ったときに軽いものは、皮と果肉が離れている浮皮や、スが入っている場合がある。
・皮離れがよく、手で皮をむいて簡単に食べることができる。

Q いよかんを食べたら苦みが強かった。原因はなに？
果実中に含まれるリモニンとナリンギンによって苦みが出たものと思われる。

生産動向
生産量	2015年	36,799 t
	2014年	36,513 t
	2013年	43,251 t

2015年生産量 上位3位

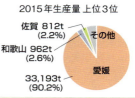

佐賀 812t (2.2%)
和歌山 962t (2.6%)
愛媛 33,193t (90.2%)
その他

市場シェアと出回り時期

いよかん / 夏みかん / はっさく　　　果物

夏みかん Natsudaidai ミカン科

魚料理にピッタリの清涼感

さわやかな甘みと苦みは独特の清涼感を生む。文旦の血を引く大果柑橘で、1700年頃に日本で発生した橘。品種に川野夏橙（甘夏）、新甘夏（サンフルーツ、田浦オレンジ）、紅甘夏などがある。出回り時期は3月～5月。

販売アドバイス
・夏みかんの苦みはナリンギンによるもの。凍結、過熱、また強い力で搾ったりすると、苦みを強く感じることがある。
・白身魚のカルパッチョに加えてもおいしい。

鮮度の見分け方
・果皮に凹凸が少なく、なめらかなもの
・ヘタ枯れやしおれがないもの

POP
●白身魚のカルパッチョに
●フレッシュで酸味さわやか

食べ方のアドバイス
・さわやかな甘みと酸味がサラダにも合う。ワカメとシラス干しの三杯酢に添えたり、白身魚の刺身に添えると魚のおいしさを引き立てる。

はっさく Hassaku ミカン科

スキッとさわやかな酸味

香りがよくさわやかな酸味がある。果皮がやや硬く果汁は少なめ。江戸時代末期から栽培され始め、旧暦の8月1日頃食べることから、はっさく（八朔）と命名されたと伝わる。出回り時期は12月～5月で最盛期は3月。

販売アドバイス
・さっぱりした酸味は油などのしつこさを中和してくれる。鶏肉などの煮込みにも合う。
・皮は砂糖煮にしてピールにするとよい。
・サクサクした食感でサラダにも合う。

鮮度の見分け方
・ヘタ枯れ、ヘタ落ちがないもの
・褐変がなく色が濃いもの

POP
●サラダに合うサクサク食感
●すっぱさが昔なつかしい

食べ方のアドバイス
・皮が硬くてむきにくいので、簡易ピーラー（皮むき器）を使うとよい。

・サラダに混ぜると、さわやかな味わいになる。

181

果物

ポンカン Ponkan ミカン科

豊かな芳香と上品な甘さ

豊かな芳香で糖度が高い。果皮が薄いため、むきやすく、そのまま口に入れられる手軽さが人気。インド原産といわれ、不知火（デコポン）や、はるみの親品種にあたる。名前の「ポン」は、インドの地名プーナに由来する。12月に収穫貯蔵され、翌1月〜2月頃に出回る。

販売アドバイス
・しなびやすいので、保存はポリ袋に入れて冷暗所に置くこと。
・温州と同じく扁平のほうがよいといわれる。
・皮がむきやすく食べやすい。

鮮度の見分け方
・皮にハリがありフカフカしていないもの
・傷がなく、色の濃いもの

POP
●皮むき簡単！食べやすい！
●さわやかな香りやさしい甘さ

食べ方のアドバイス
・果皮がむきやすいため、そのまま食べる。薄皮もそのまま食べることができる。
・ジャムにするときは砂糖を控えめにするとよい。

清見 Kiyomi ミカン科

春先みかんのサラブレッド

温州みかんの甘さとオレンジの香りを持つ。せとかや不知火（デコポン）などの親であることでも有名。種なしで果肉はやわらかく果汁が多い。出回りはハウスが2月〜3月で、露地は3月〜5月。露地は袋かけで越冬させ完熟させることが多い。

販売アドバイス
・保存は常温でよいが、風通しのよい冷暗所に置くこと。果皮が少々しわになっても、果肉は問題なく食べることができる。
・みかんの甘さにオレンジの香りと評される。

鮮度の見分け方
・果皮にツヤがあり、ヘタ枯れがないもの
・持った時に重量感のあるもの

POP
●皮つきのままスマイルカット
●みかんの甘さにオレンジの香り

食べ方のアドバイス
・果皮はややむきにくいので、包丁でくし形にカットすると食べやすい。
・ヘタの部分から手でむくと、比較的むきやすい。

ポンカン / 清見 / 文旦 / 河内晩柑　　**果物**

文旦 **Buntan** ミカン科

あとをひく淡泊な風味

さわやかな香りとシャキシャキした歯ごたえが特徴。果皮は黄色で厚く、やや種子が多い。様々な品種が流通しているが、主な品種は高知県の土佐文旦で重さは350〜400gほど。市場への出回りは10月〜翌4月。

販売アドバイス
・乾燥によりツヤと香りが落ち、高温によりとヘタ部の腐敗が生じるため、保存はラップで包み野菜室で行うのがベスト。
・かぶや大根とあわせてさっぱりとサラダに加えてもよい。
・皮はよく洗って、マーマレードに利用できる。

鮮度の見分け方
・ヘタの異常がなく重みがあるもの
・さわやかな香りのあるもの

POP
● かぶやだいこんと さっぱりサラダ
● 皮はよく洗って マーマレードに

食べ方のアドバイス
・果皮がむきにくいため、包丁で切れ目を入れてからむくとよい。薄皮もむいてから食べる。
・さっぱりしているので、和風の和え物にも合う。

河内晩柑 **Kawachi-bankan** ミカン科

苦みない"和風グレープフルーツ"

さっぱりとした甘さがある。収穫時期が長く、時期により味わいが違う。4月〜5月はジューシーで、6月以降は水分が抜けサクサクした歯ごたえになる。美生柑(みしょうかん)、宇和ゴールドという名でも出回る。

販売アドバイス
・皮が厚いため、白い部分とともにザボン漬けのように砂糖漬けやピールなどにされる。
・部屋に置いて芳香を楽しむのもよい。
・別名「ジューシーオレンジ」といわれる。

鮮度の見分け方
・さわやかな香りが強いもの
・持ってみて重量感があるもの

POP
● すっきり さわやかな後味
● 別名 ジューシーオレンジ

食べ方のアドバイス
・皮の側面に切り込みを一周入れて、真ん中から割るようにむくとよい。
・果汁はゼリーにぴったり。皮をカップに使ってもよい。

果物

たんかん Tankan ミカン科

2～3月限定の高級柑橘

漢字では「桶柑」と書く。甘みが強くジューシー。果皮は黄橙色でむきやすく、薄皮も薄い。さらに種が少ないため、とても食べやすい柑橘といえる。出荷期間は2月中旬～3月上旬までと非常に短い。

販売アドバイス
- 中国広東省原産で、台湾が主産地。日本では沖縄や奄美大島など温暖な土地で育つ。
- 干した果皮は、お風呂などに入れても。
- 種が少なく、食べやすい柑橘といわれている。

鮮度の見分け方
- 見た目よりも重量感があるもの
- 皮にしわや傷がないもの

POP
- ●期間限定。今が旬。南国の柑橘
- ●種が少なくお子様も食べやすい

食べ方のアドバイス
- 果皮はむきやすいが、強い力で押すと果汁がこぼれてしまうので注意。
- 薄皮はごく薄いため、むかずに食べる。

はるみ Harumi ミカン科

旬が短い不知火の兄弟

ポンカンに似た扁平形で、皮がむきやすい。さわやかな甘みがあり、果肉は大粒でやわらかめ。同じかけ合わせの不知火（デコポン）に比べてやや果汁は少なく、芯の部分に空洞ができる。出回り期間が短く2月のみ。

販売アドバイス
- 不知火よりも出回りが早い。香りが春を予見させることから「はるみ」と名付けられた。
- 栽培が難しく希少で、贈答品にされることも。
- 粒が大きめで、プチプチ食感と濃厚な味を楽しめる。

鮮度の見分け方
- 皮がフカフカしすぎていないもの
- 傷がなく、色の濃いもの

POP
- ●粒が大きめプチプチ食感
- ●ポンカンより味が濃厚です

食べ方のアドバイス
- 果皮がむきやすいため、手で簡単にむくことができる。薄皮もやわらかいが、やや厚めなので、気になる場合はむいてもよい。

たんかん / はるみ / 日向夏 / きんかん　　果物

日向夏 Hyuganatu orange　ミカン科

果皮の白い部分も食べる！

皮の下の白い部分（アルベド）は甘く、果汁のさわやかさとの味のバランスが絶妙。宮崎県で偶発実生した柑橘で同県の特産柑橘として知られる。地域により小夏、ニューサマーオレンジと呼ばれる。出回りは1月中旬～5月。

販売アドバイス
・むいた皮は丁寧に洗い、酢の物に添えたり、みじん切りにしてドレッシングに加えると、色と香りの演出になる。
・皮の白い部分が甘くてやわらかい。

鮮度の見分け方
・ヘタ枯れがなく香りがあるもの
・ふっくらとしており、ツヤがあるもの

POP
● 皮むきは薄くがポイント
● 白いワタが甘くてやわらか

食べ方のアドバイス
・皮の下にある白い部分も楽しむ。
・りんごをむくように皮をむき、食べやすいようにカットして白い部分ごと食べる。皮は薄くむくこと。

きんかん Kumquat　ミカン科

丸ごと食べる人気柑橘！

小ぶりで丸ごと食べられるのが最大の特徴。酸味が少なく甘みと香りがよい。冬場には欠かせない柑橘で、近年は完熟きんかんの登場もあり、消費は好調。出回りは11月～翌4月で出荷量が多いのは12月～翌2月。完熟は2月。

販売アドバイス
・近年人気の宮崎県産「たまたま」は、樹上完熟させ、糖度16度以上で直径28mm以上のもの。
・保存は常温か、ポリ袋に入れ野菜室がよい。
・皮ごとスライスにして、サラダの彩りにしてもよい。

鮮度の見分け方
・果皮のしおれが少ないもの
・濃橙色でツヤがあるもの

POP
● ひとくちサイズまるごとジューシー
● 皮ごとスライスサラダの飾りに

食べ方のアドバイス
・薄皮に甘みが多いといわれており、丸ごとか半分に切って、皮ごと食べるのがおすすめ。
・正月のおせちには、皮ごと甘露煮にした料理が定番。

185

果物

セミノール <small>Seminole ミカン科</small>

晩柑類で一番の濃厚な香り

果肉はやわらかくジューシーで甘さにコクがある。ノーワックスで光沢のある赤橙色の果皮になるため贈答用に人気が高い。種はやや多いが薄皮が薄く食べやすい。3月下旬〜4月上旬に収穫し、5月以降に出荷される。

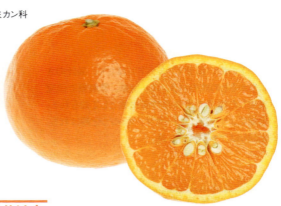

販売アドバイス
・ポリ袋に入れて、袋の口を開けたまま冷蔵庫の野菜室に数日入れておくと、皮の水分が抜けて、手で皮がむきやすくなる。
・果汁が多いので搾っても。

鮮度の見分け方
・色が濃く鮮やかなもの
・ずっしりと重みのあるもの

POP
●果汁たっぷり まるでジュース
●食べやすい スマイルカット

食べ方のアドバイス
・果汁が多く、手で皮をむくのはコツがいるため、皮ごと縦半分に切ってからくし切りにして食べるとよい。
・半分に切って皮ごとシャーベットにしてもよい。

シークワシャー <small>Flat lemon ミカン科</small>

スッキリした沖縄の特産

ほどよい酸味とさわやかな甘み。ジュースの原料や、サワーなどに使われている。もともと沖縄県に自生しており、特産品として有名。地元では、泡盛に入れたり、刺身にかけたりしている。出回りは8月〜翌2月。

販売アドバイス
・シークワシャーの皮に多く含まれるポリメトキシフラボノイドの一種「ノビレチン」には血糖値の上昇を抑える効果が期待されている。

鮮度の見分け方
・酸味として使う場合は青くみずみずしいもの
・生食には、黄色くまんべんなく熟しているもの

POP
●緑は酸味に 黄色は生で
●ジュースにギュッ さわやか果汁

食べ方のアドバイス
・緑色の時は酸味が強いため、料理に添えて香酸柑橘のように使う。黄色く熟したものは甘いので、そのまま食べるかジュースにするのがおすすめ。

セミノール / シークワシャー / せとか / 晩白柚　　果物

せとか Setoka ミカン科

皮も果肉も極上なめらか

香りや食味のよい柑橘を掛け合わせて生まれた人気品種。薄い皮に、みずみずしい果肉が詰まっているのが特徴。栽培面積は増加しており、とくに愛媛県が力を入れ7割近くのシェア。出回りは2月～3月。ハウスが12月～翌2月。

販売アドバイス
・丸く腰が高い果実よりも、扁平型のほうが味がよいといわれている。
・果汁が多いのでジュースやカクテルにも向く。
・清見とアンコールを掛け合せたものにマーコットを交配し育成された品種。

鮮度の見分け方
・色が均一で表面がなめらかでツヤがあるもの
・ヘタの部分に青みが残り、ずっしりと重いもの

POP
●ジューシーでとろける食感
●ぎゅっと詰まった濃厚な味と香り

食べ方のアドバイス
・皮が薄く簡単に手でむけるが、果汁が多いのでナイフで切った方が食べやすい。薄皮と果肉はやわらかく、薄皮ごと食べても、とろけるようで口に残らない。

晩白柚 Pomelo ミカン科

皮を食べる世界最大級柑橘！

さわやかな甘みと芳香が特徴。皮がやわらかく、実よりも皮を加工して食べることが多い。2kg前後で直径25cm程になるものもあり、柑橘類の中では最大級。「果物の王様」ともいわれる。出回りは2月～4月。

販売アドバイス
・貯蔵により酸味が抜けるうえ、香りがよいので、食べるまで室内で芳香を楽しむのもおすすめ。1か月ほど楽しめる。
・厚い皮はマーマレードや砂糖で煮てザボン漬けにも応用できる。

鮮度の見分け方
・香りの濃いもの
・皮にツヤとハリがあるもの

POP
●お部屋に置いて芳香も楽しんで
●厚い皮はマーマレードに

食べ方のアドバイス
・生食よりは、果肉や果汁をゼリー、ジャムなどに加工するのが一般的。
・厚い皮は砂糖で煮て、ザボン漬けにされる。

果物

柑橘品種紹介

カラマンダリン
温州みかんとキングマンダリンの交配種。皮はごつごつとしているが、むきやすく、味が濃い。晩生で4月〜5月に出回る

POP 甘みにコクがある むきやすい晩柑

はれひめ
清見、オセオラと宮川早生の交配種。オレンジの風味がある。皮がむきやすく、薄皮も薄く食べやすい。愛媛県が主産地で、旬は12月〜翌1月中旬

POP オレンジの風味 薄皮ごとどうぞ

紅香（べにかおり）
清美、興津早生みかん、ページオレンジの交配種である天草をステビア栽培したもの。ゼリーのような食感。長崎県が主産地。旬は2月ごろ

POP ぷるぷる果肉の 数量限定柑橘

オーラスター
はっさく、ヒリュウ、晩白柚の交配種。がん予防の研究がなされているオーラプテンを多く含有する。酸味が強く加工向き

POP ヘタが星形 酸味強く加工用に

甘平（かんぺい）
愛媛県が育成。ポンカンと西之香の交配種。形は扁平で皮がむきやすく、果汁が多く甘い。旬は2月中旬〜3月上旬

POP 果肉ぎっしり 内皮も極薄

湘南ゴールド
神奈川県が育成した今村温州と黄金柑の交配種。皮は黄色。大きさは直径5cmほどで小さめだが、香りがよく糖度が高い。旬は3月下旬〜4月

POP 湘南限定！風味さわやか

柑橘品種紹介　　果物

紅まどんな
南香と天草の掛け合わせで、品種名は「愛媛果試第28号」。果肉がゼリーのようにプルンとしている。旬は11月下旬～12月

| POP | まるでゼリー？ ぷるぷる食感 |

三宝柑
原種は不明。皮は黄色く厚い。頭に不知火のようなでっぱりがある。旬は2月中旬～4月。和歌山県が主産地

| POP | 紀州徳川家の 献上みかん |

麗紅
アンコール、マーコット、清美の交配種。オレンジ色の皮は薄く、糖度が高い。旬は3月～4月。はまさき（JAからつの登録商標）もこの品種。

| POP | 晩生では珍しい！ 薄皮の高級柑橘 |

はるひ
興津46号と阿波オレンジの交配種。日向夏に似た風味を持つ。旬は2月ごろ

| POP | 春を感じる さわやか風味 |

アンコール
キングマンダリンと地中海マンダリンの交配種。種が多いが、甘くむきやすい。深みがあり濃厚な味。旬は2月～3月

| POP | 手でむける 濃厚オレンジ |

水晶文旦
文旦と晩王柑の交配種といわれる。文旦よりも果肉がやわらかめ。旬は2月～4月。高知県が主産地

| POP | 透き通る みずみずしい果肉 |

189

果物

ゆず Yuzu ミカン科

日本伝統の自然派調味料

ゆずは日本で古くから調味用柑橘として利用されており、中国・長江の上流が原産といわれる柑橘。果皮はゆず肌といわれるように凹凸が激しい。夏場の緑のものを青ゆず、秋から出回るものを黄ゆずと呼ぶ。11月～翌1月の出荷量が多い。

POP　冬を彩る香り　料理にもお菓子にも

生産動向

生産量	2015年	23,671 t
	2014年	19,665 t
	2013年	22,934 t

2015年生産量 上位3位

- 高知　12,125t（51.2%）
- 徳島　3,453t（14.6%）
- 愛媛　3,029t（12.8%）
- その他

すだち Sudachi ミカン科

まつたけに上品な香り付け

すだちは主に徳島県で生産されており、ゆずの近縁の柑橘といわれる。熟すると黄橙色になるが、若い緑色果の方が風味がよい。周年出回っているが、日本料理ではまつたけに合わせて利用されるため、最盛期はまつたけと同じ9月～10月。

POP　まつたけには　すだちで決まり

かぼす Kabosu ミカン科

キリッとふぐ料理に合う

かぼすは、特有の香りがあり、すだち同様にゆずの近縁の柑橘といわれる。すだちよりも一回り大きく酸味が強め。大分県での栽培が多く、出回りは周年。9月～10月が最盛期で、2月～5月は少ない。地元大分ではふぐ料理に使われる。

POP　河豚やサンマ　魚介にあわせて

ゆず / すだち / かぼす　　　**果物**

鮮度の見分け方

ゆず
・表皮にハリがあるもの
・傷もの、星（黒い斑点）のないもの

すだち、かぼす
・青緑色でツヤがあるもの
・黄色味がかっているものは酸味がない

最適な保存条件

冬場の数日ならば常温で保存。野菜室に保存する場合はラップで一つずつぴったりと包んでから。皮は使いやすいように切った後、乾燥させたり、冷凍することができる。皮をむいた実は半分に切って冷凍保存袋に入れて冷凍も可能。

食べ方のアドバイス

・果汁は酢の物、鍋物、カクテルなどに利用する。半分に切って、果汁をフォークなどで崩してから手で搾ると、簡単に搾ることができる。

・果皮は薬味、味噌、マーマレード、菓子などに利用する。皮は白い部分よりも、黄色い外皮のほうが香りが強い。

栄養&機能性

100g当たりのビタミンCは、ゆずが果皮150mg、果汁40mg、すだちが果皮110mg、果汁40mg、かぼすが果汁40mg（果皮のデータはなし）。ビタミンCは抗酸化作用が強いビタミンで、活性酸素から体を守る働きがあるといわれる。そのため動脈硬化や心疾患を予防することが期待されている。

ビタミンC　　

販売アドバイス

・直接食べることはないが、香りを楽しむため、皮を「そぎ切り」にして、飾りや吸い口にすることが多い。
・黄色や緑の色目のある部分だけ、細かいおろし金ですりおろし、刺身や焼き魚、パスタなどにふると、香りとともに彩りが増す。
・レモンとは一味違う日本的な香りがする。積極的に和食に取り入れたい。
・しぼり汁に、はちみつとお湯を加えてホットドリンクにしても。

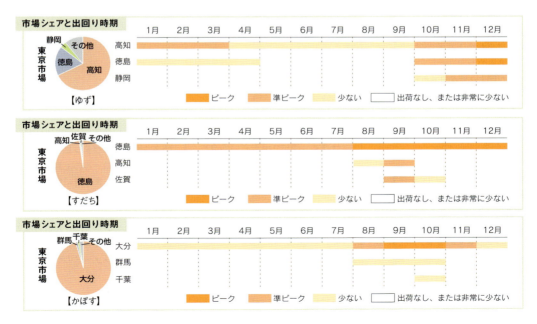

果物

りんご Apple バラ科

世界中で愛され続ける果物
味、見た目、栄養が三ツ星

昔話や聖書に登場するなど、古くから世界中で親しまれる果物。栄養価も高く、食べやすいため、離乳食から病院食まで幅広く利用される。貯蔵技術の向上により周年出回る。旬は、品種によるが8月〜翌1月頃で、主流品種の多くは9月〜11月。

近年は、生産省力化と食味向上につなげるため、有袋（ゆうたい）栽培だけでなく無袋（むたい）栽培の普及がすすんでいる。無袋栽培のりんごは「葉とらずりんご」「サン○○」などのネーミングで商品化されている。なお、無袋栽培の代名詞であるサンふじ(202ページ)は、JA全農長野の登録商標。また、「葉とらずりんご」は、通常果実全体に日光が当たるように行われる葉つみを行わずに栽培したもの。色むらなどで見劣りするが、葉がつくる養分が果実に蓄えられ、味がよいとされている。

鮮度の見分け方

・尻が開いているもの
・全体に色がまわっているもの
・花落ち部の中心が空洞になっているもの
・見た目より重さのあるもの
・ツルが太くてしっかりしているもの
・よい香りがするもの

最適な保存条件

冬場であれば、冷暗所で保存する。野菜室に入れる場合は、フルーツキャップをつけたまま紙袋に入れ、さらにビニール袋に包みしっかりと閉じるとよい。ジョナゴールドなどワックスのでる品種はさっとふき取る。ワックスは食味に影響しないので、極端に多い場合のみふき取ればよい。

食べ方のアドバイス

・一般的に花落ち（尻）の部分と種の周りが甘いので、縦切りにすると、甘さを均一に食べることができる。

・皮ごと食べる場合は、縦切りではなく、横に1cmくらいの厚さの輪切りにしたり、みじん切りにすると、カスの残りが気にならない。

・切り口はレモン汁や塩水につけておくと褐変しにくい。

・切った後変色したリンゴは、100%のオレンジジュースにつけておくと、元の色に戻る。

栄養&機能性

水溶性の食物繊維ペクチンを比較的多く含む。ペクチンには、血液中のコレステロールの上昇を抑える働きがあり、また胃に負担をかけずに整腸作用を持つといわれている。ペクチンはジュースにしても損なわれないうえ、りんごの味はアクの味や苦みをやわらげるため、手づくりジュースのベースとして最適。

りんご　果物

Q 皮のまま食べたら渋かったが農薬では?

農薬ではなく、外部要因の影響による生理的障害によるもの。たとえば紅玉などは樹上で過熟するとゴム病になり、渋くなる。またCA貯蔵によって低温障害を起こし、味覚に異常をきたすこともある。

Q 果芯部にある「蜜」は、欧米では敬遠されると聞いたがなぜ?

果芯部の蜜は、ソルビトールが多く含まれており糖ではない。しかも蜜は、冷蔵すると褐変しやすく日持ちも悪い。そのため欧米では「ウォーター・コア」(水入りりんご)と呼ばれ、敬遠されることが多い。一方日本では熟度の指標となっている。

Q 果肉が薄い赤色、またはピンク色をしているが食べでも大丈夫?

食べても問題はない。この現象は、果皮の赤色色素であるアントシアニンが、内部のクエン酸、リンゴ酸などの酸に溶解浸透して、色素が移行したため。果皮が赤く、酸味の強い紅玉などに見られる。

Q 内部が青みを帯びているが病気では?

病気ではない。栽培中に充分な炭水化物が果肉に蓄積されていない場合や、日当たりの悪い場所で栽培されたりんごに発生する現象。

Q 皮がベタベタしているが、油かワックスを塗っているの?

通常、国産のりんごには、ワックスや油などは塗られていない。これは「油上がり」といわる現象で、りんごの表皮から染み出してくる、オレイン酸やリノール酸などによるもの。収穫してから時間がたつと出てくるもので、りんご自身が乾燥から実を守るためといわれている。

Q 皮をむいたら直径3〜4mmほど褐色に変色していたが腐っているの?

通称「ブク」といわれる貯蔵障害。取り除けば食べることができるが、商品価値はない。

Q 果皮に白い粉がふいているが、この粉は食べても大丈夫?

一般的に天然の果実が持っている果粉(ブルーム)が白い粉状となって果皮に付着している場合が多い。他に、石灰ボルドー液の散布が残存する事もあるが、よく洗えば食べることができる。

販売アドバイス

・りんごの蜜は、葉で作られる「ソルビトール」という糖アルコールで、透き通ったように見える。このソルビトール自体はそれほど甘くないが、蜜が入ったものは成熟して全体の糖度も増しているため、蜜入りは日本においておいしいりんごの指標とされている。
・手作りジュースのベースにするとクセのある素材にもあう。

生産動向

生産量		
2017年	735,200 t
2016年	765,000 t
2015年	811,500 t

2017年生産量 上位3位
- 青森 415,900t (56.6%)
- 長野 149,100t (20.3%)
- 山形 47,100t (6.4%)
- その他

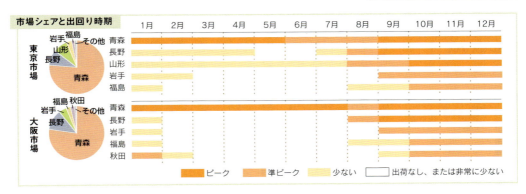

果物

ふじ

**甘み、果汁、歯ごたえ抜群！
貯蔵性もあり人気 No 1**

酸味と甘みのバランスがよく、ジューシーでシャキシャキの歯ごたえ。果皮は縞状に赤く着色する。最も生産量が多く、人気も高い。りんごとしては晩生の品種で、収穫は10月〜11月に行われる。長野、山形、福島県産は、収穫後に順次出荷されるが、青森県産は12月から出荷され普通貯蔵、CA貯蔵などによって翌年の7月頃まで出回る。国光とデリシャスの交配種で、農水省果樹試験場（当時）の盛岡支場で育成された。1962年にりんご農林1号として品種登録され、その後ふじと名付けられた。長期貯蔵しても果肉の劣変は少なく、普通貯蔵で3月まで貯蔵できる。この特性により、りんごの流通は変わったといわれている。無袋栽培のサンふじ(202ページ)はJA全農長野の登録商標。

鮮度の見分け方

・全体に赤いもの
・花落ちの部分（尻）が横に開いているもの
・花落ち部の中心が深いもの
・ずっしりと重みのあるもの

最適な保存条件

冬場であれば、冷暗所で保存する。野菜室に入れる場合は、フルーツキャップをつけたまま紙袋に入れ、さらにビニール袋に包みしっかりと閉じるとよい。

食べ方のアドバイス

・果汁が豊富で、味のバランスもよいため、生食のほか、ジュースにも向く。

・箱で購入した場合は、一度すべて取り出し、新聞紙を交互に入れて冷暗所に保存するとよい。

・海外でも大人気で日本のりんごの代表といえる。

・蜜入りは樹上で熟したしるし。早めに食べること。

POP
● 海外でも大人気
　日本の代表りんご
● 蜜いりは熟したしるし
　早めに食べて

果物

つがる

食味のよい早生リンゴ
味ののる9月がベストシーズン！

肉質がち密で果汁が多く、酸味は少なくさわやかな甘みがある。果重は250〜300gと大玉になり、果形は整った円形で玉揃いもよい。食味のよい早生品種として生産が増加し、ふじに次ぐシェアを占め、消費も定着している。出回り時期は8月末〜10月。8月末のものは味が安定していないので、9月から本格的に販売するとよい。

青森県りんご試験場が育成した品種で、ゴールデンデリシャスと紅玉の交雑種。青り2号と仮命名されたのち、1975年につがるとして登録された。（漢字の津軽とは別品種）。片親が色のりしにくいゴールデンデリシャスであることに加え、さらに収穫時期が9月で昼夜の温度較差が小さいため、この品種も色がのりにくいといわれる。無袋栽培も行われており、サンつがるとして流通している。

鮮度の見分け方
・果梗（軸）が太く緑色のもの
・果肉が硬いもの
・果皮の色が全体によく回っているもの
・ずっしりと重みのあるもの

最適な保存条件
日持ちしないので早めに食べること。冷暗所で保存し早めに食べるか、野菜室に入れる場合は、フルーツキャップをつけたまま紙袋に入れ、さらにビニール袋に包みしっかりと閉じるとよい。

食べ方のアドバイス
・生食で食べるのがおすすめ。まろやかな甘みなので朝のフルーツとしても最適。

・果面に油が分泌してくることがあるが、有害ではない。湿ったふきんで拭けば、すぐにとれる。

POP
●芳醇な香り
　一足先に秋を感じて
●今年の初りんご
　早生で一番の甘さ

生産動向
生産量　2017年　83,600 t
　　　　2016年　80,200 t
　　　　2015年　89,700 t

2017年生産量 上位3位
その他 山形 4,760t (5.7%)
長野 22,400t (26.8%)
青森 44,300t (53%)

市場シェアと出回り時期

果物

王林

青りんごの王様
香り高くジューシー！

果皮は黄緑色で地肌にそばかすのような粗い果点が入る。外観から「そばかす美人」とも呼ばれる。果重は250～300gほどで果形は卵型。独特の芳香があり、ジューシーでシャキシャキとした歯ごたえをもつ。加えて酸味が少なく優しい甘みがあり、近年の嗜好に合っていることから晩生種として消費は定着している。さらに無袋栽培に適した品種のため、生産者にとっても比較的生産しやすく栽培も増えている。収穫時期は、東北北部で10月下旬～11月上旬、長野では10月中旬頃。出回り時期は、11月～翌3月。貯蔵性はよい方で2月頃まで可能。福島県伊達郡の大槻只之助氏が育成した品種でゴールデンデリシャスと印度の交雑実生品種。りんごの王様の意味を込め1952年に命名された。

鮮度の見分け方
・全体に黄色のもの
・花落ちの部分に青味が残るものは渋みがある
・サビが出たもの
・よい香りがするもの

最適な保存条件
冬場であれば、冷暗所で保存する。野菜室に入れる場合は、フルーツキャップをつけたまま紙袋に入れ、さらにビニール袋に包みしっかりと閉じるとよい。

食べ方のアドバイス
・赤いリンゴが多い中、皮の色目が特徴的なので、皮も残すようにカットすると盛り付けの彩りがきれいになる。

・芳香もあり酸味が少ないので、小さい子供にも好まれる。ジュースなどにしてもよい。

・黄りんごの代表といわれる。黄色くなったら食べごろ。

POP
●黄りんごの代表
　黄色くなったら食べ頃
●花のような香り
　酸味が少なく人気

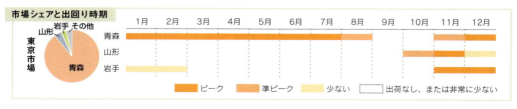

196

王林 / ジョナゴールド　　　果物

ジョナゴールド

紅玉に似た風味をもつ中生の主力品種

果肉はち密で、甘みと酸味が適度に調和し紅玉に似た風味がある。果形は円形で、果重は 300 〜 350g と大玉になる。果皮の色は黄色の地肌に鮮紅色につややかに発色し、表面にワックスが出やすい。収穫量はふじ、つがるに次ぎ、中生種の主力としての地位を確立し消費も安定している。収穫時期は 10 月、出回りは 10 月中旬〜 11 月上旬が最盛期。貯蔵物は翌 3 月〜 5 月に出回る。元々は、米国ニューヨーク州立農業試験場で、1943 年（昭和 18 年）にゴールデンデリシャスに紅玉を交配して育成された。命名は 1968 年。ジョナゴールドという名は両方の親が由来。（紅玉はニューヨーク州で 1800 年ごろ育種され、アメリカでは栽培を推奨した人物の名をとってジョナサンと呼ばれている）

鮮度の見分け方
・色がよく回っているもの
・ツヤがあるもの
・果梗（軸）が太いもの
・重みのあるもの

最適な保存条件
ワックスがでる品種なので、さっとふき取る。ワックスは食味に影響しないので、極端に多い場合のみ、ふき取ればよい。冷暗所で保存し早めに食べること。野菜室に入れる場合は、フルーツキャップをつけたまま紙袋に入れ、さらにビニール袋に包みしっかりと閉じるとよい。

食べ方のアドバイス
・表面がべたつくのは果実成分の一部で有害ではない。食べるときに気になる場合は、ふきんでふき取ってからカットするとよい。

・ツヤは熟したしるし。早めに食べることが望ましい。

・やわらかく酸味も適度にあるのでジャムやお菓子にしてもよい。

POP
●ツヤは熟したしるし早めに召し上がれ
●やさしい食感と酸味お菓子作りにも Good!

生産動向

生産量　2017 年　51,400 t
　　　　2016 年　54,700 t
　　　　2015 年　56,300 t

2017 年生産量 上位 3 位
福島 832t (1.6%)
岩手 6,940t (13.5%)
青森 41,600t (80.9%)
その他

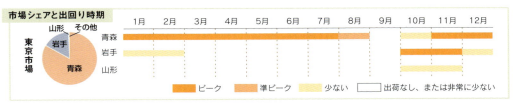

197

果物

りんご品種紹介（早生）

未希ライフ
千秋×つがる。甘くしっかりした歯ごたえ。名前の由来はテレビドラマのタイトルと主役の名前、さらに「りんごの未来に希望を」という意味も。8月下旬

| POP | 早生一番の シャキシャキ感 |

さんさ
ガラ×あかねの交雑実生。岩手県の代表的な夏祭りのひとつ「さんさ踊り」にちなむ。糖度、酸度とも、つがるより高い。9月上旬

| POP | 甘酸っぱく 後味さわやか |

きおう
王林×はつあき。パリッとした食感が特徴で日持ちする。「黄色い王様」をイメージして名付けられた。9月上旬

| POP | 日持ちもよい 黄色い王様 |

JAZZ
品種名は「Scifresh」。手のひらサイズで150〜200gほどでパリッとした食感が特徴。ニュージーランドからの輸入で7月〜8月

| POP | ひとり一個 食べきりサイズ |

御所川原
青森県五所川原市特産。150g前後と小さく、淡紅色で蝋細工のような光沢をもつ。熟してくると果皮に近い部分と果芯の周辺部がきれいな赤になる。酸味が強く、加工に向く。9月中旬

| POP | 中も真っ赤な 加工用りんご |

秋映（あきばえ）
千秋×つがる。皮が濃赤〜暗赤色になるのが特徴。9月中下旬。長野県オリジナル品種で、りんご三兄弟のひとつ。ほか2品種はシナノスイートとシナノゴールド

| POP | ついつい手が出る 印象的な紅りんご |

198

りんご品種紹介（中生）

北斗
ふじ×陸奥。果皮は紅色に縞が入り、ふじに近いが光沢と芳香がある。10月下旬。冷蔵すれば4月まで貯蔵できる

POP　あふれる果汁 朝のジュースに

陽光
群馬県園芸試験場でゴールデンデリシャスの実生から育成。収穫適期にはサビの色が黄金色となる。出回りは10月だが、12月上旬まで出回ることも

POP　キュートなそばかす ジューシーな中生

シナノスイート
ふじ×つがる。長野県を中心に栽培。日本の主力2品種の交配だけあって、食味は甘酸適和で非常によい。10月中旬

POP　ふじとつがるの いいとこどり！

シナノゴールド
ゴールデンデリシャス×千秋。食味と日持ちのよさは海外の専門家からも評価が高い。10月上中旬

POP　黄金色の輝き！キリッとした甘み

津軽ゴールド
千秋×王林。さわやかな甘みでジューシー。シャキシャキした歯ごたえがある。黄緑から黄色に色づく。10月中旬～

POP　さっぱり果汁の青リンゴ

トキ
王林×ふじ。果皮は黄色で、陽にあたった部分が紅色に着色する。甘みが強い。10月上旬。普通冷蔵で12月中旬ごろまで持つ

POP　ほのかな赤み 濃厚な黄りんご

果物

りんご品種紹介（中生）

さんたろう
はつあき×スターキングデリシャス。甘みもあるが、酸味が強く、さっぱりした味わい。9月下旬〜10月上旬

POP 酸味スッキリ！ジュースや加工に

昴林（こうりん）
福島県で発見された、ふじの血をひく交配選抜品種。片親は不明だが、ふじの枝変わりともいわれる。食味はふじに似る。9月下旬

POP ふじに負けない糖酸のバランス！

紅玉
昭和30年代の主要品種。ジュースや焼きりんごなど、調理用、加工用に適し現在は希少価値が出てきている。また、生食用としても根強い支持がある。9月中旬〜10月末

POP 手作りスイーツの定番 酸味をいかして！

世界一
デリシャス×ゴールデンデリシャス。果重は500g前後と大きく、1kgにも。果汁が豊富で、味はやや淡泊。10月中旬〜。冷蔵では大玉で年内、中玉で2月〜3月頃まで

POP 大きさ世界一！贈り物にもどうぞ

弘前ふじ
ふじの枝変わり。ふじよりも果肉がやわらかく糖度が高い。この弘前ふじのうち、糖度13度以上のものを厳選したものが「夢ひかり」で、ＪＡつがる弘前の登録商標。10月初旬

POP 食味やわらか 糖度の高いふじ

紅の夢
紅玉の交雑実生で、父品種は不明。果皮が濃紅で、果肉もほのかに赤い。酸味が強め。10月中下旬〜11月上旬。赤い色はアントシアニン

POP 果肉も紅 果汁はピンクに

りんご品種紹介（中生）　果物

こみつ
こみつは商標で、品種名は高徳（こうとく）。ふじ×ロム16（推定）。小玉で甘みが強く、蜜がたっぷり入り、首都圏では高値で取引される。10月下旬

POP　蜜たっぷり 食べきりサイズ

大紅栄（だいこうえい）
未希ライフの自然交雑種。丈夫で、台風でも落ちにくい大型品種。鮮やかに色づき、酸味が少なく甘い。10月下旬

POP　豊かな甘さは贈答むき！

星の金貨
「星の金貨」は、青森県の商標で、品種名は「あおり15号」。ふじ×青り3号の実生選抜。甘みが強く、酸味も適度にある。皮が薄く小玉。10月下旬

POP　皮が薄くて丸かじりOK

アルプス乙女
25～50gのミニサイズのりんご。ふじと紅玉の混植園で発見された偶発実生。飛行機の機内食用や縁日のりんご飴に使われる。渋みがあるが濃厚な味。10月中旬～下旬

POP　食べきりサイズ 飾りやプレゼントにも

きたろう
ふじ×はつあき。皮は黄色く、日の当たる部分が赤く色づく。「黄太郎」とされることも。濃厚で日持ちする。こうたろうの兄弟品種。10月中旬

POP　ほんのり赤くなる岩手の黄りんご

こうたろう
ふじ×はつあき。きたろうと兄弟だが、暖地でもきれいに紅く色づくため、こうたろう（紅太郎）と名づけられた。果肉は硬めで甘みが強い。日持ちはあまりしない。10月下旬

POP　美しい紅色 濃厚なあじわい

果物

りんご品種紹介（晩生）

グラニースミス
オーストラリアで発見された青りんご。「スミスおばあちゃんのりんご」という意味。南半球の国々では主要品種。大型で貯蔵性がある。11月上〜中旬

POP　さわやかな香り パイにぴったり

ぐんま名月
あかぎ×ふじ。群馬県育成。果皮は黄色で、陽にあたると橙紅色に着色する。酸味が弱く非常に甘い。10月下旬

POP　シャキシャキ抜群 群馬オリジナル

金星
国光×ゴールデンデリシャス。淡黄色で、本来はサビ状の果点があるが、有袋栽培では鮮やかな金色のような黄色になる。芳香があり、ジューシー。11月中旬から出回り、貯蔵性が高く5月下旬まで貯蔵できる

POP　美しい白銀色 プレゼントに人気

陸奥
ゴールデンデリシャス×印度。大玉でボリューム感があり、日持ちもするため贈答用の需要も。有袋では黄緑色の地肌に淡紅色、無袋では青黄色に。食味は淡泊。10月中旬〜。貯蔵性があり5月まで出回る

POP　りんごの王様 贈答品にも

サンふじ
ふじの無袋栽培。甘みが強く蜜がたくさん入る。「サンふじ」はJA全農長野の登録商標

POP　太陽、さんさん 蜜がたっぷり！

マロンなアップル
全く陽を当てずに有袋栽培したふじ。赤くならず、生の栗の実のような、白い果皮になる。長野県のJA須高のブランドで、サンふじとペアでの「紅白販売」もある。12月頃

POP　希少ブランド 別名白い「ふじ」

りんご収穫時期一覧

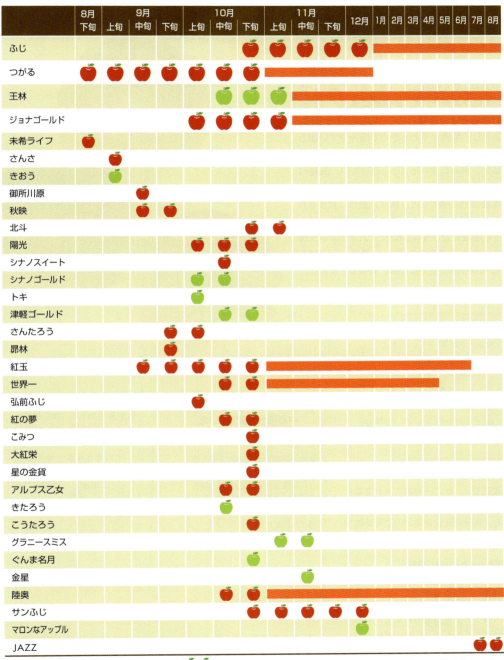

注）① 🍏 部分は収穫期で、そのあと各品種とも数週間〜1か月程度の販売期間があります。
　　② ▬ 部分はCA貯蔵庫などで長期保存される品種の販売期間です。

果物

なし Japanese pear バラ科

シャリシャリ食感の秋の定番
品種の違いや糖度も楽しみのひとつ

水分が豊富でみずみずしい。さわやかな甘さがあり、古くから日本で親しまれている。出回りは7月～12月、最盛期は8月～10月。貯蔵性がよい品種も多く、3月頃まで出回る。ただし、果肉がやわらかめで傷みやすい面も持ち合わせているため、取り扱いには注意を払い、早めに食べるよう心がけたい。品種は大きく分けて二つ。二十世紀に代表される皮が黄緑色の青なしと、幸水、豊水に代表される皮が褐色の赤なしがある。また時期によっても品種が分けられており、7月からの早生種には幸水、9月の中生種では、豊水、二十世紀、10月からの晩生では新高、新興などがある。

鮮度の見分け方
・左右の形が整っているもの
・果皮の色が、花落ちまで回っているもの
・ずっしりと重みのあるもの
・皮に傷がないもの
・軸がしっかりとしていて果皮に色ムラがないもの

最適な保存条件
家庭では、ビニール袋に入れて冷蔵庫の野菜室へ入れて保存すること。食味の変化が早いので早めに食べきること。

Q 輪切りにしたところ、中心部が褐変していた。これは病気?

蜜症と呼ばれる現象で、蜜がたまりやすい品種のなし(豊水など)に見られる。この蜜の部分は褐変しやすく、日持ちも悪いが、傷んだ所を取り除けば食べることができる。

生産動向
生産量 2017年 245,400 t
　　　 2016年 247,100 t
　　　 2015年 247,300 t

2017年生産量 上位3位
千葉 32,000t (13%)
茨城 23,400t (9.5%)
栃木 19,000t (7.7%)
その他

なし / 幸水 / 豊水　**果物**

幸水

多汁な赤なしのトップ品種

形はやや扁平だが、甘みが強く果汁が豊富なため人気が高い。生産量も安定しており、最も出荷時期の早い早生種として消費は定着している。果重は300g前後、赤なしだが、果皮の全面にコルクが覆い、地色に黄緑色がでるため、中間色にも分類される。果形は横に広がる楕円。花落ちの部分が広めで深くくぼむ特徴がある。肉質はち密で、二十世紀に比べてやわらかく、ジューシー。糖度は12度前後だが、酸味が少ないため、甘みを感じやすい。熟度が進むと芳香がたつ。出荷時期は7月〜9月。最盛期は8月下旬〜9月上旬。

| POP | ●甘み強め　果肉なめらか
●のどを潤す　果汁たっぷり |

販売アドバイス
・暑い時期に出荷されるため、晩生の品種に比べると日持ちがしない。
・甘みが強く果汁たっぷりで果肉がやわらかい。早めに食べきること。

豊水

黄金色！ 大果の主力品種

適度な酸味と甘みを併せ持つ黄金色の赤なし。幸水に勝るとも劣らない食味のよさで消費は安定しており、幸水に次ぐ主力品種。新水や長十郎の衰退に伴い、1980年代後半から生産者が増え、主力品種として定着した。出荷時期は、赤なしとして幸水に続き出荷される中生種。果重は350〜400gで大玉。果形は丸く腰が高い。肉質は二十世紀に比べてやわらかく幸水と同程度。糖度は12度前後で、酸味が適度にありさわやか。日持ちは幸水よりも優れている。収穫時期は8月下〜9月上旬。出荷時期は9月上〜下旬。

| POP | ●甘みと酸味の　バランスGOOD！
●お風呂上がりに　さっぱり果物 |

販売アドバイス
・日持ちがするが、とくに食べごろよりも少し前の熟度のものの方が、貯蔵性がある。
・甘みと酸味のバランスがよく、食べる前に冷やすとよい。

果物

新高
にいたか

超大型の晩生の代表

大型で、みずみずしい晩生の赤なしの代表品種。皮に果点が発生するのが特徴で独特の芳香がある。九州や四国など暖地が栽培適地で、糖度が上がり、肉質も日持ちも良好なものが多い。出回り時期は9月〜10月。
果重は450〜500gと大果で、大きなものでは赤ちゃんの頭ほどにもなり「なしの王様」と評される。肉質は若干ザラザラとするが、やわらかくジューシーで、糖度は11〜12度。酸味が少ないため、甘みを感じやすい。見た目の立派さから贈答用にも人気が高い。

| POP | ●上品なかおり「なしの王様」
●大型で香りよい贈り物にも |

販売アドバイス
・新聞紙に包みビニール袋に入れて、室内の涼しい場所か、野菜室に保存すると正月まで保存も。
・上品な甘みと香りで「なしの王様」ともよばれ、贈り物にも喜ばれる。

二十世紀

青なしの王道ブランド

青なしの中生の代表で、果肉はやわらかく酸味があり上品な甘みを持つ。無袋栽培ではサビが発生するが、有袋栽培で美しい緑色に。現在流通している多くの品種の親になっている。読み方は「にじっせいき」が一般的。
果重は300g程度、果形は整った円形で果肉はち密でやわらかい。収穫時期は9月上〜下旬。無袋栽培は「サンセーキ」「サン世紀」という名で出回る。ちなみに、名前で混同されやすい「ゴールド二十世紀」は、二十世紀の改良品種。「サンゴールド」はその無袋栽培のなしである。

| POP | ●さっぱり酸味に固定ファン多し
●なし本来のシャキシャキ感 |

販売アドバイス
・皮の色が緑の時はシャキシャキ感が強く、だんだん黄色を帯びるにしたがって甘みが増す。
・さっぱりした酸味に昔からの固定ファンが多い。

新高 / 二十世紀 / あきづき / 南水　　果物

あきづき

食味、日持ちとも最上級！

シャキシャキとした歯ごたえで甘みも強く、現在の品種の中で最高の味ともいわれる。農研機構果樹研究所が、「162―29（新高×豊水）」に幸水を交配して育成し、2001年に品種登録された。やや晩生種の赤なしで、かけ合わせた主要3品種の優れたところを併せ持つとされ、近年人気が高い。

果形は豊円形で、月のように見えることから「あきづき」と命名。果重は500g前後で豊水より大果となるが、新高よりは小さめ。果肉はち密でやわらかく、ジューシーになる。糖度は12～13度で酸味は弱いため、濃厚な味に感じる。

収穫時期は関東地域で9月中旬～10月上旬。日持ちは室温条件下で10日～2週間。東北から九州の産地にも適しており多収性なことから、今後の主力品種として有望視する産地が多い。

POP
- 和なしのサラブレッド
- プロ注目の食味 一度食べてみて

販売アドバイス

・なし本来の甘さを引き立てるため、冷蔵庫で冷やす場合は2時間程度にとどめること。
・優良品種を組み合わせた和なしのサラブレッドと評される。

南水

甘さ際立つ有望品種

糖度が高い大型の中生の赤なし。比較的に日持ちがするため、贈答にも好まれている。

豊水の後継として長野県南信農業試験場で生まれた越後と新水の交配種。名前の由来は、南信試験場の「南」と新水の「水」から名づけられた。

果重は豊水とほぼ同じくらいで、350～400g。大玉になり、中には500g近くなるものもある。皮がやわらかいため、袋をかけて栽培される。形状は少しボコボコした感じがあるが、果肉の色は雪を思わせる白さで、カットの見た目がよい。糖度は14～15度ほどになり、甘みが強く、酸味が少ない。またやわらかくジューシーさも特徴。貯蔵期間は2週間くらいで幸水や豊水と比べて日持ちする。出回りは10月で、幸水、豊水に次いでリレー販売も可能。長野県での生産が多い。

POP
- 日持ち良し 贈り物にも
- あふれる果汁 甘さも抜群

販売アドバイス

・皮が傷つきやすいため、丁寧に取り扱うこと。冷蔵の保存で3か月ほど持つ。
・日持ちに優れるため、贈り物にも喜ばれる。

果物

なし品種紹介

新興梨（しんこうなし）
超大型の赤なし。歯ごたえはややややわらかめで、果汁も多い。9月〜10月

POP 甘くてやわらかい ジャンボなし

彩玉（さいぎょく）
埼玉県のオリジナル品種。大果で果汁が多く、香りもよい。8月下旬〜9月上旬

POP ほのかな甘さの 埼玉オリジナル

秋麗（しゅうれい）
2003年に品種登録された新品種。糖度が高く香りもよいことから人気が高まっている

POP 人気のホープ 驚きのジューシーさ

長十郎
昭和初期に関東で栽培が多かった赤なしの代表。8月下旬〜9月上旬

POP 歯ごたえ抜群 昔懐かしい梨の名品

愛宕梨（あたごなし）
甘くみずみずしく、平均1kgにもなる大果の赤なし。日持ちもよい。11月中〜下旬

POP 繊細な甘さ 歯ごたえサクサク！

なつしずく
円形で形がよく、甘みが強めの青なし。施設栽培もあり、7月頃〜8月末

POP しっかりした甘み 美形の青なし

なし品種紹介　**果物**

王秋（おうしゅう）
果形が縦長。やや酸味があり、果肉はやわらかい。日持ちもよい。10月中旬〜11月中旬

POP　食感なめらか 甘さも上品

香梨（かおりなし）
大果の青なし。さわやかな香りが特徴。9月下旬〜10月中旬。品種は「平塚16号」で神奈川県で生まれた

POP　りんごのような甘みと さわやかな香り

にっこり
栃木県が育成した、通常の約2倍もある大玉。甘くジューシー。11月上〜中旬

POP　海外で人気 ビッグでジューシー

コラム　「便利グッズ」とセットで販促

近年果物は、味のよさのほかに「食べやすさ」も重要なポイントとなっている。特に「種なし」で「皮ごと」食べることができるものは、その手軽さから好まれる傾向にある。そのため、売り場においても、その「手軽さ」に焦点をあて、POPや接客などで積極的なアピールすると訴求力も高まりやすい。

では、皮むきやカットが一般的な「りんご」や「なし」の場合はどうするか。直販などでは、写真のような「りんごカッター」などを一緒に販売する例もみられる。このカッターは、りんごの上の部分にセットし、手で押し込むだけで、芯を抜き8等分にできる優れもの。女性や子供の力でも使うことができるだけでなく、小ぶりのなしや、西洋なしなどにも応用できることも魅力だ。このような便利グッズは、アボカドやマンゴーなど、他にも様々なものがある。

売り場づくりのヒントは青果以外の商品にもある。常に情報収集をしていこう。

果物

西洋なし Pear バラ科

食べごろの見極めが美味しさのキメテ

日本なしと異なり、とろけるような果肉と芳香が特徴。りんごなどの果樹と同じく明治初期に欧米から導入された。しかし栽培や追熟の知識が乏しく、普及は一部の県にとどまり、その多くは加工用にされていたという。その後、1970年代に加工需要が低迷したことから生食への取り組みが本格化。現在の主流でもあるラ・フランスの導入により、秋の味覚として定着し、生産、消費とも一定水準を維持している。食べ頃の見極めが難しいとされ、産地で一定期間低温に当ててから追熟を行い、出荷されることが多い。近年は香気成分で色が変わり食べごろが判定できる「ライプセンス」と呼ばれるラベルも開発されている。生食用の品種は晩秋から冬にかけて食べごろになるものが多い。主流は10月半ば頃から出回るラ・フランス。全体としてみると、8月末から出回るバートレット、12月から出回るル・レクチェなど、品種が変わりながら8月～翌4月頃まで出回る。

ラ・フランス
主力品種。果肉はち密でジューシー、特有の芳香がある。10月～12月

POP 固定ファン多しなめらかな食感

ル・レクチェ
濃厚な甘みと芳香がある。果皮は鮮やかな黄色。出回りは12月上旬

POP 芳醇なあじわい洋なしの貴婦人

鮮度の見分け方
・果皮に傷のないもの
・持った時に重さを感じるもの
・果皮がしっとりと手になじむもの（食べごろの時期）
・香りのよいもの

最適な保存条件
家庭での保存は、食べる分だけを室温に置いて追熟を進める。しばらく保存しておきたい場合は、紙袋や新聞紙に包み冷蔵庫の野菜室に入れて追熟を抑えるようにするとよい。その後も追熟は常温で行う。

食べ方のアドバイス
・枝つきに近い部分よりも花落ちの部分のほうが甘く濃厚な味わいのため、縦切りにすると平均的に切り分けることができる。
・カットした後は褐変しやすいので、食べる直前にむくとよい。

栄養＆機能性
腸の働きを助け、便通を良くする食物繊維を日本なしよりも多く含む。またヘモグロビンの合成を助けたり、鉄の吸収を良くする働きによって貧血予防効果が期待される銅も含まれる。

銅　食物繊維　カリウム

西洋なし　果物

販売アドバイス

- 豊かな香りが食べごろのめやす。室温にしばらくおき追熟させること。
- 追熟中のよい香りも、食べるまでの楽しみとなる。
- 食べごろのものは、果皮や果肉が傷みやすいのでフルーツキャップをつけて保存する。
- 傷があると追熟中に腐ってしまうので、保存する際は取り扱いに注意をはらうこと。
- 多くの場合、産地出荷後1週間ほど追熟し、売り場に到着する頃には食べ頃の5日前になっていることが多い。すぐに食べるのではないことを生活者にしっかりと伝えること。
- 切ってみて果肉が硬かった場合は、サラダなどに利用するとよい。ベビーリーフなどと合わせ、オリーブオイルとレモン汁、こしょうでシンプルに味付けするのがおすすめ。ワイン煮にしてもおいしい。
- 硬いときに長期保存をしたい場合は、シロップ煮やジャムにしてもよい。シロップ煮は密封容器に詰めて冷蔵庫に入れるとよい。
- 生クリームとの相性もよく、イチゴの代わりにショートケーキの材料にも合う。
- ブルーチーズとワインのおつまみにしてもよい。
- デザートだけではなく、ハムやチーズなどの塩味の効いたものにも合うため、ピザのトッピングにして焼いてもおいしい。

Q 追熟が終わり外皮に異常はなかったが、半分に切ったら果肉の内部に褐変が見られた。食べても大丈夫？

食味が悪いので、食べるのには適さない。産地での収穫が遅れた場合や、肥料過多、カルシウム欠乏などから起こる現象。外部からの見極めが難しいため、産地の情報を把握しておくことが重要である。

生産動向

生産量	2017年	29,100 t
	2016年	31,000 t
	2015年	29,200 t

2017年生産量 上位3位

市場シェアと出回り時期

コラム　西洋なしでランタンづくり

廃棄される西洋なしを使ったハロウィンのランタン（西洋ランプ）作りが、食育やハロウィンイベントに活用されている。これは新潟大学の「ル・レクチェ」を研究する園芸学研究室の学生たちが、2008年ごろからはじめた取り組み。

ル・レクチェはお歳暮などの贈答用に人気の西洋なしで、10月末のハロウィンの時期に収穫され、追熟後11月ごろから販売される。しかし売り物になるのはごく一部で、収穫前に落下したり、傷ができたものは追熟過程で腐敗してしまうため、全て廃棄されるという。この廃棄なしを「捨てるだけではもったいない」と、同研究室の学生がランタンに加工して学内に飾ったのがはじまり。果実は適度な硬さがあり、子供でもスプーンなどで

くり抜くことができ、西洋なしの生育を知るきっかけにもなることから、首都圏での食育などにも活用されている。

果物

西洋なし品種紹介

ゴールド・ラ・フランス
皮はゴールドで、味はラ・フランスに似る。11月上旬～12月上旬

POP 鮮やかな黄金色 クリスマスギフトに

ウインターネリス
果肉のなめらかさ、糖酸のバランスが良い品種。やや渋みがある。秋田、山形、長野で少量栽培されて12月～3月くらいまで出荷される

POP 白くなめらか さわやかな西洋なし

シルバーベル
甘みと酸味が比較的強く、追熟すると緑色から黄色になる。10月下旬～

POP 皮の黄色が食べ頃目安

オーロラ
茶褐色のサビがあり、果肉はとてもなめらかで酸味が少ない。9月上旬～

POP 食べごろは 褐色→黄金色

コミス
クリーミーな口当たりで芳香があり、食味が非常に良い。10月上旬～

POP 欧米の最高級品 黄色が食べ頃

リーガル・レッド・コミス
果皮が赤くなる新品種のコミス。食味は濃厚で香りも良い。10月頃

POP 赤皮の新品種 極上のあじわい

西洋なし品種紹介　　　果物

コンファレンス
糖度が高くあっさりしている。青いうちでもサクサクとした食感が楽しめる。10月頃〜

> **POP**　まろやかな食感 際立つあまさの品種

レッド・バートレット
バートレットの枝変わり。味はバートレットに同じだが皮がほんのりと赤くなる。9月頃〜

> **POP**　薄紅をさした キュートな洋なし

バラード
バートレットとラ・フランスの交配種。糖度が高い。10月頃〜

> **POP**　甘さ最高 黄色が食べ頃

カリフォルニア
大型の洋なし。ほんのり赤く色づく。味は淡泊でさわやか。10月〜

> **POP**　後味さっぱり コンポートにも

コラム　果実酒のつくりかた

【1リットル分の材料と手順】
- 果　物：500g
- 氷砂糖：フルーツの重さの20〜50%
- 焼　酎：900ml

※レモンは好みで　皮をむき半個分

① 果物をよく洗い、ヘタなどを取り除いて、布巾などで水気をふき取る
② 保存びんに①と氷砂糖を入れ、焼酎を注ぐ
③ 3か月ほど冷暗所で保存して出来上がり。レモンを入れた場合は、1週間後にレモンを取出すこと

果実酒は果物、焼酎、氷砂糖を漬けるだけで簡単に作ることができる。基本のレシピを参考に、材料を変えてみるなど、家庭で楽しく作れることをアピールしてみよう。

◎もうひと工夫　氷砂糖をグラニュー糖に！
梅などの皮のしっかりした果物には氷砂糖、イチゴなど皮のやわらかい果物にはグラニュー糖を使うときれいに漬けあがる。

◎ホワイトリカーがおすすめ！
焼酎は36度以上のホワイトリカーがおすすめ。お好みでウイスキーやブランデーなども使える。いろいろ試すのも手作りの楽しさ。

果物

かき Japanese persimmon カキノキ科

硬さと熟度に好みあり
カロテン、ビタミンにも注目

柿色といわれる独特な色とやさしい甘みで、古くから日本人に親しまれている。歯ごたえの硬いものとやわらかいものと好みが分かれるが、近年は硬めのものが好まれる傾向にある。10世紀ころから栽培の歴史があり、江戸時代に品種が多く生まれた。現在は1000種類にものぼるともいわれ、地方品種も多い。品種は大きく分けて3つ。受粉に関係なく渋が抜ける完全甘柿（富有など）、受粉で種ができることにより渋が抜ける不完全甘柿（西村早生など）、受粉しなくても結実する単為結果で渋抜きが必要な渋柿（平核無など）がある。

鮮度の見分け方
・果面、果頂部に褐変のないもの
・ヘタの変色や乾燥がないもの。緑色のものがよい
・重量感があるもの
・色が鮮やかなもの

食べ方のアドバイス
・渋は25度以上の焼酎をヘタに塗りつけて、厚めのポリ袋に入れて常温で保存。約1週間で渋が抜ける。

・だいこんなますにしたり、酢の物やサラダにも合う。その場合は硬めのかきを選ぶとよい。

最適な保存条件
家庭での保存はポリ袋に入れて野菜室へ。市場出荷される渋柿の多くは、アルコール脱渋加工、炭酸ガス脱渋されている。その場合の保存期間は15〜20℃で7〜10日程度。

栄養&機能性
渋み成分のタンニンはアルコールを分解する働きがある。また、カロテンやビタミンC、カリウム、抗酸化作用があるβ-クリプトキサンチンなども含まれている。

POP
● 柔らかくなったら冷凍シャーベットに
● ヨーグルトソースでサラダにもぴったり
● 日本の秋の味覚 栄養もたっぷり

Q 渋抜きをしたかきを使ってジャムを作ったら、また渋くなってしまった。

加熱による「渋戻り」という現象。渋抜きは渋の成分であるタンニンをアルコールにより変化させ、舌に感じにくくさせるもの。渋そのものが消えるわけではない。ジャムにするために加熱すると、変化させたタンニンが元に戻り、渋みを感じるようになる。加熱するならば、完全甘柿を使用したほうがよい。

かき/富有　**果物**

販売アドバイス

- かきはヘタで呼吸しているため、濡らしたティッシュをヘタにかぶせておくと、熟度の進行を抑えることができる。その際はヘタを傷をつけないようにすること。ヘタが傷んでいると上手に渋が抜けないので、傷つけたり、取り外さないように注意する。
- やわらかくなったらそのまま冷凍してシャーベットにしてもおいしい。
- ヨーグルトソースでフルーツサラダにするのもおすすめ。

生産動向

生産量　2017年　225,300 t
　　　　2016年　232,900 t
　　　　2015年　242,000 t

2017年生産量 上位3位
- 和歌山　47,500t（21.1%）
- 奈良　32,800t（14.6%）
- 福岡　18,000t（8%）
- その他

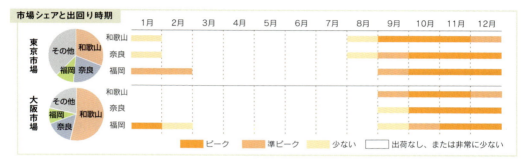

市場シェアと出回り時期

凡例：ピーク／準ピーク／少ない／出荷なし、または非常に少ない

富有

ロングセラーの甘柿

甘柿の代表品種で、果重は200g前後でふっくらとしている。果皮は橙紅色、光沢があり果粉（ブルーム）が多い。肉質はややち密でねっとりとし、やわらかいがベトつかない。別名、居倉御所（いくらごしょ）。出回りは10月～11月。冷蔵保存物は12月～翌1月。

販売アドバイス

- 実に四本の溝があり、その溝がはっきりしていてくぼんでいるものが、種が少なく甘いといわれる。
- 次郎柿に似ているが、次郎よりもやや小ぶりでふっくらとしている。貯蔵性も高い。
- 果肉の斑点は甘さのしるし。病気ではない。

食べ方のアドバイス

- 甘さがさわやかで、適度な硬さがあるため、そのまま生食のほか、サラダなどにも使える。
- 加熱しても渋が戻らないため、ジャムなどにも向く。

POP
- 果肉の斑点が甘さのしるし
- 渋みもなくジャムに最適

215

果物

平核無
（ひらたねなし）

王道の種なし品種！

渋柿の代表品種。四角い箱型の姿で果重は180〜200g。種がないため食べやすい。渋抜き加工されたものの糖度は14〜16度前後、果肉はち密でやわらかく果汁も多い。独特の風味があり、果皮はなめらかでツヤがある。10月〜11月が最盛期。

販売アドバイス
・新潟で「八珍」、山形で「庄内柿」、佐渡で「おけさ柿」と呼ばれる。
・渋抜き後の日持ちは7〜10日前後なので、早めに食べること。

食べ方のアドバイス
・種がなく果肉がやわらかいので、皮ごと半分に切ってスプーンですくって食べるとよい。その際は縦切りにしたほうが、均一な甘さで食べることができる。

POP
●皮をむいて干し柿にも
●スプーンでもOK 種なし柿

刀根
（とね）

早期に出回る種なし柿

奈良県で発見された平核無の枝変わり。やわらかくジューシーで、平核無よりもやや大きくなるほか、平核無より熟期が2週間ほど早く、ハウス栽培などにより7月〜11月上旬まで出回る主力品種。渋味は少なく、脱渋も容易。

販売アドバイス
・夏に出回るので、冷たくして食べるのもよい。
・種がないためカットしやすく、だいこんなますなどにも向く。

食べ方のアドバイス
・熟した刀根柿を冷凍するとシャーベットのようになる。食べる前に上部を切り取り、好みのやわらかさになるまで解凍して食べるのがおすすめ。

POP
●いち早く秋の味 種なしで食べやすい！
●夏にさっぱり「柿なます」

平核無 / 刀根 / かき品種紹介　果物

かき品種紹介

早秋
8月から収穫される完全甘柿。四角い形で甘みが強い。早生のなかでも日持ちがよく、流通しやすい

POP 日持ち良い 極早生品種

次郎
完全甘柿の代表。種は殆どなく歯ごたえの良い食感。ハウスが9月中旬から出回り始め、ピークは11月

POP 果肉しっかり 歯ごたえを味わって

西村早生
最も早い不完全甘柿で8月下旬から出回る。褐斑が非常に多く、硬め

POP 甘ささっぱり 硬めで人気

太秋 (たいしゅう)
富有の血をひく完全甘柿。歯ごたえがよい。出回りは富有よりも早い10月中旬〜

POP サクサクで 富有のような甘さ

筆柿
果形が筆の穂先に似ているため、この名がついた。不完全甘柿。9月中旬〜

POP カリッと 歯ごたえばっちり

富士柿
大きな釣り鐘形の渋柿の一種。甲州百目の枝変わりともいわれる。愛媛県原産で、主に干し柿に。11月上旬〜

POP ビッグサイズ 食べ応え抜群

217

果物

かき品種紹介

紀ノ川
平核無を木になったまま渋抜きする方法で栽培したもの。10月下旬〜

POP 濃厚な甘み 黒い種なし柿

太月（たいげつ）
中生の不完全甘柿。果実の重さは450ｇ程度と大きめ。果肉はやわらかく多汁。11月〜

POP 甘くやわらか 見栄えも抜群！

太天（たいてん）
晩生の不完全甘柿。果実重500ｇほどで富有の2倍程度になる。果肉はやや粗いが多汁。11月〜

POP シャキッとしたジャンボ柿

貴秋（きしゅう）
晩生完全甘柿。果皮が濃い橙色になり、ジューシーでシャキシャキ感がある。10月〜

POP 果肉しっかり 鮮やかな色の甘柿

甘秋（かんしゅう）
晩生の完全甘柿。果皮は橙色で、甘みが強く日持ちもよい。果実重は200ｇ程度。10月〜

POP 甘柿の中でも抜群の甘さ

シャロンフルーツ（イスラエル産）
品種ではなくイスラエル産の渋柿の総称。小型で皮がやわらかい。2月上旬〜

POP 欧米で人気 皮ごと食べる柿

かき品種紹介 / 干し柿　　　　果物

干し柿　Hoshigaki　カキノキ科

ぎゅっとつまった甘み
干し方で食味もさまざま

年末の贈答品、正月の商材として需要が多い。仕上げ方法により、枯露(ころ)柿、串柿、あんぽ柿など名称が異なる。乾燥方法は、皮をむいて天日乾燥、火力乾燥、および両者の折衷法がある。出回りは11月〜3月で、12月〜1月がピーク。

あんぽ柿
渋柿を水分50％程度に乾燥させたもの。とろりとした舌触りが特徴

鮮度の見分け方

・水分25〜30％の枯露柿は、白い結晶が全体的についており、しっかりと身のしまったものがよい
・水分50％のあんぽ柿など軽めに干した「甘干し」は、鮮やかな橙色で、やわらかさのあるものがよい

最適な保存条件

乾燥が進んで白い粉が発生したものは、水分が少なく糖度も高いので1〜2か月の保存が可能。あんぽ柿など水分が多い半乾燥の甘干しは、15〜20℃で5〜10日。

枯露柿
すだれなどの上で転がしながら乾燥させる。表面は果糖で白くなっている

富山干柿
三社柿という大型の干柿用品種を使用したつるし柿。300年の歴史がある

販売アドバイス

・寒い地方はビニール袋に入れて常温で保存。暖かい地方の場合は、冷蔵庫での保存がよい。冷凍することも可能。
・干し柿についている白い粉は、柿の糖分が乾燥して濃縮され、結晶化したもの。
・まれに黒色の強い干し柿があるが、これは霜に当たるなど乾燥状態によるもので、カビなどの異常ではない。

食べ方のアドバイス

・トースターなどで少しあぶるとやわらかくなる。

・水分の多いあんぽ柿などは、ハム、チーズ、フォアグラといった動物性のたんぱく質のものにも合うため、細かく切って、前菜などに使うのもよい。

・加熱するとやわらかくなる。衣をつけて、天ぷらやフライにしてもおいしい。

・水でやわらかく戻せば、なます、ケーキの材料にも。

・魚などを煮る際に一緒に入れ、煮物の甘み付けにも。

POP
●加熱するとやわらかに
　天ぷらも絶品
●天然のお菓子
　お茶うけにどうぞ

生産動向

生産量	2015年	10,560 t
	2014年	6,318 t
	2013年	5,067 t

2015年生産量 上位3位

その他 891t (8.4%)
富山 福島 1,297t (12.3%)
長野 5,787t (54.8%)

果物

ぶどう Grapes ブドウ科

大きさ、色、品種が多様
種なし、皮ごとが人気に

世界で親しまれるつる性の果樹で、生食のほかワイン、干しぶどうなど用途が広い。品種はワインに適したヨーロッパ系、耐病性のあるアメリカ系がある。生食用は両者の交雑種が多く、多くの品種が生まれている。その中でも近年、急激に需要が伸びているのが皮ごと食べられる品種で、特に果粒が緑の青系品種が人気。店頭では青系のほか果粒が紫黒の黒系、赤紫の赤系と揃えて併売していることが多い。輸入を含めた出回りは4月末〜12月初旬まで。国産は7月〜10月下旬、ピークは8月〜9月。

鮮度の見分け方

・果梗部、穂軸が緑で粒にしわがないもの
・全体に色づき、ブルームが出ているもの

食べ方のアドバイス

・皮ごと冷凍して、シャーベットのように食べられる。

・ジュースにしても。作り方は、房から取って洗い、搾ってこしたものにレモンとハチミツや砂糖を加える。

最適な保存条件

最適温度は0℃、湿度は85〜90%。カビの発生は低温ほど抑えられる。穂軸の褐変や脱粒の防止にはフイルム包装、低酸素、高炭酸ガスの条件を作り出すこと。

Q 果皮に白い粉がふいていたが、この粉は何？食べても大丈夫？

ブルームといわれる果物自体から分泌される成分で、白い粉となってぶどうの表面に付着している場合が多い。他に、石灰ボルドー液の散布が残存することも考えられる。よく洗えば問題はない。

生産動向
生産量 2017年 176,100 t
2016年 179,200 t
2015年 180,500 t

2017年生産量 上位4位
山梨 43,200t (24.5%)
長野 25,900t (14.7%)
山形 16,700t (9.5%)
岡山 16,700t (9.5%)
その他

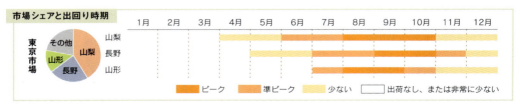

220

ぶどう / 巨峰 / デラウェア / ピオーネ　　果物

巨峰

濃厚なぶどうの王様

果皮は紫黒色で粒が大きい。糖度も高くジューシーで食味が優れている。岡山産の石原早生とオーストラリアのセンテニアルの品種のかけ合わせ。出回りは4月～10月。最盛期は9月。

販売アドバイス

・房の上の日が当たる部分が一番甘くなっている。皮には渋みがあるので、皮を取り除くとよい。

POP　皮むきしやすい大粒ぶどう

デラウェア

種なしぶどうの代表

小粒ながら味は濃厚で、皮の実離れがよい。ジベレリン処理により種なしの生産技術が確立。4月下旬からハウスものが出回り、6月上旬に無加温もの、さらに露地ものが9月まで出荷される。

販売アドバイス

・洗うのは食べる直前に。流水に5分ほどひたして、その後ふり洗いするとよい。

POP　つるっとむけてちびっ子も大好き

ピオーネ

大粒で甘い黒い真珠

巨峰に似ているが果肉はややしまり、糖度は17～18度で食味はよく、「黒い真珠」と呼ばれブランド化された例もある。ジベレリン処理による種なしピオーネも。5月から出回り、12月まで出荷される。

販売アドバイス

・皮がややむきにくいが、皮の近くに甘みがあるので、皮ごと食べるのがおすすめ。

POP　日持ちよく贈答に人気

果物

シャインマスカット

高糖度の種なしマスカット

芳香があり強い甘みがある。またマスカットには珍しく種がないため、人気急上昇の品種。6月下旬からハウスものが出回り、露地で10月まで。ピークは8月中旬。

販売アドバイス
・食べる前に2時間ほど冷やすと、さらに甘みを感じやすくなる。冷やしすぎに注意。

POP 甘みしっかり
皮ごと食べる人気ぶどう

アレキサンドリア

温室で栽培される贈答品

大房系で黄緑色、独特の甘みと芳香で贈答用に必須のぶどう。正式名は「マスカット・オブ・アレキサンドリア」。出回りは6月〜11月であるが、7月〜10月の入荷が多い。

販売アドバイス
・エジプト原産の品種で、世界三大美女のクレオパトラも好んで食べたといわれ「果物の女王」とも呼ばれている。

POP 高貴な香り
贈り物に間違いなし

キングデラ

大阪生まれの高級品種

マスカット系の香りで皮離れもよく種なしで食べやすい。500gにもなる大房型を240g未満に仕上げ、ハウス物は高級品として4月中旬〜7月下旬、露地は8月に少量出回る。

販売アドバイス
・デラウェアの血を引くレッドパールとアレキサンドリアとの交配種。山梨、山形県で生産が多いが、大阪狭山市生まれ。

POP 高級な種なしぶどう
芳香を楽しめます

シャインマスカット / アレキサンドリア / キングデラ / ナガノパープル / 甲斐路 / キャンベルアーリー　　果物

ナガノパープル

長野県のオリジナル品種

長野オリジナルの早生品種。さわやかな甘みがある。巨峰やピオーネに比べてやや小さいが皮ごと食べられるので手軽。9月上旬〜下旬。

販売アドバイス

・皮ごと食べられるため、皮に多いポリフェノールも摂取できると期待されている。

| POP | 皮ごと食べる 種なしブドウ |

甲斐路

皮がプリプリの赤ぶどう

橙赤色の長卵形で果肉はしまっている。甘みが強く酸味は少ない。主力商品ではないが、赤系の大粒の大衆品種として定着している。出回り時期は9月〜10月で、9月が最盛期。

販売アドバイス

・うま味と甘みは皮のところにあるので皮ごと食べるとよい。
・日持ちするので、お土産などに好まれている。

| POP | 豊かな風味 赤いマスカット |

キャンベルアーリー

昔懐かしい酸味

皮は紫黒色で厚く、果肉からはがれやすい。糖度は14〜16度と高くないが、さっぱりとしている。アメリカぶどう特有の香りを持つ。成熟期は早くなく、8月中〜下旬。

販売アドバイス

・色が濃く、酸味もあるため、加工調理に向く。
・ワインの原料になるほか、手づくりジュースやジャムにも。

| POP | 色をいかして 皮ごとジャムに |

果物

ぶどう品種紹介

瀬戸ジャイアンツ
大粒で薄皮の種なしぶどう。岡山県産などは、「桃太郎ぶどう」での販売も。9月末

POP パリッとはじける 極薄の皮

ルビーロマン
赤系ぶどうでは国内最大級で、粒の大きさは巨峰の約2倍。石川県オリジナル。8月下旬〜9月中旬

POP 石川県の宝石 大粒高級ブドウ

クイーンニーナ
大粒で強い甘み。2009年に登録された品種。9月下旬〜10月上旬

POP 大粒で高糖度 注目の品種です

ロザリオビアンコ
緑白色でやや楕円形の大粒。糖度は20度を上回る。収穫は山梨県で9月

POP 透き通る緑色 薄い皮ごと食べて

ハニービーナス
甘みが強く、マスカットより濃い香りがする。皮ごと食べられる。8月下旬〜

POP 濃厚な香りはマスカット以上

ベリーA
大房で濃紫色、酸味もあり濃厚。種なしのものは「ニューベリーA」で流通。8月〜10月

POP ワインにもなる 濃厚な風味

ぶどう品種紹介　　果物

サンヴェルデ
果粒は平均 14g と大粒。歯ごたえよく、薄い皮ごと食べられる。8月下旬～9月上旬

| POP | しまった果肉 皮も渋みなし |

サニールージュ
鮮やかなルビー色。中型で濃厚な味。宮崎が主産地。7月～8月

| POP | お子様も食べやすい ひとくちサイズ |

黄玉（おうぎょく）
黄緑色で高糖度の大粒。ジャスミンのような香りがする。8月中旬～下旬

| POP | 癒やされる香り 贈り物にどうぞ |

ブラックビート
甘みと酸味が適度に残るため濃厚。極早生の黒ぶどう。7月下旬～出回り、お盆前に販売できる

| POP | 巨峰より早い 大粒の極早生 |

藤稔（ふじみのり）
黒系の大粒品種。果肉はやわらかでジューシー。皮離れもよく人気上昇中。8月中旬～9月中旬

| POP | 大粒の果肉から あふれる果汁 |

翠峰（すいほう）
楕円形で大粒の白ぶどう。渋みが少なくすっきりとした甘さ。8月中旬～

| POP | 甘みさっぱり 美しい翡翠色 |

果物

ぶどう品種紹介

甲州
江戸時代から流通していた日持ちのよいぶどう。ワインの原料にも。9月下旬～10月下旬

POP 江戸から続く 往年の名品

アウローラ21
緑色に赤みがさし、皮も食べられる。生産量は少ないが、有望種。8月～10月中旬

POP ほお紅がさす 貴重な大粒品種

オリエンタルスター
種なしで紫赤色の大粒。サクッとした果肉で多汁。栽培地により濃紫色になる。8月末～

POP 濃く美しい紫 大粒ぶどう

紫苑（しえん）
晩生で糖度の高い希少品種。大粒で種なし。10月中旬～12月中旬

POP 高糖度の冬ブドウ お歳暮ギフトに

グローコールマン
果粒は淡紫黒色で、甘み、酸味とも控え目。保存性は低い。11月頃～

POP 気品ある味わい 冬の贈り物に

クリムゾンシードレス
シードレスという名の通り、種がほとんどない。皮がしっかりめで、甘みがありジューシー。カリフォルニアで開発された品種

POP 皮ごとパクっと 手軽でジューシー

ぶどう品種紹介　　　果物

レッドグローブ
皮ごと食べられる輸入ぶどう。アメリカ産は9月〜11月、チリ産は2月〜6月

POP　皮ごと食べられる 大粒ブドウ

マニキュアフィンガー　ゴールドフィンガー（右）
細長い指をおもわせる形。果皮が薄く、サクサクとした食感が特徴。渋みがなくコクがある。9月上中旬

POP　プリッと食感 皮もやわらか

ゴルビー
大粒種なし、鮮やかな赤色で甘みは上品。ソ連のゴルバチョフ元大統領の愛称にちなんだ。8月中旬〜

POP　大統領にちなんだ 迫力の大粒

スチューベン
紫黒色のアメリカの品種。9月〜翌2月に出回るが、12月頃の東北産が良品

POP　甘みと酸味が濃厚 日持ちもします

ルビーオクヤマ
マスカットオブイタリアの突然変異。マスカットの香り。9月上旬〜中旬

POP　甘みさわやか 赤いマスカット

トンプソンシードレス
種なしの白ぶどう。価格が手ごろな上、皮ごと食べられる手軽さによって近年人気がある。酸味があり、さわやかな風味が特徴

POP　さっぱり系の 種なしぶどう

果物

いちご Strawberry バラ科

見た目と栄養に優れる才色兼備フルーツ

さわやかな甘みとやさしい香りで万人に好まれる。全体の果物消費は低調に推移しているが、いちごの消費は比較的好調。品種は、昭和30年代に主力品種の福羽からダナーに移行して以来、約10年サイクルで主力品種が変化している。それに加え、最近は主産県ごとに新品種を育成し、品種数が増えている。同品種でも産地によってブランド名が異なっている場合があるため、それぞれの産地と品種特性をつかむことが重要。出回りは12月〜翌9月。最盛期は2月〜3月。夏秋には主に業務用としてアメリカ産が輸入されるほか、国産も出回るようになっている。旬は、ハウスで12月〜翌4月。露地物は5月〜6月。

POP
- ビタミンCたっぷり朝食フルーツに
- すりつぶしていちごドレッシング
- マリネにすればおしゃれオードブル

鮮度の見分け方
・果皮にツヤがあるもの
・ヘタが濃緑のもの
・形が整っているもの
・全体的に色がのっているもの
・傷のついていないもの

最適な保存条件
家庭での保存はパックのままでもよいが、できるだけ平たい容器に重ならないように並べ、ラップをかけて冷蔵庫の野菜室で保存する。洗わないほうが傷みにくい。保存性は期待できないのですぐに食べること。

食べ方のアドバイス
・生でそのまま食べるほうが本来の味を堪能できるが、酸味が強い品種はコンデンスミルク、ホイップクリームなどをつけると酸味が抑えられる。

・酸味のあるいちごは、つぶしてサラダのドレッシングにしてもおいしい。

・バルサミコ酢とはちみつでマリネにしても。

・ジャムやソースなどにも向く。レンジでの簡単な作り方は、1パックに対しグラニュー糖150gをまぶしレモン汁をふって、ふんわりラップをかける。6分ほど加熱し、取り出してよくかき混ぜ、ラップをせずに6〜8分加熱すればよい。コツは汁があふれ出ないように目を離さないこと。

栄養&機能性
ビタミンC、アントシアニンなど抗酸化作用のある成分を含む。洗うだけで簡単に食べることができるので、摂取には最適な果物といえる。

いちご　　　　　果物

いちご品種紹介

とちおとめ
鮮紅色で酸味と甘みのバランスがよくジューシー。また日持ちするため根強い人気がある

> **POP**　安心の品質　王道ブランド

あまおう（福岡県）
福岡県の登録商標で、品種名は「福岡S6号」。果皮は濃赤色で果肉も赤め。大果で贈答用として人気

> **POP**　あかい・まるい・おおきい！プラスうまい！で「あまおう」

Q 表面にラード状の物質が付着していたが、食べても大丈夫？

これは「ボト」と呼ばれ、本来は産地で腐敗果として廃棄されるもの。白い部分を深めに取り除けば害はないが、味は落ちている。ハウス内の水蒸気が天井に結露し、露がいちごの表面に落下し、そこが傷んで白く斑点様になったものである。

Q いちごの葉が赤いが、着色料でも使用しているのでは？

着色料ではないため、実を食べてもとくに問題はない。葉の赤は、アントシアニンというフィトケミカルで、植物には普通に含まれるもの。原因は様々あるが、栽培時に窒素肥料を過剰に与えると起こる「枯れ上がり」と考えられる。

販売アドバイス

・収穫後は熟度が急速に進む。果皮がやわらかいため傷がつきやすく、傷から腐敗が進行するので、一度に食べないときは腐敗果や傷がないか注意をし保存するとよい。
・洗ってからヘタを取ると水っぽくならない。ヘタを取ったら水には浸さない。
・洗い方はボウルに流水を注ぎ、いちごをしばらく浸したあと、ふり洗いをする。
・冷凍する場合は、洗ってヘタを取ってから。砂糖をまぶして冷凍すると、色は抜けるが冷凍ヤケを防ぐことができる。
・甘みはヘタより先端部分のほうが強い。そのため、ひと口で食べきれない大きさの場合は、ヘタのほうから食べるとよい。
・すりつぶしてドレッシングに加えてもさわやかな風味が楽しめる。

生産動向

生産量	2016年	159,000 t
	2015年	158,700 t
	2014年	164,000 t

2016年生産量 上位3位

栃木　25,100t（15.8%）
福岡　15,600t（9.8%）
佐賀　10,200t（6.4%）

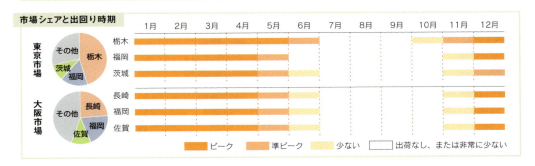

果物

いちご品種紹介

さがほのか
（佐賀県）
円錐形で揃いがよい。果皮、果肉ともに硬いため、日持ち性に優れる

POP スタイル抜群 佐賀の美いちご

紅ほっぺ
（静岡県）
大きく、甘みと酸味のバランスがよい。香りが高く、傷みにくいのも特徴

POP あまい香りに ほっぺた落ちそう

さちのか
糖度が高く、芳しい香りがする。果肉が硬いため日持ちがよい

POP あまーい香りで 幸せいっぱい

こいのか
（恋の香）
2011年登録の比較的あたらしい品種。甘みと酸味のバランスがよい。長崎県が主産地

POP 甘ずっぱさは 恋の味？

章姫
やや薄い赤色。口当たりのよい食味で大果。静岡原産で東日本で栽培が多い

POP やさしい色合い 甘くやわらか

やよいひめ
（群馬県）
3月以降の高温期でも食味良好で、日持ちもよい。甘く、酸味が少ない

POP GOODな群馬の 引き立つ甘み

ひのしずく
（熊本県）
酸味が少ないため、強い甘みになる。登録商標で、品種名は「熊研い548」

POP ジューシーな熊本生まれ

アイベリー
日本種とアメリカ種の交配。果肉も赤い。贈答用として根強い人気

POP 大きくて中も赤い プレゼントに

スカイベリー
（栃木県）
「とちおとめ」の後継種で、耐寒性があり大果。ブランド品として販売

POP いちご王国のエースブランド

ゆめのか
（愛知）
ジューシーでさわやかな酸味がある。果皮は鮮やかな赤で、果肉はやや硬め

POP 歯ごたえよく さわやかな後味

いちご品種紹介　　果物

もういっこ（宮崎県）
円錐形で大きく、紅色が強い。「もういっこ食べたくなる」ことから名付けられた

POP　ついつい手が出る 大きめいちご

ダイアモンドベリー
ヘタの近くまで甘く、あと味はさわやかで程よい酸味がある

POP　鮮やかな紅色 後味さっぱり

桃薫（とうくん）
酸味がなく甘く、もものような香りが特徴。色はピンク

POP　やさしい色で 桃の香り

あかねっ娘（ももいちご）
大粒でコクがある。JA徳島市佐那河内支所では「ももいちご」でブランド化

POP　豊かな香り とろける果肉

初恋の香り
熟しても赤くならない「白いちご」。果肉も白で、女性から注目されている

POP　糖度が高い 白いちご

越後姫（新潟県）
大粒で、肉質がやわらか。香りと甘みがある。新潟のオリジナル

POP　じっくり育てた やわらかな大粒

清香
香りは梅の花とも評される大粒のいちご。色つやが良い

POP　初梅の香り 味は濃厚

さぬき姫（香川県）
香川県オリジナル。大粒で濃厚な味。きれいな赤になる

POP　色鮮やかで 深みある味わい

すずあかね
栽培が難しい夏に採れる。ケーキ需要があるため、現在、開発が進んでいる

POP　希少な夏いちご 贈り物に

ドリスコール（アメリカ産）
やや酸味があるアメリカ産。ドリスコールは生産会社名で品種ではない

POP　大粒さっぱり アメリカ生まれ

果物

すいか Watermelon ウリ科

形、大きさが豊富
近年は色もさまざま

水分豊富で日本の夏を代表する果物。近年は大玉よりも小玉やカット売りが主流になっている。品種は多く、大きさでは大玉・小玉、形では球形・ラグビーボール形、果肉の色では赤・ピンク・黄色と様々。また、種無しも人気。出回り時期は概ね周年。球形の大玉すいかは、4月～5月が熊本産、6月～7月が関東、鳥取産。7月～8月が東北産。秋は高知や沖縄産が出回る。小玉すいかの出回りは4月～7月。

鮮度の見分け方
・果面にツヤがあるもの
・左右の形が整っているもの
・ツルの切り口が新鮮なもの
・指ではじいてコンコンと澄んだ音がするもの

最適な保存条件
家庭では丸ごとの場合、冷暗所で保存する。カットしたものは切り口をしっかりとラップに包んで冷蔵庫に保存し、早めに食べきること。冷蔵庫で冷やしすぎると甘みを感じなくなる。

食べ方のアドバイス
・半分に切って食べるが、皮と種を取り、すいかジュースにしてもおいしい。

・カットして凍らせると、シャーベットのようになる。

・果肉をくり抜いて皮を器にし、サイダーや炭酸入り果実酒を注ぎ、フルーツポンチに。

・皮は漬物にも。外皮を取り除いてから、塩で簡単な浅漬けやワインビネガーでピクルスにするのもよい。

Q 果肉に黄色いスジのようなものがあったが、食べても大丈夫？
品物としては扱えないが、その部分を切り落とせば食べることができる。このようなものは黄帯果と呼ばれ、スジの部分は糖度が低い。原因としては、接木栽培で高温乾燥の窒素過多などにより、果実の中央付近に黄色の帯状の組織があらわれることがある。

Q 黒い縞がきれいなほどおいしいといわれている理由は？
栽培や環境の乱れにより縞模様が偏ったり乱れたりするが、正常な環境で育った場合はくっきりと整った模様になる。また、収穫後、時間がたつにつれ、果皮のツヤがなくなり、模様がぼやけてくる。このことから、正常に成長し、鮮度がよいものは模様がきれいといえ、それによりおいしいと評価されている。

販売アドバイス
・種無し以外は、種が真っ黒なものが良品といわれている。
・すいかは種の近くから成熟し、中心に近づくにしたがって甘みが強くなる。
・カロテンが緑黄色野菜に並ぶほど多く、100g中830μg含んでいる。
・体内で尿を作る働きがあるアミノ酸のシトルリンを含んでいる。一度に食べる量も多く、水分も豊富なため利尿作用が期待できる。
・食べる前に2時間ほど冷やすとおいしくいただける。あまり冷やしすぎると甘みを感じなくなるので注意。
・種にぶつからないように切るには、縞を外してカットするとよい。

すいか　　果物

すいか品種紹介

ゴールド神武
大玉の早生品種。濃黄色の果肉はやわらかく、ジューシーで上品な味

ミニ太陽（小玉）
小玉で、黄色の地に濃黄色の縞模様が入る。果肉は明紅色で、シャリ感がある

ゴジラのたまご
楕円形の大玉品種で、網状の模様が入る。甘みがさわやか。北海道産

入善
15kg前後になる大きなラグビー形。富山県入善町の特産。別名「黒部すいか」

姫甘泉（小玉）
やわらかい肉質の小玉が多い中、歯ざわりがシャリシャリ。皮も薄い

POP
- 冷やした食べ頃は冷蔵庫で2時間
- 甘みさっぱりスイカジュースに
- 海や山に！キャンプのお供

生産動向

生産量		
2016年	344,800 t
2015年	339,800 t
2014年	357,500 t

2016年生産量 上位3位
- 熊本　48,700t（14.1%）
- 千葉　41,300t（12%）
- 山形　33,700t（9.8%）

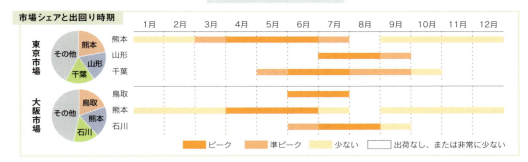

233

果物

メロン　Melon　ウリ科

気品ある香りで贈答に
手頃な価格の品種もそろう

芳香となめらかな食感で、昔から贈答品としての価値を築いている。現在は品種改良が進み、食味の良好な手頃価格のものも増えた。品種は、外見では網目のあるネット系、網目のないノーネット系の2種に分類される。この網目は果皮の肥大によってできたヒビが、かさぶたの様なコルク質に覆われたもの。また果肉の色によって、アールスメロンに代表される青肉、クインシーメロンや夕張メロンに代表される赤肉、キンショウメロンに代表される白肉に分類される。未熟果の小メロンは漬物用の野菜としても利用される。出回りは温室栽培や品種を変えて周年。本来の旬は5月～10月頃で、6月～8月に最盛期を迎える。

マスクメロン
ガラス温室で育てられた青肉のネットメロン。
麝香（ムスク）にちなんで名づけられた

鮮度の見分け方
・果皮の色が均一なもの
・ツルが太いもの
・香りがよいもの
・持った時に重みを感じるもの

最適な保存条件
家庭での保存は、熟すまでは常温で。カットしたものは種を取り出し、ラップをかけて冷蔵庫に入れるとよい。

食べ方のアドバイス
・食べごろの目安は、香りが出てきて、ツルがしおれ、果皮が青磁色からやや黄白色に変わり、花落ち部分がわずかにへこんだ時。それ以上経過すると過熟となる。

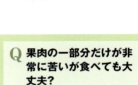

POP
● なめらかで食べやすい　ギフトにもどうぞ
● 冷やすなら召し上がる2時間前
● 冷凍して洋酒をかけても

Q 果肉の一部分だけが非常に苦いが食べても大丈夫？

ウリ科特有の苦味成分で、ヘタの部分に多く含まれるとされるククルビタシンによるものと思われる。食べても害はないが、おいしくない。

Q 過熟気味のメロンを食べたら強く舌を刺すピリピリ感があったが、なぜ？

マスクメロン、プリンスメロンなどでよくみられる現象。高糖度のものに見られ、過熟によるアルコール発酵が原因といわれている。

Q 熟すまで放置しておいたところ強い刺激臭がしたが、食べても大丈夫？

収穫後の日数が経過して古くなると、発酵し刺激臭が強くなる。害はないが、おいしくない。

メロン / アールスメロン　　果物

販売アドバイス

- 冷やす場合は、食べる2時間前から冷やすとよい。
- 花落ちの部分と種の周りが甘いので、縦にくし切り（中央から等分切り）にする。
- ジュースにする時は種の部分が甘いので、茶こしを使いこして入れるとよい。
- 残ったら冷凍してもよい。食べるときは解凍せずに、洋酒をかけて食べるのがおすすめ。
- メロンの栄養は露地の方が多い。ビタミンCは100g中露地が25mg、ハウスが18mgで、カリウムは露地350mg、ハウス340mg。

生産動向

生産量　2016年　158,200 t
　　　　2015年　158,000 t
　　　　2014年　167,600 t

2016年生産量 上位3位
- 茨城　41,600t（26.3%）
- 北海道　24,700t（15.6%）
- 熊本　21,600t（13.7%）

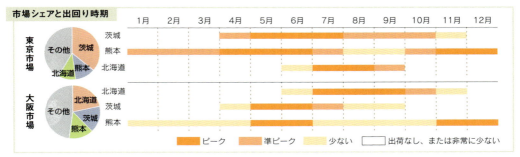

市場シェアと出回り時期

凡例：ピーク／準ピーク／少ない／出荷なし、または非常に少ない

アールスメロン

豊かな芳香の高級メロン

東京都中央卸売市場のメロン入荷量全体に占めるアールスメロンのシェアは最も高い。ただし入荷量は年々減っており、1kg当たりの単価も伸び悩んでいる。その中で主力の静岡産だけは高価格を維持。周年出回るがピークは5月〜12月。

販売アドバイス

- 店頭での熟度表示や、食べ頃目安を明確に把握しておくこと。
- 冷やしすぎると、香りと甘みを感じにくくなる。食べる2時間前くらいに冷やすとよい。

食べ方のアドバイス

- 縦のくし切りにすると、甘さが均一になる。
- 甘さと香りが高い品種なので、生のままの味わいを楽しむのが一番おすすめ。

POP
- 最高級の香り 贈り物にも
- 皮の近くまでなめらかな甘さ

果物

アンデス

小ぶりで手頃なネットメロン

小ぶりの青肉ネットメロン。糖度は13〜15度で安定しておりジューシー。ネット系大衆メロンの主力品種で日持ち性に優れる。出回り時期は4月〜7月。熊本産は4月〜5月、茨城産は5月〜6月、山形産は7月が最盛期。

販売アドバイス
- きめ細かい果肉で人気が高い品種。
- 上から見て太陽に当たった部分は少し張り出しており、甘くなっている。
- 種の周りは甘いので、こしてミルクセーキやヨーグルトに入れてもおいしい。

食べ方のアドバイス
- 果皮や花落ち（尻部）を押して、ほどよい弾力とやわらかさが出てきたら食べごろ。
- 皮と種を取り、シャーベットにしてもおいしい。

POP
- 食べ頃目安は底のやわらかさ
- きめ細かい果肉 人気のメロン

タカミ

濃厚でしっかりとした味

漢字で「貴味」と書き、味は濃厚で、肉質がち密でしっかりした歯ごたえがある。糖度は高く16〜17度と安定する。皮の色が濃い緑で灰色の細かいネットが出る。貯蔵・輸送性や日持ちにも優れる。出回り時期は5月〜8月。

販売アドバイス
- 果肉がしっかりしているので、丸くくり抜いてケーキの飾りなどにも向く。
- 赤肉もあるが外見から判断できないので、確認をしてから購入すること。

食べ方のアドバイス
- 収穫適期にはヘタの外縁部が黄白色に変わり、離層があらわれることで判断できるため、適期収穫が容易で、味にはずれがないといわれる。

POP
- 果肉もしっかり 味も濃厚！
- 食べ頃目安はヘタが黄白色になったら

アンデス / タカミ / クインシー / 夕張　　**果物**

クインシー

カロテン豊富でヘルシー

果肉は厚く、ち密で、サーモンピンクの美しい果色をもつネットメロン。カロテン臭がなく、日持ちもよい。さらに比較的価格も手ごろなため人気が高い。クインシーという名前は、クイーンとヘルシーからの造語。出回り時期は5月〜7月。

販売アドバイス

・赤い色素はカボチャやニンジンにも含まれているカロテンで、体内でビタミンAに変わる。
・ツルなしで流通するので、見分けは肩の部分がしっかりと盛り上がっているものがよい。

食べ方のアドバイス

・少し硬めの場合は、生ハムと合わせてパーティーのオードブルにしてもよい。
・牛乳とアイスクリームにあわせシェイクにしてもよい。

POP
●ハムとあわせ
　オードブルに
●日持ちする
　赤肉メロン

夕張

最高級の赤系メロン

果肉はオレンジ色で甘みが強く、果汁も豊富なネットメロン。正式な品種名は「夕張キング」で「夕張メロン」はJA夕張市の登録商標。検査に合格したものだけがブランド名を冠することができる。出回りは5月中旬〜8月上旬。

販売アドバイス

・果形がだ円で、ネットが太く浮き出て全体を覆い、ツルも青くピンと張って、手に持った時に見た目より重く感じるものがよい。
・厳格な規格があり、合格品にシールが貼られる。つややかな果肉で別名「赤いダイヤ」とも呼ばれる。

食べ方のアドバイス

・一番の食べごろは、皮の色が緑黄色から黄緑色に変わった頃。熟度の進み方が早い品種なので、食べごろを見逃さないようにすること。

POP
●夕張の名品
　赤肉系の王様
●つややかな果肉
　別名赤いダイヤ

237

果物

キンショウ

さっぱりした白肉メロン

ノーネットの黄色のなめらかな果皮が特徴で、食味は淡泊。果肉は硬く、歯ごたえがよく、日持ち性がある。漢字で「金鐘」と書き、奈良県で開発されたまくわうり（135ページ）とスペイン系メロンの交配種。出回り時期は4月～7月。

販売アドバイス
・地方によってはキンショウメロンをマクワウリと呼んでいる。
・中身はサラダに、皮はよく洗い漬物にしてもよい。

食べ方のアドバイス
・お尻の部分を強く押して、やわらかくなったら食べごろ
・さっぱりと歯ごたえのよい食味を活かし、サラダなどにしてもよい。

POP
●歯切れよい さわやか風味
●甘みあっさり サラダにも

ハネジュー（ハネデュー）

蜜の甘さの輸入メロン

白皮の青肉の輸入メロン。果肉が厚く、香りは少ないが甘みがある。また貯蔵性があるため船便による輸送にも向く。国産の端境期にアメリカ、メキシコから輸入され始め、現在ではカットフルーツの原料として周年輸入される。

販売アドバイス
・ハネジューという名前は「Honey dew（蜜のしずく）」という意味がある。
・選ぶときに振って水音がするものは過熟なので選ばないようにする。

食べ方のアドバイス
・熟すと皮が白色からクリーム色になる。
・カットのものは、果肉が褐変しておらず、乾燥していないものがよい。

POP
●甘みが強く 後味さっぱり
●食べごろ合図は 皮のクリーム色

メロン品種紹介

アムス
皮にスイカのような縞模様が出る。芳醇な甘い香りで、皮が薄くジューシー。6月〜7月

POP 皮ぎりぎりまで 甘くてジューシー

ルピアレッド
果皮の網目が細かい赤肉ネットメロン。果肉はしっかりめ。6月中旬〜9月末

POP しっかり果肉の 高級赤メロン

レノン
種子部が小さく、皮ぎわの緑色部も少ない赤肉ネットメロン。6月中旬〜7月末

POP 皮近くまで 甘みたっぷり

オトメ
皮は色がやや濃く、香りと甘みのさわやかな青肉ネットメロン。4月〜11月

POP さわやかな甘み 新年度のお祝いに

パンナメロン
きめ細やかな肉質で、糖度が平均15度と高く日持ちする。栽培がしやすい。7月ごろ

POP 日持ちよい 青肉ネットメロン

プリンス
昭和30年代から普及した露地栽培のノーネットメロン。2月下旬〜8月

POP お手頃サイズで マスクメロンの肉質

果物

もも Peach バラ科

夏にぴったりののどごし
甘みはあるが低カロリー

果肉がやわらかく、ジューシーで優しい甘みがあり贈答用に好まれる。降雨量によって品質が左右されるものの、時期の短い夏果物の主力品目として消費は好調。日本には縄文時代に中国から渡来したともいわれているが、現在の品種のほとんどは明治時代に中国から導入された天津水蜜桃と上海水蜜桃を品種改良したもの。品種の分類は、果肉の色によって分ける方法と、果実と種の離れ具合によって「離核桃」と「粘核桃」に分ける方法の2種類がある。生食用は果肉がやわらかくて多汁、酸味が少ないものが多い。雨の影響を受けやすいため、施設栽培や雨の少ない盛夏の時期の栽培量が多い。出回りは6月〜9月末頃で、7月〜8月が旬。

白鳳
皮は鮮紅色になり、果肉は白くち密で繊維が少なく、やわらかな口当たり。食味は良好だが、日持ち性がやや劣る。主産地の山梨県で7月中下旬

鮮度の見分け方
・縦、横のバランスがよいもの
・地肌がやわらかなもの
・ずっしりと重みのあるもの
・果皮に傷のないもの

最適な保存条件
家庭での保存は、熟していないものは常温で追熟させる。保存は紙袋に入れ冷暗所へ。冷蔵で内部褐変が起こるので、冷やして食べる場合は食べる数時間前にとどめたほうがよい。箱買いしたときには過湿の状態で長く放置すると腐敗の原因になるので、ダンボールのふたを開けて余分な湿気をとばすとよい。

食べ方のアドバイス
・皮は果頂部（枝についていたのと逆側）から、果軸に向かってむくとむきやすい。

・種をきれいに外して使いたいときは、果皮の溝にそって包丁を一周させた後、両手で軽く持って種を軸にねじって、ふたつに割る。次に種をスプーンで取りだし、皮をむいて切り分ける。

・品種によって種離れが悪いものもあるので注意。黄金桃は種離れがよく、白鳳はあまりよくない。

・果頂部のほうが甘いので、縦にくし形にカットすると平等に分けることができる。

・皮をむくと褐変が始まるので、切り分けたら早めに食べるとよい。

・甘くない場合は、コンポートにするとおいしいデザートにできる。また、オリーブオイルとレモン汁をかけて、サラダにするのもおすすめ。

・コンポートなど、果肉を硬いまま使いたいときは、沸騰させたお湯に10秒ほどくぐらせ氷水にとると皮がむきやすくなる。大きさで時間を加減する。

もも　　果物

栄養&機能性

ビタミン、ミネラルはそれほど多くない。カリウムが100g中180mg入っている。カリウムはナトリウムとの体内バランスを保ち血圧を下げる働きがある。

販売アドバイス

- 皮を洗う場合は、傷がつかないように優しく。表面の毛茸（もうじょう）によって水をはじきやすいので、ボウルに入れて浸しながら流水で洗うとよい。
- 葉を乾燥させたものをお風呂に入れると、あせもやかぶれなどの症状を緩和するといわれている。ももの葉エキス入りの入浴剤などは、この作用を利用したもの。
- 缶詰に利用されているももは、表面に毛茸がなく酸味が強いネクタリンが一般的。
- 「当たりはずれが多い」といわれていたが、近年は糖度センサーを通しているものも多い。価格は高いが確実で、一般的に11度以上あれば甘くおいしいと考えてよい。
- 食べごろは香りと色づきで判断をする。熟すまでは常温に置いておくこと。
- 手で持つときは指で押さえないように、手のひらにのせ、指で支えるように持つこと。
- 保存をする時は、衝撃を吸収するウレタンフォームやフルーツキャップを用いて傷がつかないように注意すること。

Q 白金色の斑点は病気?

表面にある白金色の斑点は果点と呼ばれるもの。太陽をたっぷり浴びたものに、小さい金色から白金色の点が現れる。甘みのあるももに多くみられるともいわれ、おいしさの指標にもなっている。

Q 同じ品種でも産地によって色が違うのはなぜ?

品種にもよるが「白鳳」などの場合、山間部に位置する山梨などでは紫外線が多く、昼夜の温度差が大きいため、アントシアニンの発生が促進され、色が鮮やかになるといわれている。

Q 触った手で顔を触ったら痒くなってしまった。かぶれることがあるの?

ももの果皮は毛茸（もうじょう）という細かい毛で覆われている。顔や腕の内側など皮膚の柔らかい部分にその毛が刺さり、かぶれのような痒みを感じたのだと思われる。痒みを感じたら、こすらずに流水で洗い流すとよい。症状がひどいようだったら医師に相談すること。このように一見やっかいな毛茸だが、この毛は果実を雨や虫、病害から守ってくれる大切な役目も果たしている。

POP

- ●食べ頃は香りと色づき　熟すまで常温で
- ●出回りは今だけ　短い旬を逃さずに
- ●ミキサーでスープに　もも＆ヨーグルト＆牛乳

果物

もも品種紹介

あかつき
肉質はなめらかだが、しっかりしており、歯ごたえがある。甘みが強く、果汁も多い。7月下旬

POP 日持ちする名品 甘くジューシー

ちよひめ
果肉は白色、果皮は薄い赤と白のまだら模様になる。糖度は11〜12度で酸味も少ない。6月中下旬

POP 今年の初もも 甘くなめらか

夢白桃
糖度は平均で15度にも上る。渋みもほとんどない岡山県の新品種。8月頃

POP 名産地岡山 自慢のもも

黄美娘（きみこ）
皮が黄色でやわらかく、果汁も多く濃厚。山梨県で7月下旬〜8月上旬頃

POP 濃厚な甘さ 珍しい黄色い桃

日川白鳳
早生種の代表で、果汁が多く糖度も11〜12度と高め。山梨県で7月上旬

POP 色栄えする早生 さっぱり甘い

なつっこ
肉質はち密でやわらか。糖度が13〜16度と非常に高い。長野県で8月上旬

POP 高糖度 濃密ジューシー

もも品種紹介　　果物

川中島白桃
糖度が高く日持ち性に優れる。シャキッとした歯ごたえ。福島県で8月中旬

> POP　硬めで甘い 追熟でやわらかく

浅間白桃
大果で外観、食感、食味の3拍子そろう。大きなものは400ｇ以上に。山梨県で7月下旬

> POP　高品質で ボリューム満点

清水白桃
形がよく上品な甘みがある。日持ちがしないが、お中元に人気。岡山県で7月下旬

> POP　上品な食味 白桃の女王

一宮白桃
大果で丸みを帯び外観にも優れ、果汁が多いのが特徴。山梨県で8月上旬

> POP　果汁たっぷり とろける甘み

黄金桃
果皮・果肉ともに黄色く甘い香りがする。濃厚な味。時期は8月下旬頃

> POP　濃厚な味と香り 晩夏の桃

蟠桃（ばんとう）
平らな、いびつな形が特徴で、甘く濃厚。中国原産。7月中旬～8月中旬

> POP　孫悟空も食べた？ 味が抜群！

243

果物

すもも Plum バラ科

ホームクッキングから お中元などの贈り物にも

ももに比べ酸味が強く、実がしっかりしている。夏の旬果物として季節的な需要は安定しており、贈答品にも人気が高い。すももは日本すももと、プルーン（257ページ）に代表される西洋すももに大別できる。生食に利用されるのは大石早生に代表される日本すももの系統が多い。果皮は赤、黄、緑など様々。時期はハウスで5月〜、露地は6月〜8月まで出荷されるが、最盛期は7月。

大石早生
早生の大果。果肉は淡黄色で、果皮は完熟すると全体が鮮紅色に染まる。5月下旬〜7月上旬

鮮度の見分け方
・皮にハリがあるもの
・色が濃いもの
・重量感のあるもの
・表面にブルーム（白い粉）が出ているもの

最適な保存条件
家庭では、乾燥に弱いので、風の当たらない場所に。熟したものは紙袋などに入れ、冷蔵庫の野菜室に保存する。

食べ方のアドバイス
・皮もやわらかいため皮ごとカットして食べることができる。幼児や高齢者など噛む力の弱い場合は、むいてからがおすすめ。

・カットした後、冷凍庫で凍らせてシャーベット状にするとヨーグルトなどに合う。

・酸味を利用してジャムやコンポートにしてもおいしい。

・小ぶりのものは皮ごと利用した果実酒に向く。

POP
● 酸味さわやか 皮ごとどうぞ
● 短いプラムの季節 夏の味を楽しんで
● ジャムや果実酒 手作り保存食にも

販売アドバイス
・出回り時期が短いので贈り物にも喜ばれる。
・日光や風に当たると鮮度が落ちるので注意する。
・皮の近くと種の周りの酸味がやや強め。苦手な場合は、取り除くとよい。
・果皮の白い粉はすもも自体が出している自然の成分なので、食べても害はない。
・カットしたものに砂糖をふって2日ほど置くと赤い汁が出る。それを煮詰めるとシロップができ、カクテルやジュースの香りつけなどに利用できる。残った実はジャムにするとよい。また果実酒、手作り保存食にあう。

すもも　果物

すもも品種紹介

貴陽
大果になり、糖度が高く酸味が少なく日持ちがよい。果皮表面のヒビ模様が食べごろの証。時期は7月下旬

ソルダム
果皮は黄緑色に赤が斑点状に混じり、果肉は濃赤色。甘みが強め。時期は7月下旬

太陽
大果で、果皮は濃い赤紫色、果肉は乳白色。日持ちがよくギフトに人気。8月上旬

サマービュート
大果で甘みが強く濃厚。果肉は淡黄色で種が離れやすく食べやすい。山梨県で7月中旬

月光
大果で、やや頭がとがった形になる。皮は赤だが、黄金色の果実が月の光を思わせることから名づけられた。7月下旬

イエロープラム
大果で黄色い果皮と果肉が特徴。シャキッとした歯ごたえで、熟すにつれ、酸味が抜けて甘みが増し、皮もむきやすくなる。9月下旬～10月上旬

サマーエンジェル
甘みと酸味が強く果汁が多め。果皮は黄色～赤のグラデーションで果肉は淡黄色。山梨県で7月下旬

生産動向

生産量		
2017年	19,600 t
2016年	23,000 t
2015年	21,300 t

2017年生産量 上位3位

山梨 6,690t (34.1%)
長野 3,110t (15.9%)
和歌山 1,970t (10.1%)
その他

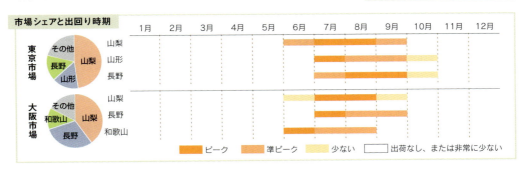

市場シェアと出回り時期

東京市場：山梨／山形／長野／その他
大阪市場：山梨／長野／和歌山／その他

ピーク　準ピーク　少ない　出荷なし、または非常に少ない

245

果物

ネクタリン Nectarine バラ科

真夏においしい酸味！皮ごと食べられる

ネクタリンはももの仲間だが、ももに比べて酸味が強めで果肉がしっかりしている。最大の特徴は果皮がなめらかで毛茸（もうじょう）がないこと。そのため、油桃（ゆとう）とも呼ばれている。出回りはももとほぼ同じ7月〜9月で、最盛期は8月。

ファンタジア
短楕円形で晩生の品種。肉質がち密でやや硬いが、日持ちがする

秀峰
大玉の晩成種。甘みと酸味のバランスがよく濃厚で果汁が多い。8月末

フレーバートップ
甘みと酸味が強く味が濃い。大果になり、皮は赤くきれいに色づく

鮮度の見分け方
・全体に着色しているもの
・皮に傷のないもの
・ふっくらとみずみずしいもの
・やわらかくなく、適度な硬さのあるもの

最適な保存条件
フルーツキャップをつけたまま保存する。熟していないものは常温で追熟させる。熟したものは、紙袋か新聞紙に包んで野菜室へいれて、冷やしすぎに注意し、早めに食べきること。

食べ方のアドバイス
・実の筋に沿って、種までナイフを差し込み、ぐるっと一周切れ目を入れる、その後、実をねじって割ると、種の中心からきれいに半分になる。

・皮も食べることができる。ただし、やや硬く口に残るので、むいたほうが高齢者や子供には食べやすい。

・果肉が硬いため煮崩れしにくく、コンポートや果肉を残したジャムなどに向く。タルトにしてもおいしい。

POP
● ガブッと皮ごと食べられます
● 煮崩れにくくタルトにぴったり

生産動向

生産量	2015年	1,794 t
	2014年	2,203 t
	2013年	2,138 t

2015年生産量 上位3位

- その他 240t (13.4%)
- 福島 332t (18.5%)
- 長野 1,146t (63.9%)
- 山梨

販売アドバイス
・保存は、ポリ袋に入れて野菜室へ。できるだけ常温で、食べる前に冷やすのがおいしい。
・追熟させる場合は、室内で行うこと。日光や風に長時間当たるとツヤがなくなり、果肉がやわらかくなり香りも落ちてくる。
・ももと比べるとビタミンCに加えてビタミンAも多く含まれており、繊維質も豊富。

ネクタリン / びわ　　**果物**

びわ　Loquat　バラ科

出回りは初夏のみ！旬の演出にぴったり

ジューシーでやわらかく、上品な甘さとほのかな酸味がある。出回り時期が短く、旬は5月下旬〜6月。消費は初夏の旬果物として安定しているが、生産は減少傾向。主力品種は茂木や田中。近年、千葉県で種なしびわが生産されている。

鮮度の見分け方
- 果実にツヤがあるもの
- 皮が茶色く褐変していないもの
- うぶ毛が取れていないもの
- 傷やあたりがないもの

最適な保存条件
完熟に近い状態で出荷されてることが多いため、すぐに食べきることが望ましい。保存したい場合はパックトレーのまま野菜室へ。冷やしすぎに注意すること。

食べ方のアドバイス
- 手で皮をむき、果肉のみを食べる。種は取り出し、種の周りの薄皮は渋い場合があるので、取り除くとよい。

- 水煮にして缶詰などに加工される。近年はジャム、ゼリーアイスクリーム、羊羹などの菓子のほか、酒やジュースにも使われている。

- 葉は乾燥させて煎じる。古くからお茶などにも利用され、清涼飲料水としての利用も多い。

希房
千葉県が育種した世界初の種なし品種。長卵型で可食部が9割を占める

POP
- 皮むきはおへそから
- この甘酸っぱさはこの時期だけ

生産動向

生産量　2017年　3,630 t
　　　　2016年　2,000 t
　　　　2015年　3,570 t

2017年生産量 上位3位

長崎　1,050t (28.9%)
千葉　534t (14.7%)
香川　287t (7.9%)
その他

販売アドバイス
- 家庭での保存は常温がよい。日持ちがしないので、早めに食べきること。食べる直前に冷やすとおいしい。
- 収穫時期は梅雨の時期となり傷みやすい。また出回り時期は気温の上昇期にあたるので、鮮度劣化が起こりやすいので早めに食べること。
- おへそから皮をむくと、むきやすい。
- カロテンの含有量が100g中810μgと、果物の中では非常に多いほう。
- 産地などでは葉や種を、やけどや皮膚病の治療につかう民間療法がある。
- 葉も季節感を演出するためにお皿にあしらっても。

247

果物

キーウイ（キウイフルーツ） Kiwifruit　マタタビ科

**ビタミンや酵素がたっぷり
女性や年配の方にも注目！**

中国原産で、日本へは1966年に入ってきた。近年はニュージーランド産が大半を占め、1年中安定して出回っている。代表的な品種は緑種のヘイワードだが、近年はニュージーランドのゼスプリ社が開発した黄色い果肉のゴールド系品種も、甘みが強く人気。国内でも生産者がゼスプリ社と契約栽培しており11月から出回る。他にも赤い色が入るレインボーレッドや香川県が開発したさぬきゴールドなどもある。ニュージーランド産は5月〜12月、国産は11月〜翌4月。

グリーンキーウイ
主流品種。皮が薄く果肉はグリーンで、さわやかな酸味がある

ゼスプリ・サンゴールド
果肉が黄色で甘みが強く酸味が少ない。外観は楕円形でうぶ毛少なめ

鮮度の見分け方
・色が均一なもの
・うぶ毛が密で破損がないもの
・皮にハリがあるもの
・表面にしわがないもの

最適な保存条件
冷暗所で保存する。熟していない場合は、りんごやバナナと一緒に常温で保存すると早くに熟す。長期保存したい場合は熟していないものをビニール袋に入れ、冷蔵庫に入れると長く保存できる。保存の際は実を重ねすぎないこと。

栄養＆機能性
ビタミンC、食物繊維、葉酸などの含有量が多いのが特徴。また、たんぱく質分解酵素のアクチニジンを含むため、肉や魚の消化を促進させる効果がある。

食べ方のアドバイス
・キーウィは枝についていた部分が硬く、酸味が強め。反対側に行くにしたがってやわらかく甘みが出てくる。そのため、皮をむいて、縦切りにすると甘みが均一になる。

・最適熟度は軽くにぎって弾力があるくらいが目安。

・皮つきのまま横半分にカットし、スプーンですくうと簡単に食べることができる。

・ベビーキーウィはうぶ毛がないため、皮ごと食べる。

Q 表面にヤケたような模様があるが、食べても問題ない？

産地で強い日光を受け、皮が日焼けした状態のもので、他のものに比べて甘いといわれ、食べるのに問題はない。ただし、果皮が傷みやすいため、日持ちしないので注意すること。

POP
●半分カットで朝食にスプーンでどうぞ
●美容は食卓からビタミンたっぷり
●裏ごししてドレッシングにも

キーウィ（キウイフルーツ） 果物

キーウィ品種紹介

さぬきゴールド
香川県のオリジナル品種。形は短めの楕円形。果肉は黄色で甘みが強い。11月下旬〜12月中旬

ベビーキーウィ

別名サルナシ。直径2cm程のひと口サイズ。皮ごと食べることができる

レインボーレッド
短めの楕円形。皮が極薄で種の周りが赤くなる。甘みが強いのが特徴

さぬきエンジェル・スイート
香川県のオリジナル品種。果肉は緑で、種の周りが赤くなる。10月下旬〜12月下旬

香緑（こうりょく）
細長い楕円形で糖度が高い。香川県で育種された。11月〜翌1月

販売アドバイス
・貯蔵性はよいが、硬すぎると食味が劣る。ある程度熟し、程よい硬さで食べる。
・ヨーグルトに入れるときは食べる直前に。たんぱく質が分解されて苦みが出てしまう。
・大量に皮をむくときは、たんぱく質分解酵素により指紋がなくなることがあるので、手袋をはめたほうがよい。
・酵素は皮に含まれているので、むいた皮を焼く前の硬い肉に乗せて有効利用を。
・消化を助ける働きをするとされる酵素は、加熱すると壊れてしまうので、肉や魚料理のソースに利用するときは、生のまますりおろして。
・裏ごしでドレッシングにすると、味もさっぱりとし、彩りよい一品になる。

生産動向

国産			輸入		
生産量	2016年	25,600 t	輸入量	2017年	92,981 t
	2015年	27,800 t		2016年	93,192 t
	2014年	31,600 t		2015年	78,648 t

2016年生産量 上位3位：愛媛 5,230t (20.4%)、福岡 4,120t (16.1%)、和歌山 3,810t (14.9%)、その他

2017年輸入量 上位3位：ニュージーランド 85,222t (91.7%)、チリ 3,874t (4.2%)、米国 2,898t (3.1%)、その他

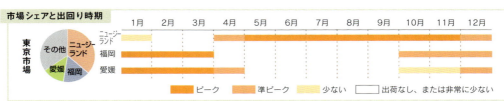

市場シェアと出回り時期　東京市場

ピーク　準ピーク　少ない　出荷なし、または非常に少ない

果物

さくらんぼ（桜桃）
オウトウ

Cherry バラ科

旬は初夏の期間限定！
国産と輸入の食べ比べも

国産は上品な甘さで、輸入物は甘みが濃い。旬がはっきりしている果物で、見た目もよいため贈答用にされることも多くある。雨に当たると裂果しやすいため、夏場に雨が少なく昼夜の寒暖差がある山形県や北海道などが主産地になっている。国産は6月〜7月。アメリカ産は5月下旬〜6月上旬にカリフォルニア産、6月下旬〜7月上旬にワシントン、オレゴン産が輸入される。

佐藤錦
主流品種。果皮は黄色地の鮮紅色、種が小さく多肉。6月中旬

高砂
酸味があり食感はやわらかめ。果皮は黄色地に赤みをおびる。米国から輸入したロックポート・ビガロを高砂と命名。6月中旬頃

鮮度の見分け方
・粒が大きいもの
・果肉がしまっているもの
・表面がなめらかで傷のないもの
・果梗（柄の部分）のしおれがないもの

最適な保存条件
家庭での保存は冷蔵庫ではなく、室内の涼しい場所に置く。冷やす場合は食べる2時間前くらいに冷蔵庫に入れるとよい。

栄養＆機能性
アメリカンチェリーの果皮や果肉の色はポリフェノールの一種アントシアニンによるもの。アントシアニンは抗酸化作用があり、活性酸素の生成を抑える働きがあるといわれている。

食べ方のアドバイス
・半分にカットして種を抜くか、専用の種抜きを使って種を抜き、ゼリーなどに使ってもよい。

・ホワイトリカーで果実酒にしてもよい。

・産地の山形では、半日ほど塩水に漬けておくと甘くなるといわれている。

・砂糖で甘く煮てからチーズケーキにのせてもおいしい。

Q 食べようとしたら、中からウジ虫のようなものが出てきた。

ミバエの一種の幼虫と思われる。果実は食べても害はないが売り物にはならない。

POP
● 逃さないで 旬は季節のみ
● 初夏の宝石 贈り物に
● 冷凍も可能 ジャムなどに

さくらんぼ(桜桃) 　果物

さくらんぼ品種紹介

紅秀峰
佐藤錦に比べやや大きめで、酸味が少なく甘い。日持ちがよい。7月中旬

月山錦（がっさんにしき）
果皮が黄色く、甘みが強い大粒品種。生産高が少なく希少価値が高いので贈答品として人気がある。6月下旬

レーニア
果皮が黄色味を帯びた赤色で、果肉がやわらかく甘い。米国の品種。6月下旬

南陽
大粒のハート形で、皮は黄色が強い赤。実は黄白色で硬め。7月初旬

ビング（アメリカンチェリー）
果皮も実も赤紫色。果肉はしっかりと硬めで香りが強い。米国の品種。5月初旬

ナポレオン
果肉が硬く流通に向く。18世紀初めから西欧で栽培されている品種で、佐藤錦の親品種にあたる。ナポレオン・ボナパルトから命名

販売アドバイス
・濃い色のほうがアントシアニンが多いといわれる。
・洗うときは柄を付けたまま、ボウルに入れて流水を注ぎ、10分ほどつけておくと汚れが浮きやすい。
・水洗いした後、種ごと冷凍保存できる。そのままヨーグルトに入れたり、解凍せずにジャムに加工することもできる。

生産動向
生産量	
2017年	19,100 t
2016年	19,800 t
2015年	18,100 t

2017年生産量 上位3位
- 山梨 1,170t (6.1%)
- 北海道 1,520t (8%)
- 山形 14,500t (75.9%)
- その他

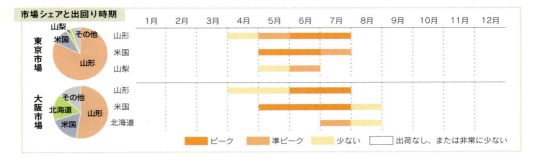

果物

くり　Chesutnut　ブナ科

料理にお菓子に！秋の実りの演出にも

種の部分を食用とし、ホクホクと甘い。食べるのに手間がかかるなどの理由により、消費は落ちているが、秋を告げる旬商材としての価値は高い。国内で栽培されている日本栗は野生のシバグリを改良したもので、天津甘栗などの中国栗やヨーロッパ栗に比べ、虫害に強い。主な品種は銀寄、利平など。茨城県が主産地。8月～11月に出回るが、旬は9月～10月。

鮮度の見分け方
・皮に光沢があるもの
・表面にしなびがないもの
・重みのあるもの
・尻の部分が白く大きいもの

最適な保存条件
1～2％の塩水で半日漬け、水を切ってから5℃以下で保存する。冷蔵ではなく冷凍がおすすめ。冷凍品は自然解凍では水っぽくなるため、そのまま調理するほうがよい。

食べ方のアドバイス
・鬼皮をむきやすくするには、しばらく水に漬けておくか、沸騰したお湯でゆで、冷めないうちに。ゆでる場合はゆですぎず、2～3分にとどめること。

・鬼皮のむき方はくりの底の部分に包丁を横に入れて、はがすようにするとよい。

・渋皮を取りやすくするには、鬼皮を除いてから、ミョウバンを少し入れた水に一晩つけておくとよい。

販売アドバイス
・収穫後の蒸散作用により、品質が著しく低下する。
・虫食いの穴、底部のカビの発生したものを取り除くこと。
・イガのついたものは、部屋に飾って秋の演出にも。
・栗ごはんや甘露煮にするとホクホクの秋の味覚を楽しめる。
・渋皮は苦みと食味が悪いが、炊き込みご飯などには少し残すと、風味が増しておいしくなる。

Q ビニール袋入りのむきくりを開封したら、酸敗臭がしたが原因は何？

冷蔵しないでむきくりを販売したため、腐敗し、酸敗臭がしたもの。食べることはできない。

Q 生くりを購入したが水が出て、色、味も良くない。食べても大丈夫？

産地で売れ残った生くりを凍結しておいたものと思われる。凍結方法に問題があったか、解凍時に食味が失われたと考えられる。食べても問題はないが、商品価値はあまりない。

Q ゆでて冷蔵庫で保存していたところ青かびが生えた。カビを削れば食べても大丈夫？

有害な青カビも存在するため、カビを削っても食べないほうがよい。くりの保存適温は0～1℃のため、冷蔵庫で保存しても腐敗は進むので早めに食べること。

くり　　果物

くり品種紹介

秋峰
粉質で甘みと香りがよく、色変りが少ない。9月下旬～10月

ぽろたん
渋皮がポロッとむきやすいため「ぽろたん」と名づけられた。破裂しないように鬼皮にナイフなどで傷を数本つけて、沸騰させた湯で2分間ゆでると簡単に渋皮を除去できる。果実は30g程度と大きめで、果肉は黄色。ホクホクとした粉質で甘みが強く、香りも良い。天津甘栗のような焼き栗にも向く。収穫時期は9月上～中旬

利平
甘みが強く皮離れがよい。ゆで栗に最適。9月下旬～10月下旬

美玖理（みくり）
ホクホクで甘みが強い。外見が良く、果肉が黄色で粒が大きめ。10月頃

銀寄（ぎんよせ）
江戸時代からの品種で、甘みが強く粉質。9月下旬～10月上旬

丹波栗
品種ではなく丹波で生産される高級栗。京野菜のひとつ。品種は丹沢、筑波、銀寄、石鎚と順に収穫される

POP
- ホクホク秋の味覚　栗ご飯や甘露煮に
- 皮をむいて生で冷凍　凍ったまま調理可能
- 渋皮を少し残して風味アップ

生産動向

生産量	2017年	18,700 t
	2016年	16,500 t
	2015年	16,300 t

2017年生産量 上位3位

茨城　4,150t（22.2%）
熊本　2,880t（15.4%）
愛媛　1,840t（9.8%）

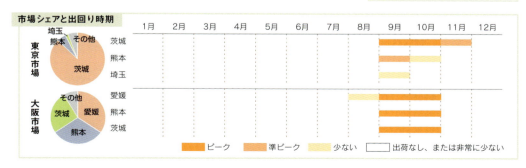

253

果物

うめ Japanese apricot バラ科

南高
大型で果皮の日焼け部分は赤くなる。果肉が厚く、梅干しに向く

白加賀
関東での栽培が多い。果肉が緻密で繊維が少なく、梅酒、梅干しに

手作り梅酒や梅干し関連商品の紹介を

梅酒や梅干しといった家庭での保存食として一定の需要がある。未熟な種子には青酸系の強い毒性を発生するおそれがあるため生食はできない。果実の大きさによって、小梅（10 g以下）、中梅（10〜25 g）、大梅（25 g以上）に分類される。代表品種である南高や白加賀は大梅に分類される。加工品は周年出回るが、生の出回り時期は5月下旬からで、6月上中旬が最盛期。

鮮度の見分け方

・果皮にハリがあるもの
・表面に傷がないもの
・梅酒には、青く硬いものがよい
・梅干しやジャムには、黄色味を帯びたものがよい

最適な保存条件

家庭では日持ちしないので、すぐに使うことが肝心。保存する場合は段ボール箱や紙袋で冷暗所に保管するとよい。冷蔵庫では、果皮の黄化は抑えられるが、褐変を起こしやすいので注意すること。

栄養&機能性

青梅には青酸配糖体のアミグダリンが含まれ、摂取すると青酸中毒を引き起こす危険がある。致死量は一般的に100〜300個だが、念のため生食しないこと。梅干しの酸味はクエン酸。疲労回復や食欲増進効果なども期待される。血圧調整にかかわるとされるカリウムも含む。

アミグダリン（毒）　カリウム　クエン酸

POP

● クエン酸に殺菌効果 お弁当やおにぎりに！
● 梅酒は青梅がぴったり 梅干しは少し熟させて
● 完熟梅はジャムや 梅ジュースにも

生産動向

生産量	2017年	86,800 t
	2016年	92,700 t
	2015年	97,900 t

2017年生産量 上位3位

奈良 1,910t (2.2%)
群馬 5,230t (6%)
和歌山 53,500t (61.6%)
その他

販売アドバイス

・果皮の傷、黒斑等をチェックし、不良な実は取り除くこと。
・熟度70％の青く光沢のあるものや外観が丸みがあるものは、肉厚で梅酒によい。
・熟度80〜90％のやや黄色の梅はシロップ、白梅干し、赤梅干しなどに使うとよい。
・梅干しの酸味はクエン酸やリンゴ酸といった多種の有機酸によるもの。有機酸は疲労回復などの効果が期待されるほか、唾液の分泌を促し、食欲増進の効果もあるといわれる。
・梅干しのクエン酸は殺菌効果が期待されるため、お弁当やおにぎりに向く。

うめ品種紹介

古城（ごじろ）
鮮やかな緑色が特徴で、香りがよい。梅酒やジュースなどに向く

紅王（べにおう）
主に弁当用の梅干しに使われる。日が当たった部分が赤く色づく

白王（はくおう）
和歌山の小梅の主力品種。お弁当用の梅干しに使われる

改良内田
うめには珍しく自分の花粉で果実ができる性質がある。6月中旬の中生

鶯宿（おうしゅく）
果肉が硬めで、カリカリとした歯ごたえになる。梅酒に最適

剣先（けんさき）
青みが強く、果肉は肉厚。梅酒やシロップに人気が高い品種

コラム　家庭で簡単！　ジッパー付きポリ袋で漬ける梅干し

梅干しには下漬けのみの「白梅干し」と、下漬けした5日後くらいに赤しその葉で本漬けする「赤梅干し」がある。
◎漬ける期間＝白、赤とも梅雨明けまで
◎干すタイミングと期間＝梅雨明け後の晴天が続く日に3日間干す。すべての実に太陽が当たるように裏返しながら干し、夜は家の中にとりこむ

【下漬けの材料と手順（白梅干し）】
●熟したうめ：1kg
●粗塩：200g（カビが生えないように塩は重量の20%が基本。減塩したい場合は15%の150g）
●うめにまぶす焼酎：大さじ2

①へたを竹串で取り外し、水洗いして、1粒ずつていねいに水気をふき取る
②大きいジッパー付きポリ袋に焼酎をまぶしたうめと塩を入れ、全体にいきわたるようにする
③空気を抜き、袋の口を閉じてボウルに入れ、1kg（うめと同じ重さ）の重しをし、冷暗所に置く
④うめが隠れるくらいの水分（梅酢）が出てきたら（だいたい4日ほど）重しを取り外し、冷蔵庫で梅雨明けまで保管。その後、天日で3日間干す

【本漬けの材料と手順（赤梅干し）】
●赤しその葉：1束（葉のみ120～130g）
●塩：大さじ2

①赤しその葉を取り外し、よく洗い乾かす
②大さじ1の塩を入れよくもみ、出てきたアクを捨てる。残り大さじ1の塩をまぶして再びもみ、固くしぼってアクを捨てる
③②に梅酢をそそいでよく混ぜ合わせ、下漬けの袋に戻し、空気を抜いて口を閉じる
④500gの重しをのせて冷蔵庫で梅雨明けまで保管。その後、天日で3日間干す

果物

いちじく Fig クワ科

上品な甘み、なめらかな果肉
生食だけでなく料理にも活躍

上品な甘みとなめらかな果肉が特徴。内側に小花がつき、花托（かたく）が蕾状に肥大して果実となる。外部から花が見えないため「無花果」という漢字が当てられた。主力品種は桝井（ますい）ドーフィンで、出回りはハウスが6月〜7月、露地が8月中旬〜10月上旬。

桝井ドーフィン
大ぶりで日持ちがよい。夏秋兼用品種。季節により赤紫から紫に色づく

ビオレソリエス
黒皮で小ぶりだが、甘みが強い。フランス原産で黒イチジクとも呼ばれる

とよみつひめ
福岡県が開発した品種。糖度17度と甘く、果肉は黄色で厚くなめらか

鮮度の見分け方
・皮に弾力があり傷のないもの
・ふっくらと大きいもの
・尻の部分が開いているもの
・全体に色づいているもの

最適な保存条件
ビニール袋に入れて野菜室で保存する。傷みやすく日持ちがしないので早めに食べきること。鮮度のよいものを1〜2日以内に食べる場合は常温保存でもよい

食べ方のアドバイス
・よく洗い、軸のほうから皮をむくとむきやすい。

・少し冷やして、生のまま食べることができる。

・皮をむいた時に出てくる白い液は、たんぱく質分解作用がある消化酵素のフィシン。カットして生ハムなどに合わせると、味だけでなく消化にもよい。

・加工ではジャムやドライフルーツにされ、また、ケーキやタルトなどに使われることも多い。

POP
●意外な美味しさ
　さっと揚げて天ぷらに
●軸からむけば
　皮むきカンタン

生産動向

生産量	2015年	13,576 t
	2014年	13,941 t
	2013年	13,842 t

2015年生産量 上位3位

愛知 2,272t (16.7%)
和歌山 2,264t (16.7%)
兵庫 1,587t (11.7%)
その他

販売アドバイス
・目と呼ばれている果実の先端部が割れているものは、そこから急速に腐敗が進む。
・雨天時に収穫したものは鮮度の低下が速いといわれる。
・食物繊維のペクチンを多く含む。ペクチンは大腸に働きかけ、おなかの調子を整えるほか、糖分などの体内への吸収を穏やかにするため、血糖値の急激な上昇を抑えるといわれている。
・縦半分に切って、スプーンで食べても食べやすい。
・さっと揚げて天ぷらにしてもおいしい。

いちじく / あんず / プルーン　　果物

あんず　Apricot　バラ科

楽しく手作り保存食に

甘酸っぱい香りで、クエン酸やリンゴ酸を多く含むため強い酸味がある。ジャムなどの加工品のほか、二つ割りにして種を抜き、ドライフルーツにされることが多い。近年は、西洋あんずと掛け合わせた生食用も。旬は6月〜7月。

ハーコット
酸味が弱く甘みが強い、生食用品種。西洋あんずに近い。旬は7月中旬

販売アドバイス
・保存は野菜室で。早めに食べきること。
・半分に切った物を乾燥させてドライにしたり、砂糖で煮てセミドライにしてもおいしい。
・手作りジャムにして保存するとよい。
・抗酸化作用のあるβ-カロテンが豊富に含まれる。

鮮度の見分け方
・濃いオレンジ色が鮮やかなもの
・皮にハリがあり、ふっくらとしているもの

POP
●甘酸っぱい手作りジャムに
●カロテン豊富サラダでさっぱりと

食べ方のアドバイス
・皮をむき、もものようにカットして食べる。
・酸味が強い品種は、ジャムや果実酒に向く。生の場合は細かくカットしてサラダに入れるとアクセントになる。

プルーン　Prune　バラ科

女性にうれしいミネラル豊富！

さわやかな青い香りと甘さ。果肉はやや硬め。西洋すももの一種で、主にドライフルーツにされる。ドライでは種抜きと種ありの両方があり、欧米では菓子だけでなく肉料理などにも使われる。出回り時期は8月〜9月。

ドライプルーン
栄養価は生に比べてミネラルが多い。米・カリフォルニア産がほとんど

販売アドバイス
・国産は晩夏の旬の果物といわれる。
・ドライを肉の煮込み料理に入れると、肉をパサパサにしない効果があるといわれている。
・皮をむかずにそのまま食べることができる。

鮮度の見分け方
・皮に傷がなく、ハリがあるもの
・白い果粉（ブルーム）が出ているもの

POP
●皮ごとガブリ！丸ごと食べて！
●晩夏の今だけ！生プルーン

食べ方のアドバイス
・皮ごと調理する時は、皮に小さな切れ目を入れておくと破裂しにくい。
・皮ごと千切りにして、大根サラダに入れてもよい。

257

果物

ざくろ Pomegranate ミソハギ科

トルコ原産の"赤い宝石"

甘酸っぱく、みずみずしい。種の外側にある赤い多汁な外種皮を食用とする。主流は輸入物で米・カリフォルニア産がほとんど。皮が裂開する性質があるが、輸入物は口が割れていない状態で出回る。輸入時期は9月〜10月。

販売アドバイス
- ざくろの種には女性ホルモンの一種エストロゲンの成分が多いといわれる。
- あしらいにすると料理やサラダに鮮やかなアクセントになる。
- 世界各地の神話に登場する果物で、供物にする地域もある。

鮮度の見分け方
- 皮に割れがなく表面にサビがないもの
- 持った時に重みがあるもの

POP
- ●料理に鮮やかアクセントに
- ●ミキサーでジュースに

食べ方のアドバイス
- 外皮を包丁などで割り、中身を1粒ずつ取り出して使う。内側の膜はやや渋みがあるので除くとよい。種ごと食べることができるが、好みにより口から出してもよい。

かりん Chinese quince バラ科

香り豊かなジャムやお酒に

独特のよい香りがするが、生食では硬く渋いため加工される。漢方ではせき止めにも。熟したものは光沢のある鮮やかな黄色になり、砂糖漬け、ハチミツ漬、ゼリー、飴、ジャム、かりん酒などにする。出荷時期は10月〜11月。

販売アドバイス
- 果肉は水分が少なく硬いうえ、強い渋みがあるため生食には適さないが、陰干ししたものは民間療法でせき止めに使われる。
- ペクチンが豊富なのでジャムにも向く。またスライスしてはちみつ漬けにしてもよい。

鮮度の見分け方
- 皮に油分がでているもの
- 香りが強く重量感があるもの

POP
- ●ペクチン豊富ジャムに最適
- ●スライスしてはちみつ漬けに

食べ方のアドバイス
- 皮をよく洗い、皮ごと輪切りにしてジャムにする。果実酒の場合は種もいっしょに入れてもよい。とても硬いので、かぼちゃ用の包丁を使うとよい。

ざくろ / かりん / あけび / ブルーベリー　　　果物

あけび　Akebi　アケビ科

甘くなめらか秋の味覚

半透明の果肉はとろりとして、バナナに似た上品な甘さがある。果皮は苦みがあるが、外側の紫の部分をむき、揚げ物、炒め物などにして食べる。つる性の落葉果樹で日本全土に広く見られるが、市場流通上の産地は主に山形県。旬は10月。

販売アドバイス
・保存は、皮を傷つけないように野菜室へ。
・ツルの部分は利尿、鎮静作用のある漢方薬にされる。
・皮は味噌で炒め煮に。なすのように扱うとよい。

鮮度の見分け方
・果皮に傷がないもの
・色鮮やかな紫色のもの

POP
●皮はなす風味
　味噌炒めに
●とろける果肉
　まるでバナナ

食べ方のアドバイス
・果皮が割れて、中の実が白から透明に変わってきたころが食べごろ。スプーンですくって食べる。
・皮の白い部分は、炒め煮にして食べる。

ブルーベリー　Blueberry　ツツジ科

栄養豊富で機能性にも注目

業務用で輸入が先行し、アメリカ産が5月～10月、チリ産が11月～4月に輸入され、周年供給される。国産も人気で、栄養価の高さで注目され急激に消費が伸びている。出回りは7月～9月。独特の香りがあり甘酸っぱく果汁が多い。

販売アドバイス
・豊富に含まれているビタミンEは油と一緒にとると体への吸収が高まる。
・ヨーグルトなどの乳製品と一緒にすると味の相性もよい。
・アントシアニンも豊富に含まれている。

鮮度の見分け方
・青紫色でハリがあるもの
・表面に白い粉（ブルーム）があるもの

POP
●豊富な食物繊維
　生でどうぞ
●ヨーグルトに
　シリアルにも

食べ方のアドバイス
・甘みと酸味が実によってまちまちなので、5～6粒まとめて口に入れるのがおいしい食べ方。
・生食のほか、ジュースやジャムにしてもおいしい。

259

果物

ラズベリー Raspberry バラ科

酸味が強くデザート向き

需要の主力は洋菓子や高級レストランのデザートメニューなど。甘い香りだが強い酸味があり、レッドラズベリーとブラックラズベリー（ブラックベリーと異なるので注意）がある。輸入が主で周年出回り、国産の旬は6月～8月。

販売アドバイス

・保存はパックのまま冷蔵庫に入れるか、洗って水気をふき取り、冷凍保存してもよい。
・香りがよいので、果実酒にも向いている。
・洋菓子の酸味と色づけに最適。

鮮度の見分け方

・全体的に赤く色づき、やわらかいもの
・香りのよいもの

POP
●香りいかして果実酒に
●洋菓子の酸味と色づけに

食べ方のアドバイス

・酸味が強いためジャムなどに加工されることが多い。
・ミキサーにかけて裏ごしし、砂糖煮にしてラズベリーソースにしてもおいしい。

ブラックベリー Blackberry バラ科

甘みと酸味の果汁たっぷり！

甘さと酸味のバランスがよい。ラズベリーに似ているが、花托（かたく）を取り外しても中が空洞にならない。通常ラズベリーよりも甘みがあるが、粒によっては渋みがある場合も。アメリカなどから輸入され周年出回る。国産の旬は6月～7月。

販売アドバイス

・保存はタッパーなどに入れて冷蔵庫の野菜室へ。熟したものは日持ちしないので、早めに加工するか、冷凍保存するとよい。
・アクをよく取ると綺麗なジャムに仕上がる。

鮮度の見分け方

・果肉がふっくらとしているもの
・黒く熟しているもの

POP
●甘くやわらかそのままどうぞ
●アクを取ってきれいなジャムに

食べ方のアドバイス

・ラズベリーよりも甘みがあり生食に向くが、多くはジャムやゼリーなどに加工される。生食の場合は、洗って水気をキッチンペーパーでとり、そのまま食べればよい。

ラズベリー / ブラックベリー / カラント（すぐり）/ やまもも　　　果物

カラント（すぐり）　Currant　スグリ科

宝石のような赤い果実

レッド、ブラック、ホワイトがあり、主に酸味の強いレッドが出回る。ブラックカラントはフランス語でカシスと呼ばれる。ホワイトカラントは甘みも強く生食することもあるが、市場への出回りはない。国産のレッドの旬は7月。

販売アドバイス

- ジャムやソースにする時は、煮立てて裏ごしをして種を取り除くと食べやすくなる。ペクチンが多いので、ソースにする場合は煮詰めすぎないこと。
- ジャムは酸味が効くので甘みの強いアイスクリームなどに添えても。

鮮度の見分け方

- 色が鮮やかなもの
- ふっくらとみずみずしくハリのあるもの

POP
- ●ペクチン豊富 ジャムに便利
- ●手作りの カシスアイスに

食べ方のアドバイス

- 酸味が強いため、飾りやジャム、ジュース、果実酒に。
- ブラックカラントは、ケーキやデザート、ソースなどに合う。

やまもも　Bayberry　ヤマモモ科

郷愁をさそう山の恵み

果肉はやわらかく甘酸っぱい。やや松脂のような風味がある。日本に古くから自生しており、枕草子にも記述がみられる。栽培種は徳島と高知県での生産が多い。旬は6月中旬〜7月上旬で梅雨の時期と重なる。

販売アドバイス

- よく洗い、汚れや虫などを取り除くこと。
- 保存はポリ袋に入れて野菜室へ。重みで傷むので、重ならないようにすること。
- 産地では塩をふって食べることがある。

鮮度の見分け方

- 全体的に色づいているもの
- みずみずしいもの

POP
- ●シロップ漬けで なつかしい味
- ●ふり塩で そのまま食べて

食べ方のアドバイス

- 種が入っているので、少しずつかじるように食べる。
- 生食のほか、シロップ漬け、ジュース、ジャムなどに加工するとよい。

果物

パッションフルーツ Passion fruit　トケイソウ科

南国を感じる香りと酸味

果実は球形で直径 5〜10cm。多くの品種があるが、日本に輸入されているものは、「パープルグラナディラ」と「スイートグラナディラ」の2品種。日本では沖縄、奄美諸島、小笠原諸島、さらに東北地方などでも栽培されている。

販売アドバイス
- 酸味が苦手な場合は、砂糖を加えるとよい。
- 保存は完熟までは常温で、熟したら冷蔵庫の野菜室に入れる。
- 酸味が気になるときは、オレンジと一緒にジュースにしてもおいしい。

鮮度の見分け方
- 皮に傷がないもの
- 香りが強いもの
- 赤紫色の濃いもの

POP
- ●食欲をそそる甘酸っぱさ
- ●オレンジと爽やかジュース

食べ方のアドバイス
- 果皮にしわが寄るのが熟したしるし。
- 食べる前に冷蔵庫で冷やし、半分に割ってスプーンですくって種子ごと食べたり、ジュースにして食べる。

ソフトタッチ Yellow passion fruit　トケイソウ科

沖縄うまれの小さなパッション

楕円形で黄色い外皮のパッションフルーツ。大きさは直径 3〜5cmほど。品種名はソフトタッチ。品種名で流通するほか、ちゅうちゅうパッションフルーツとも呼ばれる。なしのような、青りんごのような香りがし、酸味が少なく甘い。沖縄で品種改良され生産されている。

販売アドバイス
- 甘みがあるので生食向き。産地の沖縄ではヘタの部分をカットして「ちゅーちゅー」と吸って食べる食べ方が紹介されている。
- 丸ごと凍らせてシャーベットにしてもよい。

鮮度の見分け方
- 皮に傷がないもの
- 香りが強いもの
- 鮮やかな黄色のもの

POP
- ●酸味少なめ お子様にもどうぞ
- ●まるごと凍らせてシャーベットに

食べ方のアドバイス
- 果皮にしわが寄るのが熟したしるし。
- 食べる前に冷蔵庫で冷やし、半分に割ってスプーンですくって種子ごと食べる。

輸入果物編
IMPORTED FRUITS

輸入果物

バナナ Banana バショウ科

速攻性&持続性がある優秀なエネルギー源

日本ではみかん、りんごを抜いて、果物では最も流通量が多い。老若男女を問わず食べやすい味で栄養価も高く、価格も手頃で消費は安定している。近年は品種や栽培方法などでの付加価値をつけたラインナップも増えてきている。主要産地はフィリピンだが、南米産も増えている。なお、黄色く熟したバナナは植物防疫法により輸入禁止となっており、青バナナで輸入され、追熟加工して販売される。

ジャイアントキャベンディッシュ
最も一般的な品種。皮が厚く日持ちがよい

鮮度の見分け方
・軸の結合部がしっかりとしているもの
・皮に傷がないもの
・適度な弾力のあるもの
・表面が全体的に黒ずんでいないもの

最適な保存条件
常温の風通しのよいところで保管する。平置きせず、できるだけバナナスタンドに吊るした状態での保存が望ましい。冷蔵庫に入れておくと低温障害を起こし外皮が黒ずむが、果肉は保存温度に関係なく食べることができる。また、皮をむいてラップに包み、冷凍保存も可能。

栄養&機能性
エネルギー源として優秀で、即効性のあるブドウ糖などの糖類のほか、持続性の高いエネルギー源である炭水化物を100g中22.5g含む。消化もよく子供や病人にもおすすめ。むくみの解消や血圧低下に有効とされるカリウムも含む。

POP
●斑点は甘いしるしシュガースポット
●バターとシナモンでバナナトーストに
●バナナスタンドでつるして保存

食べ方のアドバイス
・持ち運びの際は、皮をむかないほうが実の変色を防ぐことができる。カットしたものはレモン汁をかけるとよい。

・バナナシャーベットにするには、皮と筋を取り適当な大きさに切る。容器に入れ、酸化を防ぐためにレモン汁をかけ、きっちりふたをして半冷凍に。

・バターソテーにし、シナモンをかけてもおいしい。

販売アドバイス
・黄色く熟す品種のバナナは、熟すと軸の部分が弱くなり、もぎやすくなる。全体に黄色くても、折れにくいものは未熟。
・バナナスタンドに吊るして保存するのが望ましい。
・でんぷんが糖化しねっとり甘くなると、黒い斑点（シュガースポット）が出てくる。さっぱりした味が好みであれば、斑点が出る前がおすすめ。好みのタイミングで食べるとよい。
・なり口から先に向かっていくほど甘い。
・パンの上にバナナを並べ、バターとシナモンをふりトーストしても。

バナナ | 輸入果物

バナナ品種紹介

北蕉（台湾）
台湾バナナの主要品種。太めで短く果肉はち密

セニョリータ
通称モンキーバナナ。細く長さが7cm程度の小型品種で、甘みが濃い

ラカタン（スポーツバナナ）
太く短い果形でフィリピンに多い。クエン酸が多くほのかな酸味がある

ツンドク（調理用）
長さ40cmにもなり、別名「ホーンバナナ」とも。芋のような食味で甘みはない

モラード
果皮は赤みがかった橙色で果肉は黄白色。甘みが強く、芳香がある

バナップル
濃厚で後味にリンゴの風味がある小型バナナ。皮が薄く黒くなりやすい

Q ジュースにしたが、1時間後残したジュースを見ると黒ずんでなく、きれいなクリーム色になっている。添加物が使用されている？

添加物ではなく、バナナの熟度によるものと考えられる。一般的にバナナに含まれるフェノール成分が酵素の働きで酸化し褐変化する。しかし、未熟なバナナの場合、酵素が働かず褐変しないことがまれにある。

Q 一晩冷蔵庫に入れておいたら、皮が黒くなったがなぜ？

バナナは10℃以下になると呼吸が止まり窒息状態になり、皮が黒くなるという反応を起こす。食べても問題はない。

輸入動向

輸入量	2017年	985,709 t
	2016年	956,759 t
	2015年	959,680 t

2017年輸入量 上位3位
- メキシコ 20,236t (2.1%)
- エクアドル 147,072t (14.9%)
- フィリピン 790,655t (80.2%)
- その他

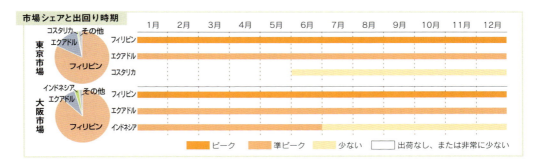

265

輸入果物

パイナップル Pineapple パイナップル科

食後をさっぱりさせる
さわやかな風味と消化酵素

豊かな香りとほのかな酸味のある甘さで周年需要がある。持ち帰りに重く、家庭でゴミが出るなどの理由で消費が減退していた時期もあったが、カットパインや芯抜きパックの定着などで好調。夏祭りの屋台などでも人気がある。フィリピンや台湾などからの輸入が主力で、周年出回る。国内では、沖縄で育種がされており、沖縄本島や石垣島で栽培されている。国産の旬は4月〜7月。

スムースカイエン種（ゴールデンパイン）
フィリピンからの輸入の主力品種。甘い香りで果汁が多い

鮮度の見分け方
・葉がピンと張って底部の中心がきれいなもの
・独特の甘い香りが強いもの
・果皮の表面にツヤがあるもの
・目と目の間がふっくらとしているもの

最適な保存条件
酸味が苦手な場合は少しおいておくと酸味が和らぐ。新聞紙などにくるみ野菜室で保存する。カットしたものはラップにくるみ、冷蔵庫に入れて早めに食べきるか、冷凍するとよい。

食べ方のアドバイス
・上下をカットし、6〜8等分にして芯を取り除いて食べる。ただし台湾パイン、ボゴールパイン、ピーチパインは芯も食べることができる。

・たんぱく質分解酵素のブロメラインが入っている。この酵素の作用により肉をやわらかくするが、熱に弱く60℃以上でその効果をなくしてしまうため、酢豚に入れるときは火を止めてから加えるとよい。

Q 半分に切ったところ、虫の卵のような黒褐色の粒がたくさん入っていたが、病害では？

黒褐色の粒は種子。通常は受粉しないため入ることは少ない。食べても害はない。

Q 外観は新鮮だったが、切ったところ芯の周辺が黄色ではなく、薄黒茶色でガソリン臭もするが、大丈夫？

生理現象の一つで芯黒と呼ばれている。糖度12度以下の未熟果に多いとされ、その原因は、解明されていない部分も多いが2つ考えられる。①干ばつで細胞の壊れているパイナップルを収穫した際に、果冠から芯を通じて入り込んだ空気が芯の周辺の果汁を酸化させた。②収穫時、輸入船内、通関倉庫、販売時の温度変化が激しく、バナナと同様に温度障害が発生した。

Q 生のパインを食べたら、舌がヒリヒリしたが農薬ではないか？

農薬ではない。一般的には、たんぱく質分解酵素が舌の粘膜を刺激するためといわれている。最近では、パイナップルに含まれるシュウ酸カルシウムが針状の結晶をしており、その結晶が口内に刺さるためという説もいわれている。

パイナップル　輸入果物

パイナップル品種紹介

台湾パイン（台農17号）
台湾では金鑚鳳梨（ダイヤモンドパイナップル）で流通する。甘みが強く保存性がよい

ボゴールパイン（スナックパイン）
手でちぎって食べることができる。酸味と水分が少なく、甘い

ソフトタッチ（ピーチパイン）
果肉が白く小ぶりでももの香りがする。芯も食べることができる

POP
- カットして冷凍　おやつやスムージーに
- 酢豚の仕上げに　酵素でお肉やわらか
- 野菜にも合う甘み　手作り野菜ジュースに

販売アドバイス
- 押してやわらかいところがあるもの、水が出ているものは過熟になっている。
- 通常、底の部分に甘さが集中している。買ってきたら、葉のほうを下にして置いておくと、甘さが均一になるといわれている。
- カットして冷凍保存もきく。スムージーなどに入れてもよい。
- 手作りの野菜ジュースなどに加えると、苦みを抑えることができる。

輸入動向
輸入量　2017年　156,962 t
　　　　2016年　143,147 t
　　　　2015年　150,598 t

2017年輸入量 上位2位
- コスタリカ　7,232t（4.6%）
- フィリピン　145,719t（92.8%）
- その他

267

輸入果物

グレープフルーツ Grapefruit ミカン科

甘さ控えめでさっぱり 香りは気分転換にも

さわやかな酸味と独特の香りが特徴。米・フロリダ産と南アフリカ産が主力。端境期にはイスラエル産も輸入される。以前は白肉種が多かったが、近年は酸味が少ないピンクや赤も人気が出ている。フロリダ産は皮が薄く、南アフリカ産は皮がやや厚い。フロリダ産は11月〜5月、米・カリフォルニア産は5月〜10月、南アフリカ産は6月〜9月を中心に輸入される。

ホワイト
主流品種。果汁が多く、ほのかな苦みとさっぱりした酸味が特徴

鮮度の見分け方
・果皮にハリがあるもの
・しっかりと皮が厚いもの
・凹みがなく、形が整っているもの
・ヘタにカビなどの異常がないもの

最適な保存条件
家庭ではビニール袋に入れて、冷蔵庫の野菜室に保存する。冬場は常温でもよいが、高温下では水腐れが多くなるので注意すること。カットしたものは、切り口をラップで包み冷蔵庫に入れ、なるべく早く食べるようにする。

栄養&機能性
ヌートカートンはグレープフルーツ特有のさわやかな香り成分で、消臭抗菌効果と気分をリフレッシュさせる効果があるといわれている。

食べ方のアドバイス
・温州みかんのように皮をむいたり、半分に切ってスプーンですくって食べる。また、包丁でりんごのように皮をむき、薄皮に沿って果肉をそぐなど、食べ方はさまざま。

・サラダは海老などの魚介と合わせたり、フルーツサラダにしてヨーグルトソースなども合う。

・ジュースにしておくと便利。白ワイン、シェリー酒、コアントローを少し加え、冷やしてカクテルにしたり、炭酸で割ると夏向きのさっぱりした飲み物になる。

POP
●気分スッキリ さわやかな香り
●ビタミンたっぷり 朝食に半分切りで
●オレンジリキュール 1滴で簡単デザート

販売アドバイス
・高温によってヘタの障害が多くなる。また冷たすぎても褐変につながるので注意する。
・グレープフルーツという名前は、ぶどうのように樹になることから名づけられた。
・皮にはリモネンという成分が含まれており、油性ペンの汚れを取ることができる。黄色い外側の皮で汚れを強くこすると取れる。
・高血圧の治療に使われる薬との飲み合わせによる副作用が報告されている。薬を服用している際は、医師に相談すること。

グレープフルーツ品種紹介

ルビー
ピンクに近い果肉をしており、酸味が控えめでジューシー

メロゴールド
ジューシーで果肉がやわらかい。ほろ苦さと強い甘みがある。出回りは1月～2月

スウィーティー（オロブロンコ）
果皮は緑色で酸味が少ない。独特の甘い香りが特徴。出回りは11月～翌2月。イスラエル産をスウィーティー、アメリカ産をオロブロンコと呼ぶ

Q 表面がベトベトしているのはなぜ？
果実自身が持つ、天然のワックス成分がある。これに加え、さらに人工的にワックスをかけると、果実自身のものと合わさり、溶けてべとつく場合がある。

Q 白い物体がヘタ付近に付着しており、こすると取れたが、これはなに？
指でこすると簡単に取れることから、カビと考えられる。品質上問題はない。

輸入動向

輸入量		
2017年	78,069 t	
2016年	83,431 t	
2015年	100,960 t	

2017年輸入量 上位3位

- その他 5,864t (7.5%)
- 米国 29,111t (37.3%)
- 南アフリカ 38,669t (49.5%)

市場シェアと出回り時期

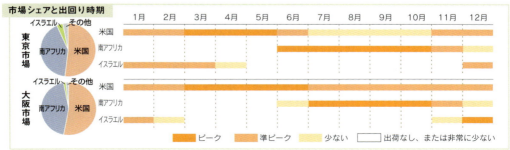

輸入果物

オレンジ（スイートオレンジ） Orange ミカン科

甘くてジューシー
他の果物とジュースにしても

果汁が多く、甘みとさわやかな香りで人気が高い。業務需要は安定しており、輸入が多い。主要品種はバレンシアとネーブル。バレンシアは周年出回るが、旬は5月～10月で米・カリフォルニア産が主体。8月～10月には南アフリカ産、オーストラリア産は10月～翌3月。ネーブルは12月～翌6月にカリフォルニア産を中心に輸入され、8月～11月がチリ産、オーストラリア産になる。

ネーブル
種がなく甘みと香りが強い。
国産は12月～翌1月

鮮度の見分け方
・ヘタ枯れが少ないもの
・色にムラがないもの
・果形が整っているもの
・持ってみて、重量感があるもの

最適な保存条件
家庭では、夏場はポリ袋に入れて野菜室で保存する。冬場は常温で、冷暗所に保存する。湿気でカビが生えやすく、乾燥により鮮度劣化を早めるので注意。

栄養&機能性
100g中のビタミンCの含有量は、ネーブルが60mg、バレンシアが40mgと豊富。特にネーブルは1個食べれば、大人の1日分のビタミンC必要量を摂取できる。

食べ方のアドバイス
・皮をよく洗い、頭と尻をカットし、6～8等分の縦切りのスマイルカットにすると食べやすい。

・ジュースにする場合は搾り器を使うと持ち味が活かされる。また、搾ってからガーゼでこすと飲みやすくなる。大玉1個から130～150mlのジュースがとれる。

・オレンジジュースはレモン、ライム、りんごなど酸味のある果物とミックスすると一層おいしい。

Q 皮についている防かび剤が浸透し果肉に影響することはある？

輸入果実の多くは収穫後に防かび剤のOPPやイマザリルなどを果皮に塗布する。これはポストハーベストと呼ばれWHO、コーデックス委員会で認められている処置で、果皮から果肉への浸透はないものとされている。ただし家庭でジャムにするなど、果皮をそのまま使用しての調理は避けたほうが無難である。

販売アドバイス
・輸入オレンジは輸送距離、輸送時間が長いので国産果実に比べると鮮度の劣化が早い。特に夏場に輸入されるバレンシアは腐敗果の発生が多いので注意すること。
・スイートオレンジはバレンシアオレンジを指すことが多い。
・ネーブルは英語でヘソの意味。その名の通りネーブルにはヘソがあり、バレンシアにはヘソがない。果汁は両品種ともに多いが、特にバレンシアの方が多く、食味は比較的淡泊である。
・ニンジンと合わせてサラダにしても美味しい。
・オレンジジュースは同量の濃い紅茶と合わせて冷やしたり、カルピスとミックスしてもおいしい。

オレンジ (スイートオレンジ)　　輸入果物

オレンジ品種紹介

バレンシア
さわやかな酸味があり、果汁が多い。ジュースに最適といわれる

ミネオラ
鮮やかな果皮で、手で簡単にむくことができる。ジューシーで濃厚な味

ブラッドオレンジ
果肉や果実皮にアントシアンの赤い色素が生じる。甘みは少ない

ダブル・マーコット（種なし）
小ぶりの温州みかんのような姿。甘みが強く、果汁が多い。「ダブル」とつかないマーコットは種あり

オア
イスラエル産。甘みは濃厚。手で皮がむけるうえ、種も少ない

POP
- ビタミン豊富 さっぱり朝フルーツ
- オレンジ生搾り 贅沢ジュース
- にんじんと合わせて サラダにも

輸入動向
輸入量　2017年　90,593 t
　　　　2016年　101,543 t
　　　　2015年　84,113 t

2017年輸入量 上位3位
- 米国　49,678t（54.8%）
- 豪州　36,736t（40.6%）
- 南アフリカ　2,800t（3.1%）
- その他

市場シェアと出回り時期（ネーブル）

東京市場：米国、豪州、広島、その他
大阪市場：米国、豪州、和歌山、その他

ピーク　準ピーク　少ない　出荷なし、または非常に少ない

輸入果物

レモン Lemon ミカン科

国産も人気！
自然な酸味を料理のアクセントに

量販商材ではないが、常時、品揃えが必要なアイテムである。主力は米・カリフォルニア産で、端境期の9月～10月にはアリゾナ産、6月～10月の需要期には南アフリカ、チリ産も輸入される。国内では広島や愛媛県で栽培が多く9月～翌1月に出回る。

輸入レモン
皮が黄色くつややか。ワックス処理がされており低温に強い

マイヤーレモン
酸味が弱く甘みが強い。皮が橙色で、オレンジとの交雑種

グリーンレモン
青いうちに収穫したもの。国産で10月～12月。さわやかな香りで酸味が強め

鮮度の見分け方
・ヘタ枯れのないもの
・皮にツヤとハリがあるものがよい
・鮮やかな黄色、もしくは緑色のもの
・しわがなく、みずみずしいもの

最適な保存条件
ラップに包み、冷蔵庫の野菜室で保存する。カットしたものはラップでピッタリと包み冷蔵庫で保存し早めに食べること。輪切りなどにして冷凍しておくのもよい。

食べ方のアドバイス
・果汁を搾るときは、専用の搾り器を使う。ない場合は、半分に切ってフォークなどの先のとがったもので果肉を少し崩すと搾りやすい。

POP
● ジャムに必須　味が決まります！
● オリーブオイルと塩で簡単ドレッシング

輸入動向

輸入量	2017年	50,801 t
	2016年	49,294 t
	2015年	48,558 t

2017年輸入量 上位3位

- ニュージーランド 1,292t (2.5%)
- チリ 18,195t (35.8%)
- 米国 30,108t (59.3%)
- その他

販売アドバイス
・収穫後の緑果をそのまま出荷したものをグリーンレモンと呼ぶ。黄色いレモンは、収穫後にエチレンによって黄色く変化させたもの。
・香りの成分は皮に多い。香りづけに使うときは、よく皮を洗ってから使うこと。
・栄養分では100g中、ビタミンCを100mgと豊富に含む。また酸味のもとのクエン酸は疲労回復の働きがあるとされる
・オリーブオイルと塩を加えれば、ドレッシングが簡単にできる。
・味が引き締まるので、ジャムに加えるとよい。

レモン / パパイヤ　　輸入果物

パパイヤ Papaya パパイヤ科

トロピカルな演出とローカロリーが魅力！

酸味が少なくやわらかな甘み。特有の香りがして、果肉はなめらか。主力はフィリピン産、米・ハワイ産で周年出回り、オレンジ色のサンライズ・ソロ種と黄色のソロ種がある。国産は沖縄県などで栽培されており、旬は5月～8月。

ソロ
果皮、果肉が黄色。甘みがあり、トロリとした食味。輸入パパイヤの大半を占める。果汁が豊富

サンライズ・ソロ
果肉がオレンジ色がかった赤色。ほんのり甘くさっぱりとした食味

石垣珊瑚
ヤシの実のような形で、果肉も皮もオレンジ色になる。香りよく甘い。種なし

輸入動向

輸入量　2017年　933 t
　　　　2016年　807 t
　　　　2015年　1,493 t

2017年輸入量 上位2位

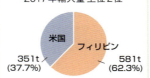

米国　351t（37.7%）　　フィリピン　581t（62.3%）

鮮度の見分け方
・傷がなく実に弾力があるもの
・果皮にツヤがあるもの
・しわがあるものは古いのでさける

最適な保存条件
常温で保存する。黄色くなっているものは、紙袋に入れて野菜室で1週間ほど保存できる。青緑色の状態で冷蔵庫に入れないこと。冷蔵するとそれ以上熟さなくなる。

食べ方のアドバイス
・パパイヤは尻部の方がおいしい。盛り付ける際は尻部を右側にして出すのが一般的。
・レモン汁などをふりかけると、味のバランスがよくなる。

POP
● レモンひとふり 際立つ甘みと香り
● アイスクリームで パパイヤボートに

販売アドバイス
・青緑色のものは、紙に包んで風が当たらないようにして、20℃位のところに置くと熟す。
・フルーツキャップをつけると、保存の際に傷みにくい。
・黄色やオレンジの果肉の色素にはβ-カロテンが多く含まれている。β-カロテンには抗酸化作用があるといわれる。また、青い果肉には、肉の消化を助けるパパイン酵素が多く含まれている。
・ハーフカットする場合、やわらかな尻部の方から包丁を入れると切りやすい。
・種を取る時は、種と実の間の薄皮までしっかりと取り除くこと。

輸入果物

アボカド Avocado クスノキ科

栄養豊富な「森のバター」
和食にも定着した人気食材

健康志向にマッチした商材で、近年輸入が増加している。日本で出回っている9割がメキシコ産で、周年供給。品種は果肉が滑らかなハス種が主流。統計上は果物に分類されているが、甘みはなく、植物性脂肪の多い健康食品であることをアピールして販売したい。世界一栄養価の高い果物としてギネスブックにも認定されており、日本だけでなく世界的にも消費量が伸びている。

メキシコ産
産地も多く周年リレー出荷されている。ハス種が主流。脂肪分をたっぷり含み、コクがあってネットリとした味わいが特徴。最近では化学肥料や農薬を使用しないこだわりアボカドも人気

鮮度の見分け方
・ヘタの付近がやわらかくないもの
・形がいびつでないもの
・皮にツヤとハリがあるもの
・触ってふかふかしていないもの

最適な保存条件
家庭では、未熟のものは常温で、熟したものはビニール袋に入れて野菜室に保存する。カットしたものは種を取り除き、切り口にレモン汁をつけてラップをし、冷蔵庫で保存すること。レモン汁は空気に触れての褐変を防ぐために塗布する。

栄養&機能性
植物性脂肪が多く、特に不飽和脂肪酸のオレイン酸を多く含む。オレイン酸は悪玉コレステロールを下げる働きがあるとされている。

食べ方のアドバイス
・果皮が黒くなりかけで、弾力があれば熟している。熟しすぎると果肉が黒くなるので注意する。

・ハス種以外では、熟しても緑色のままか、黒斑が少し出る程度。触ってみてやわらかくなっていたら食べごろ。

・切ったあとで熟していないとわかった時は、加熱するとよい。天ぷらのほか、フライパンでソテーにしたり、アルミホイルに並べチーズをのせてグリルで焼くのもおすすめ。

販売アドバイス
・アボカドディップは、アボカドとクリームチーズをフォークの背でつぶしながら混ぜ、たまねぎのみじん切り、トマトの粗みじん切り、レモン汁を混ぜる。好みでタバスコも。肉料理のほか、トーストやハンバーガー、トルティーヤなどのソースとして楽しめる。

・栄養分は、ビタミン、ミネラルのほか、不飽和脂肪酸も。さらに悪玉コレステロールを下げ、動脈硬化を予防する働きがあるとされるオレイン酸など注目される栄養素が多く含まれている。

・当たったところが変色するため、可能であればフルーツキャップをつけたまま持ち帰る方がよい。

・わさびしょうゆをつけて、お刺身風、チーズと海苔で巻いておつまみに。また、チーズを振ってグラタンのように焼いても美味しい。

アボカド | 輸入果物

アボカド品種紹介

ニュージーランド産
日本向けの良質のアボカド生産を増やしており、毎年輸入が増えてきている。濃厚でクリーミィな味わいが特徴。供給は9月～翌2月

POP
- わさび醤油で
  ヘルシーアボカド丼
- チーズや海苔で巻いて
  ビールのおつまみに
- チーズをふりかけ
  アボカドグラタン

国産（ベーコン種）
ベーコン種のほかハス種もあり、10月中旬～翌1月頃まで出回る。和歌山、愛媛、沖縄、静岡などで栽培が行われている。環境に配慮し、農薬を抑えた栽培を行い差別化をおこなっている産地もある

Q 表面はきれいなのに中に黒い斑点があった。これは病気？

アボカドの果肉の黒い斑点や筋は、鮮度が悪くなった場合と、保管中に低温障害にあった場合に起こる現象。切り取れば食べることができるが、販売には適さない。果皮がしなびて、ふかふかしたものは廃棄すること。

コラム　簡単！アボカドの皮のむき方

① 縦に包丁を入れ、種の周りをぐるりと一周させ切込みを入れる。

② 両手で実を持ち、種を中心に回転させ、二つに割る。

③ 包丁の角をアボカドの種に刺し、包丁を回して種をとる。

④ 4等分にして皮をつまみスルリとむく。

輸入動向

輸入量	2017年	60,635 t
	2016年	73,915 t
	2015年	57,588 t

2017年輸入量 上位2位
- その他
- ペルー 3,369t (5.6%)
- メキシコ 56,118t (92.5%)

輸入果物

マンゴー Mango ウルシ科

品種の違いをわかりやすく 国産は完熟品が人気

トロピカルフルーツの代表格として消費が伸びている。近年、沖縄県や宮崎県などで高級完熟品が生産されており、ブランドとして人気が高い。輸入品に関しては、以前はフィリピン産が主体だったが、現在はメキシコ産が多く、インド、オーストラリアやブラジル産など、輸入先国と品種が多様化している。輸入時期はフィリピン産が2月〜7月、メキシコ産が4月〜8月、オーストラリア産が10月〜翌3月と、品種を変えて輸入物が周年出回る。国産の旬は5月〜8月。

アーウィン
日本や台湾などの品種。国産は4月〜7月初旬、台湾産は5月〜8月に出回る。糖度15度以上、重さ350g以上という厳しい基準を満たした宮崎県産「太陽のタマゴ」が有名

鮮度の見分け方
・果皮にハリがあるもの
・傷や斑点がないもの
・ずっしりと重みのあるもの
・さわるとややベタつきがあるもの

最適な保存条件
常温で保存し、早めに食べきる。熟したものはピッタリとラップに包み、フルーツキャップをかぶせて保護した後、紙袋などに入れて野菜室で保存する。熟していないものは、冷やすと追熟が進まないため、冷やさないように注意する。

栄養&機能性
カロテンの量が多いのが特徴。カロテンは細胞の老化を抑える抗酸化作用がある。また、貧血予防によいとされる葉酸や、腸の働きを整える食物繊維も多め。

カロテン　葉酸　食物繊維

食べ方のアドバイス
・切り方は果皮をつけたまま平たく寝かし、ヘタの方からナイフを入れ、3枚におろす。繊維質が多いので、皮を切らないように注意し、果肉にサイの目の刻みを入れると食べやすい。

・熟したマンゴーを青いマンゴーといっしょに包んでおくと、熟成を促進する。

Q 食べたら顔が腫れてしまったが、原因は農薬?

マンゴーはウルシ科の植物で、漆かぶれをひきおこすウルシオールに似た成分が原因。口の周りや顔、手が痒くなったり腫れたりする、「かぶれ」のような症状を引き起こすことがある。症状がひどいようならば、医師に相談すること。農薬ではない。

Q マンゴーの果肉に小さな穴が開いているが食べても大丈夫?

未熟果に多くみられる「ホワイトスポット」と呼ばれるもので、輸入の際に行われる蒸熱処理が原因で起こる。生理的なものなので害はないが、食味が悪いのでその部分だけ取り除くとよい。

販売アドバイス
・熟度の見分け方は、果肉がももよりやや硬いくらいが適熟である。フィリピン産は青味がぬけ、全体が黄色くなった頃が適熟。
・マンゴーは鮮度が低下してくると黒い斑点が現れるので、斑点が発生したら早く食べること。

マンゴー　輸入果物

マンゴー品種紹介

ケンジントン
オーストラリアの品種。黄色とピンクでピーチマンゴーとも呼ばれる。筋が少ない

ナムドクマイ
タイの品種。鮮やかな黄色できめ細かく甘みが強い。周年輸入される

ヘイデン
メキシコが主流で、甘く濃厚。このヘイデンとアーウィンは、皮が赤くなる品種のため、まとめてアップルマンゴーと呼ばれることもある

カラバオ
フィリピンの品種で、ペリカンマンゴーとも呼ばれる。果皮が黄色、果肉は鮮黄色でやや酸味が強い。ほぼ周年輸入される

トミーアトキンス
ブラジルの品種。果皮は赤、果肉は黄金色で、甘みが強く果汁が多い

キーツ
緑のままで完熟する。果肉は橙黄色で繊維質が少なく肉質はやわらかい。沖縄などには贈答用の赤品種もある

ミニマンゴー
品種ではなく、大きくならないまま熟したもの。ひと口サイズだが、味は大きいものと変わらない

POP
- 生クリームをかけて簡単デザート
- 3枚にカットしてスプーンでぺろり
- 味だけじゃないビタミンもたっぷり

輸入動向

輸入量　2017年　6,555 t
　　　　2016年　5,881 t
　　　　2015年　5,841 t

2017年輸入量 上位3位

587t (9%) その他
台湾
1,515t (23.1%) タイ
メキシコ 3,107t (47.4%)

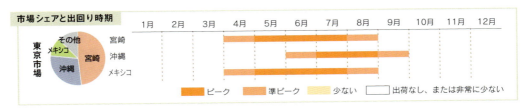

市場シェアと出回り時期

| | 1月 | 2月 | 3月 | 4月 | 5月 | 6月 | 7月 | 8月 | 9月 | 10月 | 11月 | 12月 |

東京市場：その他／宮崎／メキシコ／沖縄

ピーク　準ピーク　少ない　出荷なし、または非常に少ない

輸入果物

ドリアン Durian アオイ科

熱帯果物の王様！

果肉は淡黄色のクリーム状で濃厚な甘みがある。強烈な異臭とも、まろやかな香気ともいわれる香りを放つ。その香りゆえ、東南アジアではホテル内への持ち込みが禁止されていることも多い。主にタイから周年輸入され、冷凍物も出回る。

販売アドバイス
- 果肉をくりぬき冷凍しておくと、香りも和らぎアイスクリームのように食べることができる。解凍せずに、そのまま食べるほうがよい。
- 皮が割れ香ってくるなど、熟し具合をしっかりと見極めること。

鮮度の見分け方
- 全体がいびつでなく整っているもの
- 裂け目が入ってきたら食べごろ

POP
- ●香りに勝る濃厚な甘み！
- ●皮が割れたら食べ頃です

食べ方のアドバイス
- ヘタの反対側に裂け目が入った頃に、手や包丁で開き、種の周りについているクリーム状の小さい房をすくって食べる。果皮が硬いため、軍手をはめるとよい。

マンゴスチン Mangosteen フクギ科

甘美な果物の女王

酸味と上品な甘みがあり「果物の女王」として珍重されている。厚い果皮は成熟すると濃紫色になる。輸入は冷凍が中心。生果は植物検疫法により輸入禁止品目となっていたが、現在では条件付きでタイからの輸入がある。旬は6月〜8月頃。

販売アドバイス
- 果皮が乾燥したものは、果肉が発酵しかけている場合があるので注意する。
- 保存する場合はビニール袋に入れて野菜室へ。
- 上品な甘みで「三大美果」の一つといわれる。

鮮度の見分け方
- 果皮に多少弾力のあるもの
- 果実が大きいものは果肉も多い

POP
- ●お肉の消化促進 食後のデザートに
- ●上品な甘み 三大美果のひとつ

食べ方のアドバイス
- 果皮の横を一周するように切り込みを入れ、瓶のふたを開けるようにひねると、皮がきれいに取れる。
- 生クリームをかけてもおいしい。

ドリアン / マンゴスチン / ピタヤ (ドラゴンフルーツ) / ライム　　輸入果物

ピタヤ（ドラゴンフルーツ） Pitaya　サボテン科

さっぱりプチプチ食感

甘みとさわやかな酸味があり、黒い種はプチプチとした歯ごたえがある。果皮には鱗状のヒダがあり、竜の鱗に見立てて「ドラゴンフルーツ」とも呼ばれる。果肉の色は白、赤、黄があり、赤が甘みが強い。旬は6月〜11月。

販売アドバイス

・保存はビニール袋に入れて野菜室で。
・外側から見分けがつきにくいが、比べると白肉種は果形が細長く、赤肉種は丸い形である。
・爽やかな酸味があり、サラダにも合う。

鮮度の見分け方

・果皮にハリがあるもの
・鮮やかな赤色のもの

POP
● カリウム豊富　夏の水分補給に
● 酸味さわやか　サラダにも

食べ方のアドバイス

・冷蔵庫で冷やし皮をむき、ひと口サイズに切って食べる。または、半分に切って果肉の部分をスプーンですくって食べる。ミキサーでジュースにしてもよい。

ライム Lime　ミカン科

やわらかい酸味と鋭い香り

ライムには小ぶりのメキシカンライムと大ぶりのタヒチライムがあり、出回っているのはメキシカンが多い。肉、魚料理、サラダや東南アジア料理のわき役として使われる。また、鋭い香りと酸味が洋酒と相性がよく、カクテルにも多く利用される。

販売アドバイス

・レモンほど大きくなく、香りもやわらかいので、1回ずつ使いきりができる。ミントとの相性もよく、果汁に砂糖とソーダ水でライムスカッシュに。
・アジア料理の香酸柑橘として使うと引き立つ。

鮮度の見分け方

・皮にハリのあるもの
・濃い緑のもの。黄色くなると酸味が抜ける

POP
● ビールにひと搾り　メキシカン気分
● キリッとした酸味　アジアンフードに

食べ方のアドバイス

・酸味はレモンより少ないので、ソフトドリンクや紅茶にも。メキシコのコロナビールには必須アイテムで、果汁だけでなく実ごとビンに入れる。コーラなどにも使われる。

279

輸入果物

ライチ Litchi ムクロジ科

みずみずしい楊貴妃の好物

さわやかな香りと甘さで、乳白色の果肉はみずみずしい。楊貴妃が好んだ果物として、古来から珍重されていた。日本では沖縄や鹿児島産が6月～7月に出回り、同じ時期に台湾、中国、メキシコなどから輸入されている。

販売アドバイス
- 果実を果皮から取り出すと日持ちがしないので、食べる直前にむくとよい。
- 長期保存できないのですぐに食べること。
- 楊貴妃の好んだ食べ物といわれている。
- 冷凍してシャーベットのように食べても美味しい。

鮮度の見分け方
- 表面が黒ずんでないもの
- 皮に弾力のあるもの

POP
- ●冷凍してシャーベットに
- ●楊貴妃もとりこ極上フルーツ

食べ方のアドバイス
- 皮を手でむき、半透明で乳白色の果肉を食べる。多汁のため、皮をむくときに汁が飛ぶので注意する。
- 乾燥させて、お茶の香りづけにも使われる。

フィンガーライム Finger lime ミカン科

キャビア状の果肉のライム

ライムのような酸味があり、キャビアのような粒状の果肉。長さ4～8cmほどのミニきゅうりのような円筒形で重さは10～20gほど。オーストラリアが原産で、果肉は黄色や赤色などバラエティに富む。輸入物の収穫時期は初秋～冬。

販売アドバイス
- 粒状のため酸味が食材に溶け出さない。
- オーストラリア原産の柑橘類で、先住民のアボリジニに食されていたといわれる。
- 爽やかな酸味は魚介にも合う。

鮮度の見分け方
- 果皮に傷がないもの
- 程よい弾力のあるもの

POP
- ●魚介にぴったりさわやかな酸味
- ●カクテルにはじけるすっぱさ

食べ方のアドバイス
- 真ん中ほどで半分に割り、果肉を押し出して使う。
- 料理に酸味を加えたり、彩りに使うとよい。
- 緑や黄色などの品種もあり、カクテルに入れても美しい。

ライチ / フィンガーライム / ランブータン / スターフルーツ　　輸入果物

ランブータン
Rambutan　ムクロジ科

皮の中身はぷるぷる！

甘酸っぱく果汁が多め。果肉は半透明で歯ごたえはライチに近い。果実は直径2〜3cmの球形、果皮は鮮紅色で、やわらかいトゲにおおわれている。出回り時期は、タイ・フィリピン産が6月〜8月、インドネシア産が1月〜2月。輸入は冷凍が中心。

販売アドバイス
・生果の貯蔵期間は、常温では3〜4日。ポリ袋に入れて10℃で保存すれば10〜12日間持つ。
・「ランブ」とはマレー語で髪の毛を意味する。

鮮度の見分け方
・果皮が赤いもの
・トゲに弾力があるもの

POP
●もじゃもじゃだけど中身はつるん！
●お子様でも手でむけます

食べ方のアドバイス
・手でむくことができるが、鮮度がよいと果皮が硬い場合があるので、ナイフなどで皮の横に切れ目を入れて、瓶のふたを開けるようにひねると、皮がきれいにとれる。

スターフルーツ
Star fruit　カタバミ科

果物界のスター☆

ジューシーでさわやかな甘みと酸味がある。果実には5本の稜角があり横に切ると星型になることが特徴。「ゴレンシ」とも呼ばれている。甘味種が生食向きで、酸味種はジャムやピクルスに向く。沖縄産、宮崎産があり、旬は9月〜翌2月。

販売アドバイス
・黄色く熟したものは冷蔵庫で保存すること。
・先を削ったら、薄くスライス。皮ごと食べられる。
・追熟は20℃前後の場所で。
・砂糖漬けにしてお菓子の飾りに使ってもかわいい。

鮮度の見分け方
・しわや斑点がないもの
・皮にハリがあり、重みがあるもの

POP
●キュートな星形砂糖漬けにも
●切って飾ってかわいさUP

食べ方のアドバイス
・黄色くなったものが食べごろ。未熟なものは常温で追熟させる。
・苦みは角の先端にあるので、取り除くと食べやすい。

281

輸入果物

チェリモヤ Cherimoya バンレイシ科

森のアイスクリーム

南米ペルーのアンデス山脈の高原で発見された果物。熟すと濃厚でコクのある味わいが楽しめる。チェリモヤとは「冷たい果実」という意味。果形は不揃いのハート型で、果皮は緑色のウロコ状。果重は100gから大きいものは2kgまである。

販売アドバイス
- 完熟したものを食べる直前に冷やすと、おいしく食べることができる。
- 追熟は風が当たらない20℃前後の室内で行う。
- 「もも」くらいの弾力が食べ頃で、クリームのようななめらかさを楽しめる。

鮮度の見分け方
- 果形がふっくらとしたハート形のもの
- 弾力があり重さのあるもの

POP
- ●クリーム状のリッチな味わい
- ●ももぐらいの弾力が食べごろ目安

食べ方のアドバイス
- 果皮が暗褐色になり、さわってやわらかさを感じるくらい熟したら食べること。
- 皮つきのままカットして、スプーンですくって食べる。

キワノ Kiwano ウリ科

レモン風味でさっぱり味

酸味が強く、レモンときゅうりを合わせたような風味がある。長さ15cm前後、直径は7～8cm前後。果皮は黄色からオレンジ色で、尖った角がある。果肉は緑色のゼリー状、その中に白い種がある。ニュージーランドやアメリカからの輸入物が周年出回る。

販売アドバイス
- 果皮にトゲがあるため、「とげメロン」「つのメロン」とも呼ばれている。
- 保存は常温で2週間から1か月もつ。
- アイスクリームに添えてもおいしい。

鮮度の見分け方
- 果皮にしわや傷のないもの
- トゲが折れていないもの

POP
- ●レモン風味のとげとげメロン
- ●アイスクリームに添えても美味しい

食べ方のアドバイス
- 縦半分に切って、中の緑色のゼリー部分を種ごと食べる。外側の黄色い果皮は食べることができない。
- 甘みが少ないので、甘みの強いものに合う。

チェリモヤ / キワノ / ココヤシ / ミラクルフルーツ　　輸入果物

ココヤシ　Coconut　ヤシ科

果汁はヘルシー、胚乳にコク

人の頭ほどもある大きさで、中身（コプラ）を食用とする。ココナッツウォーターは、ほのかな甘みでさっぱりしており、コプラはやや甘みのある香りと弾力のある歯ごたえ。殻の内壁にくっついているのでスプーンなどで削り取る。輸入が主で周年出回る。

販売アドバイス

・皮を殻のところまで削り、丈夫なナイフなどで殻に穴を開けてジュースを飲む。殻の上部に、3か所のやわらかい部分があるので、そこを狙うとよい。
・ミネラルが豊富で、天然のスポーツ飲料と言われる。
・実は砕いてカレーの隠し味にしても。

鮮度の見分け方

・果皮が割れていないもの
・持った時に重量感のあるもの

POP
● ミネラル豊富な天然スポーツ飲料
● 中身は砕いてカレーの隠し味に

食べ方のアドバイス

・核の中にある半透明の果汁はココナッツウォーターと呼ばれ、そのままジュースにする。
・ココナッツミルクはコプラを搾ったもの。

ミラクルフルーツ　Miracle fruit　アカテツ科

不思議！ レモンが甘く !?

白い果肉はやや青臭みがあるが、含有成分の「ミラクリン」が舌の味蕾に作用し、酸味を甘みに感じるように変化させる。人により2時間ほど持続する。生果は7月～10月に多く出回り、フリーズドライされて周年出回る。

販売アドバイス

・強くかむと苦みを感じるので、なめるようにすること。その後レモンなどの酸っぱいものを食べると酸味を感じずに食べることができる。
・丸ごと冷凍保存できる。

鮮度の見分け方

・皮に傷のないもの
・赤く熟しているもの

POP
● 強い酸味もあま～く変身
● 酸っぱくない？レモンをがぶり

食べ方のアドバイス

・皮ごと口に入れ、そっと皮を噛み、飴をなめるように舌の上に転がす。果汁を飲み込まないようにしながら、まんべんなく舌に果汁をいきわたらせるとよい。

輸入果物

バナナハート Banana heart バショウ科

シャキシャキ食感のバナナのつぼみ

バナナハートはバナナの花の通称。赤紫色のたけのこのような形をしており、東南アジアなどではよく食される。よく見ると小さな花がついており、ガクの元の部分が小さなバナナになっている。レストランのディスプレイにも使用される。

販売アドバイス
- 現地ではココナツミルクで煮る料理が一般的。
- タケノコのような歯ごたえで、甘くなく繊維質で味は薄い。和食の味付け、きんぴらや炒め物にも合う。
- 赤い花弁はお皿のように使って、料理を盛りつけても美しい。

鮮度の見分け方
- 赤紫の苞（ほう）にハリのあるもの
- バナナの花が落ちていないもの

POP
- 花弁を器にトロピカル気分
- シャキシャキたけのこの歯ごたえ

食べ方のアドバイス
- 下ごしらえは、赤い部分がなくなるまで花弁をむき、芯はスライス、それ以外は食べやすい大きさに切る。30秒ほどゆでてザルで水気を切り、調理する。

アテモヤ Atemoya バンレイシ科

なめらかさはカスタードクリーム！

世界三大美味のひとつ。チェリモヤ（282ページ）とバンレイシ（釈迦頭）の交配種。両親と同様、果肉はクリーム状で上品な舌触り。さらに「木になるアイスクリーム」と呼ばれるほどの甘みが特徴。

販売アドバイス
- 長期の保存が難しく輸入量は少ないが、近年沖縄で栽培されている。出回りは11月〜翌4月。
- 常温でしっかり追熟させること。ももくらいの弾力になったら食べごろ。

鮮度の見分け方
- 突起が黒くなると熟したしるし。全てが黒くなっていないもの。傷がついていないものが良品

POP
- これはもう本当のアイスクリーム！
- 忘れられない南国の味

食べ方のアドバイス
- 縦半分または4つに切って、スプーンですくって食べる。種の周りの果肉がおいしい。また、ひと口サイズに切って冷凍するとアイスクリームのように。

索引

あ

アーウィン	276
アーティチョーク	154
アールスメロン	235
アイコ	75
アイスプラント	142
アイベリー	230
アイユタカ	99
アウローラ21	226
青なす	68
青ねぎ(葉ねぎ)	40
青パパイヤ	153
赤おくら	81
赤かぶ(温海かぶ)	13
赤キャベツ(紫キャベツ)	23
赤軸ほうれん草	33
赤軸みず菜	42
赤じそ	114
赤ずいき	105
赤たまねぎ	109
あかつき	242
赤なす(ひごむらさき)	68
赤ねぎ	39
あかねっ娘(ももいちご)	231
あきづき	207
秋映	198
章姫	230
あけび	259
あさつき	41
あさつきの芽	41
浅間白桃	243
あしたば	47
アスパラガス	54
アスパラ菜(オータムポエム)	61
愛宕梨	208
温海かぶ(赤かぶ)	13
アテモヤ	284
アピオス	137
阿房宮	124
アボカド	274
あまおう	229
アムス	239
アメーラ	73
アメーラルビンズ	75
アメリカンチェリー(ビング)	251
あやめ雪	13

アルファルファ	121
アルプス乙女	201
アレキサンドリア	222
アロエの芽	152
アンコール	189
あんず	257
アンデス(トマト)	74
アンデス(メロン)	236
アンデスレッド(レッドアンデス)	98
安納芋	102
あんぽ柿	219

い

イエローキャバーン	74
イエロープラム	245
イエローミミ	75
石垣珊瑚	273
石川早生	105
イタリアンパセリ	43
イタリアンパプリカ(パレルモ)	78
いちご	228
いちじく	256
一宮白桃	243
いちょういも	107
糸みつば	45
茨城れんこん	21
いよかん	180
岩国れんこん	21
インカのめざめ	98
インカルージュ	98
いんげん	92

う

ヴィオラ	74
ウインターネリス	212
打木赤皮甘栗かぼちゃ	65
うど	48
うめ	254
うるい	159
温州みかん	176

え

えごま	128
エシャレット	138
エシャロット(シャロット)	138
えだまめ	88

越後姫…………………………… 231
エディブルフラワー…………… 125
えのきたけ……………………… 169
えびいも………………………… 105
エリンギ………………………… 171
エンダイブ……………………… 139
えんどう(実えんどう・グリーンピース)…… 87
延命楽…………………………… 124

お

オア……………………………… 271
おいしい菜……………………… 61
黄玉……………………………… 225
黄金桃…………………………… 243
黄寿……………………………… 72
王秋……………………………… 209
鶯宿……………………………… 255
桜桃(さくらんぼ)……………… 250
王林……………………………… 196
大石早生………………………… 244
大浦ごぼう……………………… 17
大蔵大根………………………… 10
オークリーフレタス…………… 27
オータムポエム(アスパラ菜)… 61
大長なす………………………… 68
オーラスター…………………… 188
オーロラ………………………… 212
大鰐温泉もやし………………… 123
おかひじき……………………… 157
おくら…………………………… 81
おたふくしゅんぎく…………… 37
オトメ…………………………… 239
オリエンタルスター…………… 226
オレガノ………………………… 117
オレンジ(スイートオレンジ)… 270
オレンジブーケ………………… 59
オロブロンコ(スウィーティー)… 269

か

カーボロネロ…………………… 139
甲斐路…………………………… 223
改良内田………………………… 255
かいわれだいこん……………… 121
香梨……………………………… 209
加賀太きゅうり………………… 63
加賀れんこん…………………… 21
かき……………………………… 214
かき菜…………………………… 61

カステルフランコ……………… 143
かたくり………………………… 158
月山錦…………………………… 251
金沢一本太ねぎ………………… 39
金沢春菊………………………… 37
かぶ……………………………… 12
蕪甘藍(コールラビ・球茎甘藍)……… 140
かぼす…………………………… 190
かぼちゃ………………………… 64
亀戸大根………………………… 10
賀茂なす………………………… 69
カモミール……………………… 117
カラーパプリカ………………… 78
カラーピーマン………………… 77
からし菜………………………… 133
からす大根(黒大根)…………… 11
カラバオ………………………… 277
カラマンダリン………………… 188
カラント(すぐり)……………… 261
カリフォルニア………………… 213
カリフラワー…………………… 58
カリフローレ…………………… 59
かりん…………………………… 258
河内晩柑………………………… 183
川中島白桃……………………… 243
甘秋……………………………… 218
寒玉(キャベツ)………………… 22
甘平……………………………… 188

き

キーウィ(キウイフルーツ)…… 248
キーツ…………………………… 277
きおう…………………………… 198
黄かぶ…………………………… 13
菊芋……………………………… 162
きくらげ………………………… 174
貴秋……………………………… 218
キタアカリ……………………… 98
きたろう………………………… 201
黄にら…………………………… 51
絹かわなす……………………… 68
きぬさや………………………… 95
紀ノ川…………………………… 218
木の芽…………………………… 161
希房……………………………… 247
黄美娘…………………………… 242
キャベツ………………………… 22
キャンベルアーリー…………… 223

球茎甘藍（コールラビ・蕪甘藍）…………	140
きゅうり……………………………………	62
貴陽…………………………………………	245
京いも………………………………………	105
行者菜………………………………………	51
行者にんにく………………………………	131
京たけのこ…………………………………	19
京山科なす…………………………………	69
清香…………………………………………	231
巨峰…………………………………………	221
清見…………………………………………	182
切りみつば…………………………………	44
キワノ………………………………………	282
きんかん……………………………………	185
金魚草………………………………………	125
キングデラ…………………………………	222
金糸瓜（そうめんかぼちゃ）……………	65
金時草………………………………………	151
キンショウ…………………………………	238
金星…………………………………………	202
金時…………………………………………	100
金時にんじん………………………………	15
ぎんなん……………………………………	134
金美…………………………………………	15
銀寄…………………………………………	253

く

クイーンニーナ……………………………	224
クインシー…………………………………	237
空芯菜（ヨウサイ）………………………	129
茎レタス（ステムレタス）………………	27
九条ねぎ……………………………………	41
クマト………………………………………	74
グラニースミス……………………………	202
くり…………………………………………	252
グリーンキーウィ…………………………	248
グリーンゼブラ……………………………	73
グリーンセロリ……………………………	53
グリーントマト……………………………	74
グリーンピース（えんどう・実えんどう）……	87
グリーンボール……………………………	23
グリーンリーフ……………………………	26
グリーンレモン……………………………	272
クリムゾンシードレス……………………	226
グレープフルーツ…………………………	268
クレス（スプラウト）……………………	121
クレソン……………………………………	47
紅の夢………………………………………	200

グローコールマン…………………………	226
黒皮かぼちゃ………………………………	64
黒皮栗………………………………………	64
黒大根（からす大根）……………………	11
黒にんにく…………………………………	111
黒豆…………………………………………	89
くわい………………………………………	130
ぐんま名月…………………………………	202

け

月光…………………………………………	245
剣先…………………………………………	255
ケンジントン………………………………	277
源助だいこん………………………………	11
原木しいたけ………………………………	165

こ

こいのか（恋の香）………………………	230
紅玉…………………………………………	200
甲州…………………………………………	226
紅芯大根……………………………………	11
幸水…………………………………………	205
こうたろう…………………………………	201
香緑…………………………………………	249
昴林…………………………………………	200
ゴーヤー（にがうり）……………………	84
ゴールデンパイン（スムースカイエン種）…	266
ゴールド神武………………………………	233
ゴールドフィンガー………………………	227
ゴールド・ラ・フランス ………………	212
コールラビ（蕪甘藍・球茎甘藍）…………	140
黄金千貫……………………………………	102
小菊…………………………………………	124
こごみ………………………………………	158
ココヤシ……………………………………	283
御所川原……………………………………	198
古城…………………………………………	255
ゴジラのたまご……………………………	233
コスレタス（ロメインレタス・ローメインレタス）……	27
こどもピーマン……………………………	77
小なす………………………………………	69
こねぎ………………………………………	41
琥珀だけ……………………………………	169
コプリーヌ…………………………………	174
ごぼう………………………………………	16
ごぼ丹………………………………………	17
こまつな……………………………………	30
コミス………………………………………	212

こみつ	201
子持甘藍(芽キャベツ)	127
コリンキー	65
ゴルビー	227
枯露柿	219
コンチェルト	75
コンファレンス	213

さ

ザーサイ	137
サーベルいんげん	93
彩玉	208
さがほのか	230
桜島大根	11
さくらんぼ(桜桃)	250
ざくろ	258
ささげ	93
さちのか	230
さつまいも	100
さといも	104
さとうえんどう	95
佐藤錦	250
サニールージュ	225
サニーレタス	24
さぬきエンジェル・スイート	249
さぬきゴールド	249
さぬき姫	231
サボイキャベツ	141
サマーエンジェル	245
サマービュート	245
さやえんどう	94
サラダたまねぎ	109
サラダ菜	26
サラダほうれん草	33
サルシフィー	141
さんさ	198
山椒の実	136
三色コーン(とうもろこし)	83
さんたろう	200
サンチュ	128
サンふじ	202
サンヴェルデ	225
三宝柑	189
サンマルツァーノ	73
サンライズ・ソロ	273

し

シークワシャー	186
しいたけ	164
シェリー	99
紫苑	226
塩たまねぎ	109
四角豆	152
鹿ケ谷かぼちゃ	65
ししとう	79
シシリアンルージュ	75
四川	63
しそ	114
しどけ	162
シナノゴールド	199
シナノスイート	199
自然薯	107
四方竹	19
島とうがらし	80
清水白桃	243
下仁田ねぎ	38
霜降りはくさい	29
ジャイアントキャベンディッシュ	264
シャインマスカット	222
じゃがいも	96
ジャガキッズパープル	99
ジャガキッズレッド	99
JAZZ	198
シャドークイーン	99
シャロット(エシャロット)	138
シャロンフルーツ	218
ジャンボしいたけ	165
ジャンボしめじ	168
ジャンボにんにく	111
ジャンボマッシュルーム	173
秀峰	246
秋峰	253
秋麗	208
しゅんぎく	36
じゅんさい	157
しょうが	112
聖護院かぶ	13
聖護院だいこん	11
湘南ゴールド	188
食用菊	124
食用ほおずき	136
ジョナゴールド	197
不知火(デコポン)	179
シルクスイート	102
シルバーベル	212
次郎	217

白瓜	134
白加賀	254
白きゅうり	63
白ゴーヤー	84
白たまねぎ	109
白なす	68
白にんじん(スノースティック)	15
白まいたけ	170
新興梨	208
新ごぼう	16
新しょうが	113

す

スイーティア	75
スイートオレンジ	270
すいか	232
水晶文旦	189
スイスチャード	140
翠峰	225
スウィーティー(オロブロンコ)	269
スカイベリー	230
すぐり(カラント)	261
すずあかね	231
スターフルーツ	281
すだち	190
スチューベン	227
ズッキーニ	85
スティッキオ	147
スティックセニョール	57
ステムレタス(茎レタス)	27
ストック	125
ストライプドキャバーン	74
スナックパイン(ボゴールパイン)	267
スナップエンドウ	95
スノースティック(白にんじん)	15
スペアミント	117
スポーツバナナ(ラカタン)	265
スムースカイエン種(ゴールデンパイン)	266
すもも	244

せ

西洋なし	210
セージ	117
世界一	200
ゼスプリ・サンゴールド	248
せとか	187
瀬戸ジャイアンツ	224
セニョリータ(バナナ)	265

セニョリータ(パプリカ)	78
ゼブラなす	69
セミノール	186
せり	49
セレベス	105
セロリ	52
セロリアック	144
仙台雪菜	31
ぜんまい	156

そ

早秋	217
そうめんかぼちゃ(金糸瓜)	65
ソフトタッチ	262
ソフトタッチ(ピーチパイン)	267
そらまめ	90
ソルダム	245
ソロ	273

た

タアサイ	129
ダイアモンドベリー	231
大栄愛娘	102
太月	218
大紅栄	201
だいこん	8
太秋	217
大豆もやし	123
太天	218
タイニーシュシュ	29
タイム	116
太陽	245
台湾パイン(台農17号)	267
高砂	250
タカミ	236
滝野川ごぼう	16
たけのこ	18
だだちゃ豆	89
たで	161
たねなっぴー	77
ダブル・マーコット	271
たまねぎ	108
たもぎだけ	174
たらの芽	155
タルディーボ	143
たんかん	184
男爵	96
丹波栗	253

ち

チェリモヤ	282
チコリ	142
ちぢみほうれん草	33
チャービル	117
チャイブ	117
長十郎	208
朝天辣椒	80
ちよひめ	242
ちょろぎ	163
チンゲンサイ	34
チンツァイファー（青菜花）	35

つ

つがる	195
津軽ゴールド	199
つくし	163
つくねいも（やまといも）	106
漬け菜類	31
つるな	160
つるむらさき	132
ツンドク	265

て

デイジー	125
ディル	117
デコポン（不知火）	179
デジマ	99
デラウェア	221
寺島なす	69

と

とうがらし	80
とうがん	86
桃薫	231
豆苗	119
とうもろこし	82
トキ	199
とき色ひらたけ	174
トスカーナバイオレット	75
土垂	104
とちおとめ	229
刀根	216
トマト	70
トマトベリー	75
トミーアトキンス	277
富山干柿	219
とよみつひめ	256

ドライプルーン	257
ドラゴンフルーツ（ピタヤ）	279
ドラゴンフルーツのつぼみ	154
ドリアン	278
ドリスコール	231
トレビス	143
どんこしいたけ	165
トンプソンシードレス	227
とんぶり	160

な

ながいも	106
ながちゃん	65
長ねぎ（ねぎ）	38
ナガノパープル	223
なし	204
なす	66
なつしずく	208
なつっこ	242
夏みかん	181
なでしこ	125
菜の花	60
ナポレオン	251
ナムドクマイ	277
なめこ	172
南高	254
南水	207
軟白うど	48
南陽	251

に

新高	206
にがうり（ゴーヤー）	84
二十世紀	206
西村早生	217
ニシユタカ	99
にっこり	209
日本ほうれん草	33
入善	233
にら	50
にんじん	14
人参芋	102
にんにく	110
にんにくの芽	111

ね

ネーブル	270
ねぎ（青ねぎ・葉ねぎ）	40

ねぎ（長ねぎ）‥‥‥‥‥‥‥‥ 38	バナップル‥‥‥‥‥‥‥‥‥ 265
ねぎ（芽ねぎ・姫ねぎ）‥‥ 161	バナナ‥‥‥‥‥‥‥‥‥‥‥ 264
ネクタリン‥‥‥‥‥‥‥‥‥ 246	バナナハート‥‥‥‥‥‥‥‥ 284
ねずみ大根‥‥‥‥‥‥‥‥‥ 11	花にら‥‥‥‥‥‥‥‥‥‥‥ 51
根みつば‥‥‥‥‥‥‥‥‥‥ 45	花にんにく‥‥‥‥‥‥‥‥ 111
練馬大根‥‥‥‥‥‥‥‥‥‥ 10	葉にんにく‥‥‥‥‥‥‥‥ 111
	葉ねぎ（青ねぎ）‥‥‥‥‥ 40

の

ノーザンルビー‥‥‥‥‥‥‥ 98	ハネジュー（ハネデュー）‥ 238
野沢菜‥‥‥‥‥‥‥‥‥‥‥ 31	パパイヤ‥‥‥‥‥‥‥‥‥‥ 273
のびる‥‥‥‥‥‥‥‥‥‥‥ 158	ハバネロ‥‥‥‥‥‥‥‥‥‥ 80
のらぼう‥‥‥‥‥‥‥‥‥‥ 61	パプリカ‥‥‥‥‥‥‥‥‥‥ 78
	バラ‥‥‥‥‥‥‥‥‥‥‥‥ 125

は

ハーコット‥‥‥‥‥‥‥‥‥ 257	バラード‥‥‥‥‥‥‥‥‥‥ 213
パースニップ‥‥‥‥‥‥‥‥ 148	ハラ・ペーニョ‥‥‥‥‥‥‥ 80
ハート型きゅうり‥‥‥‥‥‥ 63	春玉（キャベツ）‥‥‥‥‥‥ 23
ハーブ‥‥‥‥‥‥‥‥‥‥‥ 116	春の七草‥‥‥‥‥‥‥‥‥‥ 126
パープルスイートロード‥‥ 102	はるひ‥‥‥‥‥‥‥‥‥‥‥ 189
バーベナ‥‥‥‥‥‥‥‥‥‥ 125	はるみ‥‥‥‥‥‥‥‥‥‥‥ 184
パールオニオン‥‥‥‥‥‥‥ 145	はれひめ‥‥‥‥‥‥‥‥‥‥ 188
バイカラー（とうもろこし）‥ 83	パレルモ（イタリアンパプリカ）‥ 78
パイナップル‥‥‥‥‥‥‥‥ 266	バレンシア‥‥‥‥‥‥‥‥‥ 271
ハウスみかん‥‥‥‥‥‥‥‥ 178	葉わさび‥‥‥‥‥‥‥‥‥‥ 118
萩たまげなす‥‥‥‥‥‥‥‥ 69	半白きゅうり‥‥‥‥‥‥‥‥ 63
白王‥‥‥‥‥‥‥‥‥‥‥‥ 255	蟠桃‥‥‥‥‥‥‥‥‥‥‥‥ 243
はくさい‥‥‥‥‥‥‥‥‥‥ 28	パンナメロン‥‥‥‥‥‥‥‥ 239
パクチー‥‥‥‥‥‥‥‥‥‥ 144	晩白柚‥‥‥‥‥‥‥‥‥‥‥ 187
パクチョイ‥‥‥‥‥‥‥‥‥ 35	

ひ

白鳳‥‥‥‥‥‥‥‥‥‥‥‥ 240	ヴィオラ‥‥‥‥‥‥‥‥‥‥ 74
白毛系（えだまめ）‥‥‥‥‥ 89	ピーチパイン（ソフトタッチ）‥ 267
葉ごぼう‥‥‥‥‥‥‥‥‥‥ 17	ビーツ‥‥‥‥‥‥‥‥‥‥‥ 146
葉しょうが（谷中しょうが）‥ 113	ピーマン‥‥‥‥‥‥‥‥‥‥ 76
バジリコナーノ‥‥‥‥‥‥‥ 117	ピオーネ‥‥‥‥‥‥‥‥‥‥ 221
バジル‥‥‥‥‥‥‥‥‥‥‥ 116	ビオソリエス‥‥‥‥‥‥‥‥ 256
はすいも‥‥‥‥‥‥‥‥‥‥ 105	ビオラ‥‥‥‥‥‥‥‥‥‥‥ 125
パセリ‥‥‥‥‥‥‥‥‥‥‥ 43	日川白鳳‥‥‥‥‥‥‥‥‥‥ 242
葉たまねぎ‥‥‥‥‥‥‥‥‥ 109	ひごむらさき（赤なす）‥‥‥ 68
二十日大根（ラディッシュ）‥ 127	ピタヤ（ドラゴンフルーツ）‥ 279
発芽大豆‥‥‥‥‥‥‥‥‥‥ 123	ピッコラカナリア‥‥‥‥‥‥ 75
初恋の香り‥‥‥‥‥‥‥‥‥ 231	ひのしずく‥‥‥‥‥‥‥‥‥ 230
はっさく‥‥‥‥‥‥‥‥‥‥ 181	日野菜かぶ‥‥‥‥‥‥‥‥‥ 13
パッションフルーツ‥‥‥‥‥ 262	姫甘泉‥‥‥‥‥‥‥‥‥‥‥ 233
花きゅうり‥‥‥‥‥‥‥‥‥ 63	姫竹‥‥‥‥‥‥‥‥‥‥‥‥ 19
華クイン‥‥‥‥‥‥‥‥‥‥ 75	姫ねぎ（芽ねぎ）‥‥‥‥‥‥ 161
華スイート‥‥‥‥‥‥‥‥‥ 75	日向夏‥‥‥‥‥‥‥‥‥‥‥ 185
花ズッキーニ‥‥‥‥‥‥‥‥ 145	ひらたけ‥‥‥‥‥‥‥‥‥‥ 174
はなっこりー‥‥‥‥‥‥‥‥ 57	平核無‥‥‥‥‥‥‥‥‥‥‥ 216

弘前ふじ	200
びわ	247
ビング（アメリカンチェリー）	251
ピンクロッサ	26

ふ

ファースト	72
ファンタジア	246
フィオレンティーノ	73
フィンガーライム	280
ブーケレタス	26
ふき	46
ふきのとう	155
ふじ	194
富士柿	217
伏見とうがらし	79
藤稔	225
二塚からしな	133
プチヴェール	126
プチヴェールの花	61
プチにんにく	111
ぷちピー	77
プチぷよ	75
プッチィーニ	65
筆柿	217
ぶどう	220
ぶなしめじ	168
富有	215
ブラウンマッシュルーム	173
ブラックショコラ	73
ブラックビート	225
ブラックベリー	260
ブラックマッペ	123
ブラッドオレンジ	271
フリーダム	63
プリムラ	125
フリルレタス	26
プリンス	239
ブルーベリー	259
プルーン	257
フレーバートップ	246
フローレンスフェンネル	147
ブロッコリー	56
ブロッコリー（スプラウト）	121
ブロッコリースーパースプラウト	120
プンタレッラ	148
文旦	183

へ

ヘイデン	277
米なす	68
ベーコン種（アボカド）	275
ペコロス	109
へた紫なす	69
へちま	153
ベニアズマ	101
紅王	255
紅香	188
紅化粧	10
紅しぐれ	10
紅秀峰	251
紅はるか	102
紅ほっぺ	230
紅まどんな	189
紅丸	99
ベビーキーウィ	249
ベビーコーン	83
ベビーリーフ	149
ベリーA	224

ほ

ポインテッド	23
豊水	205
ぼうふう	162
ほうれん草	32
ホースラディッシュ（山わさび・わさびだいこん）	149
北蕉	265
北斗	199
ボゴールパイン（スナックパイン）	267
干し柿	219
星型きゅうり	63
干ししいたけ	165
ほじそ	160
星の金貨	201
ホッカイコガネ	98
坊ちゃん	65
ポポロ	91
堀川ごぼう	17
ぽろたん	253
ホワイト（グレープフルーツ）	268
ホワイト（とうもろこし）	83
ホワイトアスパラ	55
ホワイトセロリ	53
ポンカン	182

ま

マーシュ	117
マイクロトマト	75
まいたけ	170
マイヤーレモン	272
曲がりねぎ	39
まくわうり	135
馬込三寸にんじん	15
まこもだけ	131
桝井ドーフィン	256
マスクメロン	234
マスタード（スプラウト）	121
マチルダ	99
マッシュルーム	173
まつたけ	166
マニキュアフィンガー	227
丸おくら	81
丸ズッキーニ	85
マロンなアップル	202
万願寺とうがらし	79
マンゴー	276
マンゴスチン	278

み

三浦大根	10
実えんどう（グリーンピース・えんどう）	87
三河島菜	31
みかん	177
未希ライフ	198
美玖理	253
みず	159
みず菜	42
水なす	69
三関せり	49
みつば	44
ミニアスパラ	55
ミニおくら	81
ミニ太陽（すいか）	233
ミニチンゲンサイ	35
ミニとうがん	86
ミニねぎ	39
ミニはくさい	29
ミニマンゴー	277
ミネオラ	271
壬生菜	151
みょうが	115
みょうがたけ	115
ミラクルフルーツ	283

む

むかご	107
陸奥	202
紫アスパラ	55
むらさき芋（やまのいも）	107
紫カリフラワー	59
紫キャベツ（赤キャベツ）	23
紫にんじん	15
紫にんにく	111

め

メークイン	97
芽キャベツ（子持甘藍）	127
芽じそ	163
芽ねぎ（姫ねぎ）	161
メロゴールド	269
メロン	234

も

もういっこ	231
モコヴェール	27
モノカラー黄色（とうもろこし）	82
もも	240
ももいちご（あかねっ娘）	231
桃太郎	72
桃太郎ゴールド	72
もやし	122
モラード	265
モロッコいんげん	93
モロヘイヤ	133

や

ヤーコン	132
やつがしら	105
やっこねぎ	41
谷中しょうが（葉しょうが）	113
柳まつたけ	174
やぶれがさ	159
山うど	48
やまといも（つくねいも）	106
やまのいも	106
やまぶしたけ	174
やまもも	261
山わさび（ホースラディッシュ・わさびだいこん）	149
やよいひめ	230

ゆ

ゆうがお	135

夕張	237
ゆず	190
ゆめのか	230
夢白桃	242
ゆり根	130

よ

陽光	199
ヨウサイ (空芯菜)	129

ら

ライチ	280
ライム	279
ラカタン (スポーツバナナ)	265
ラズベリー	260
らっきょう	103
ラディッキオ	143
ラディッシュ (二十日大根)	127
ラ・フランス	210
ラワンぶき	46
ランブータン	281

り

リーガル・レッド・コミス	212
リーキ	150
利平	253
緑竹	19
りんご	192

る

ルタバガ	150
ルッコラ	147
ルバーブ	146
ルピアレッド	239
ルビー (グレープフルーツ)	269
ルビーオクヤマ	227
ルビーオニオン	145
ルビーロマン	224
ルビンズゴールド	75
ル・レクチェ	210

れ

麗紅	189
レインボーレッド	249
レーニア	251
レタス	24
レッドアンデス (アンデスレッド)	98
レッドキャベツ (スプラウト)	121

レッドグローブ	227
レッド・バートレット	213
レッドムーン	99
レッドロメイン	27
レディーサラダ	9
レノン	239
レモン	272
レモングラス	117
レモンバーム	117
れんこん	20

ろ

ローズマリー	116
ローマ	74
ローマンズゼブラ	73
ロザリオビアンコ	224
ロマネスコ	59
ロメインレタス (ローメインレタス・コスレタス)	27
ロングアスパラ	55

わ

わけぎ	40
わさび	118
わさびだいこん (ホースラディッシュ・山わさび)	149
わらび	156

旬八大学
SHUNPACHI UNIVERSITY

「都市部」で「稼げる食と農のビジネス」を学べる学校

農業分野で生産・物流・製造・販売までを一気通貫する㈱アグリゲートのビジネスモデル「SPF事業」を通して培った自社ノウハウを惜しみなく公開！代表の左今をはじめ、各事業部の精鋭メンバーによる講座リレー形式でお伝えします。　※SPFとは…生産から小売までを垂直統合した販売業態のこと。Speciality store retailer of Private label Foodの略。

八百屋の野菜塾
旬八青果店のバイヤーが、青果の「旬」の楽しみ方を伝授！お買い物が楽しく、食生活が豊かに！青果を扱う仕事にも活かせます。
（1講座完結/5,000円）税込

八百屋の立ち上げ講座
旬八青果店の運営を通じて蓄積してきた知見を元に、実際に八百屋を立ち上げて運営を安定化させるステップを解説。小売店の個店開業にも役立ちます。
（全7講座/60,000円）税込

地域商社講座
地域を活性化させるにあたり、「産地」と「消費地」を結び、地域の資源を価値して流通させる実践的な手法を解説。バイヤーの知識としても活かせます。
（全10講座/200,000円）税込

詳細ご案内／お申込み／お問い合わせは、こちらまで
株式会社アグリゲート　旬八大学　事務局：宇田（うだ）・南里（なんり）
TEL：03-6417-4793　　Mail：shunpachi-univ@agrigate.co.jp
（受付10時〜16時　土日祝休）

実践から学ぶ！働きながら学べる環境も

都内に14店舗展開している旬八青果店・旬八キッチンにて、お客様へ旬を提案する販売職および、旬の青果をふんだんに活かしたお弁当作りに携わっていただける方も募集しています。自社農場での収穫や弊社の世田谷市場配送センターでの積込・ピッキングなど生産〜販売までを一気通貫したビジネスを体感していただける環境をご用意しています。

旬八農場での収穫
茨城県つくばみらい市にある自社農場で収穫をお手伝い頂ける方を募集しています。
生産効率を考えた収穫を一緒に実行していきませんか？

キッチン
旬の野菜を活かしたお弁当やお惣菜の製造に携わっていただけます。野菜や果物の扱い方も学んでいただける機会です！

販売
当社バイヤーが「新鮮・おいしい・適正価格」で仕入れた青果を、産地からのストーリーを織り交ぜながらお客様にご提案ください！青果のエキスパートを目指せます。

応募、お問い合わせは、こちらまで
株式会社アグリゲート　人事：藤本
TEL：03-6417-4793　　Mail：saiyou@agrigate.co.jp
（受付10時〜18時　土日祝休）

私たちの原点は、キウイフルーツ果樹園を営む農家です。

MIKO green
【チリ産ミコグリーン】

MIKO JAPAN 株式会社

所在地：宮城県仙台市若林区卸町 4-3-1
仙台中央卸売市場 水産棟 3F
ＴＥＬ：022-232-8693

MIKOのこだわりについて詳しくはウェブサイトにて！
https://www.mikojapan.co.jp

2018年10月11日、豊洲市場に移転!
新市場から展開する全国ネットワーク

株式会社 丸味(マルミ)

私たちは、お客様の購買代理店。
目となり、手となり、足となり、青果を仕入れます。

少量から大量ロットまで安定供給 　　集客を支援する付加価値商品
仕入担当者は商品プロフェッショナル　購買動向を提供するマーケティング体制
大切な商品を万全な商品管理でお届け　迅速配送を可能にする柔軟な物流手段

代表取締役　浅野 洋介

〒135-0061　東京都江東区豊洲6丁目3-1
東京都中央卸売市場豊洲市場青果仲卸
TEL 03-5546-1234　FAX 03-5546-3456
https://marumi.tokyo.jp/

新鮮と安全をタイムリーに提供

次世代業務スタイル
タブレット・iPADで現場を解決

SICが仕事場を創る

見る See　打つ Input　つなげる Connect

時間に制限のない **情報参照**　場所を問わない **情報入力**
多様な機器との **連携接続**

現地荷受　プリンタ接続　現場データ　出張事務　読取機器接続　ペーパーレス

→ 経営者の悩みも解決
　 画面サイズも選び放題
　 接続機器により
　 用途は無限大

RELational
仲卸販売管理システム「i-REL」
市場から出荷された生鮮商材を消費者の代表窓口であるスーパーへ納品いたします。その市場とスーパーを結ぶ役割の仲卸様向けに特化した、販売管理システム『i-REL』。生鮮物流では全てにおいて迅速さが求められます。販売における事務作業の効率化や日々の利益管理を実現します。

Marketing All Relational
市場販売管理システム「i-MAR」
市場と言えば新鮮なイメージが第一に浮かび上がります。実際の市場もイメージ通りです。鮮度の高いまま流通経路に乗せるのですから、データも鮮度が第一です。市場販売管理システムは鮮度の高い、精度を持った利益管理データをご提供しております。市場は鮮度を大事に。そしてデータは鮮度と精度を大事にして、常に迅速な情報を提供しております。

---

isc 情報システム株式会社

本　　　社　〒370-0018　群馬県高崎市新保町46　TEL. 027-350-1277　FAX. 027-350-1278
東京事務所　東京都台東区浅草橋5-2-3 鈴和ビル2F　http://iscnet.co.jp

HUG！大地から、いのちへ。

レンゴー 長野県連合青果株式会社

本社：〒386-0041 上田市秋和531-1
TEL.0268(23)5514（代表）
長野支社・松本支社・諏訪支社・佐久支社・伊勢崎支社

野菜・果物で健康づくりを！

株式会社 長印

本社：〒381-2202 長野市市場3-1
TEL.026(285)3333（代表）
松本支社・佐久支社・中野支社

株式会社R&Cホールディングス

〒381-2202 長野市市場3-26　TEL.026(254)7870（代表）

長崎市中央卸売市場

大同 長崎大同青果株式会社

代表取締役社長　加藤誠治

〒851-0134　長崎市田中町 279-4
TEL 095-839-5121（管理）・095-839-5115（そ菜）・095-839-5111（果実）
FAX 095-837-1200（2階事務所）・095-839-7735（現場事務所）
URL http://www.nagasaki-ichiba.jp/trader/22.php

元気な畑のごちそう®

株式会社 カネヱイ
FEAST OF ENERGETIC FIELD

〒785-0042 高知県須崎市妙見町 351-1
Tel:0889-42-0665　Fax:0889-43-2380
www.genkibatake.co.jp

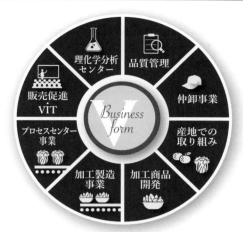

株式会社 ベジテック

神奈川県川崎市宮前区水沢1-1-1
TEL: 044-789-5192
URL: https://www.vegetech.co.jp

ISO/IEC17025
試験所認定
・放射能試験
・残留農薬試験
・栄養分析

FSSC 22000
川島工場

食生活のトータルプランナー

富山市公設地方卸売市場
世界の野菜、果物、フラワーからカット野菜

大松青果グループ

大松青果㈱
富山市公設地方卸売市場青果21号
TEL (076)495-2321

㈱フードサービス・21
富山市掛尾町500
TEL (076)495-2050

㈱日本海プリパックセンター
富山市掛尾町500
TEL (076)495-2360

㈱アスコ
中新川郡立山町米沢395
TEL (076)462-0008

㈱富山市場輸送
富山市掛尾町500
TEL (076)495-2222

ワールドフラワー花竹㈱
富山市掛尾町500
TEL (076)495-2830

全国青果市場のネットワークハートフルビジネス

株式会社 東興青果

代表取締役社長　吉　田　彰

本　社　〒486-0811　愛知県春日井市東山町3丁目11-11

本部 営業部 TEL(0568)82-1444　FAX(0568)82-1474 総務部 TEL(0568)82-1481　FAX(0568)82-1474	**上田営業所**	TEL(0268)71-3811　FAX(0268)71-3866
北海道営業所 TEL(0166)82-0444　FAX(0166)82-0144	**レンゴー長野営業所**	TEL(026)214-9630　FAX(026)214-9631
北見営業所 TEL(0152)77-6444　FAX(0152)77-6441	**静岡営業所・静岡パックセンター**	TEL(054)296-5777　FAX(054)296-5751
関西支店 TEL(078)453-1445　FAX(078)453-1446	**福岡営業所**	TEL(092)674-0808　FAX(092)674-0809
関東営業所 TEL(03)5755-1443　FAX(03)3790-1474	**沖縄営業所**	TEL(098)866-1444　FAX(098)866-1448

TOKYOフレッシュ株式会社		
本　　社	〒186-0011	東京都国立市谷保 478-1
	TEL 042-573-8322	FAX 042-573-8355
国立センター	〒186-0011	東京都国立市谷保 6-5-30
北多摩支店	〒203-0043	東京都東久留米市下里 6-4-1
川崎支店	〒216-0012	神奈川県川崎市宮前区水沢 1-1-1

TOKYOフレッシュ大田株式会社
有限会社三栄

〒143-0001　東京都大田区東海 3-2-6

代表取締役社長　関根敏貴

https://www.tokyo-fresh.co.jp

青果流通をグローバルにとらえ、独自の機能で新しい提案を行います

代表取締役　岡本 光生

2018年10月11日、豊洲市場に移転！

〒135-0061　東京都江東区豊洲 6-3-1　東京都中央卸売市場青果仲卸
店舗　ち08　S07　S08　S09　　事務所　233　234
TEL 03-6633-9900　　FAX 03-6633-9901　　http://nishita.jp/

 インザイグループ

代表　田中淳一

本部　〒270-0023 千葉県松戸市八ヶ崎2-39-3
TEL: 047-349-1111
FAX: 047-349-1777

株式会社 インザイ ベジフル

柏店第1事業部	TEL:04-7131-2151	FAX:04-7132-0890
柏店第2事業部	TEL:04-7133-8888	FAX:04-7133-7711
印西店	TEL:0476-42-4345	FAX:0476-42-5105
宇都宮店	TEL:028-637-6336	FAX:028-637-6317

株式会社 インザイ トラスパー

印西本社	TEL:0476-42-7777	FAX:0476-42-7070
印西営業所	TEL:0476-40-3366	FAX:0476-40-3388
富里営業所	TEL:0476-92-2371	FAX:0476-92-2373

株式会社 インザイ パックセンター

本社	TEL:047-344-5555	FAX:047-344-6000

農業生産法人
株式会社 ベジフル ファーム

本社	TEL:0476-91-5331	FAX:0476-91-5333

東京都中央卸売市場・淀橋市場

山権青果グループ

山権青果グループ　代表　中林　真人

量販店対応・青果商サポート・産地開発

山権青果 株式会社

■本社
〒169-0074
東京都新宿区北新宿4-19-13
電話 03(3364)2136
FAX 03(3367)0260

■葛西支店
〒134-0086
東京都江戸川区臨海町3-4-1
電話 03(3878)2383
FAX 03(3878)2386

株式会社 鈴啓

■本社
〒169-0074
東京都新宿区北新宿4-15-8
電話 03(5330)6161
FAX 03(5386)3133

http://www.yamagon.co.jp

八戸支店開設！にんにく・ごぼう・大根・人参等特産品を全国へ

青果仲卸 長塚青果株式会社

代表取締役社長　長塚　京子

本　　社	〒261-0003 千葉県千葉市美浜区高浜 2-2-1　千葉市地方卸売市場 TEL 043-248-3540　FAX 043-248-3542
八戸支店	〒039-1161　青森県八戸市大字河原木字神才 16-3 TEL 0178-80-7335　FAX 0178-80-7336
小売部門	新栄商事株式会社　「長塚青果そごう千葉店」 有限会社ニューナガツカ　イタリアンジェラート・ジュース「LaBestone」 （いずれもそごう千葉店B1F）

http://www.nagatsukaseika.jp/

品質重視へ回帰する青果物流通
需要を掘り起こす売場作りをサポート

青果仲卸 大寿青果株式会社

代表取締役社長　戸川　八郎

本　　社	〒157-0074	東京都世田谷区大蔵 1-4-1　世田谷市場内 TEL: 03-3417-2205　FAX: 03-3417-2208
多摩青果 北部支店	〒203-0043	東京都東久留米市下里 6-2-26 レオパレスファミリア シモサトII 103 TEL: 042-420-6200　FAX: 042-420-6201

To the future
──「食」をつなぐ──

Vegetables and Fruits MARUYU 株式会社 丸勇青果

代表取締役社長　竹内 健太郎

http://maruyuseika.com/

〒399-0033　長野県松本市笹賀7600-41　松本市公設地方卸売市場青果仲卸
TEL 0263-57-4033　FAX 0263-57-4027
グループ会社　塩尻流通センター支社　㈲サングリーン　㈱高原ベジフル

埼玉県地方卸売市場上尾市場

株式会社 二重作商店

代表取締役社長　二重作 正次

- ■青果仲卸事業　■配達事業　■農産物販売FC事業
- ■直販事業　■小売事業　■イベント事業

青果流通に関するあらゆるご相談は二重作商店まで！

本社　〒362-0005　埼玉県上尾市西門前308
TEL：(048)771-0932(代)　FAX：(048)771-0931　http://www.futaesaku.co.jp/

顔の見える一貫体制

有限会社 熊本有機農産

自社圃場ではGAP取得！

- ■生産事業部 …………『ムクダイ』を使用したこだわり野菜の生産
- ■卸事業部 ……………量販店・加工業・学校給食・外食産業などに納品
- ■カット野菜事業部 …電解水洗浄で風味を損なわずに鮮度を長期間維持
- ■商品開発部 …………料理のご提案や、美味しく便利な商品を開発

代表取締役　村川 九州男

本社　〒861-8031　熊本市東区戸島町2459-6
TEL 096-380-8821　FAX 096-380-8832　http://kumamoto-cutyasai.com/

残しませんか、次世代にあなたの会社と青果流通業界を――

農経新聞

そのために農経新聞社は、次の３つの機能でサポートします

情報提供

当社の基幹事業である農経新聞の発行では、青果流通業界の最新動向、重要なデータなどを提供。とくに「これなら当社でも取り入れてみよう」「この業者となら取引してみよう」など、経営改善、事業発展に具体的に役立つ情報提供に力を入れています。またセミナーや講演では、紙面に盛り込めなかった話題も提供します。

ネットワーク

会員数60社限定「産地市場交流会」(2018年度満席)では、会員限定の研修のほかに会員同士の交流を深め、様々な取り組み・取引を行っています。また、どなたでも参加できる「後継者交流会」「中堅社員セミナー」などで、次世代を担う若手のネットワークづくりも推進しています。

アドバイス

「こんな会社を知らないか」「ここに行くのだが、誰を訪ねたらいいか」、さらには「こういう事業は当社に向いているか」―。迷ったことがあれば、まずはご相談下さい。御社の「社外シンクタンク」としてアドバイスします（購読などお取引のあることが前提です）。

農経新聞とは―

1964年6月、元産経新聞社長で東京タワーを創設した故・前田久吉氏が「高度成長期にある日本の発展には、農業の発展が欠かせない。そのためには流通の近代化と、その経営指針となる専門紙が不可欠」―として創刊。当初はコメ、畜産まで含めた農産物全般の流通を対象としていました。
そして1970年3月、それまで読売新聞で青果物流通を専門に担当していた記者・宮澤藤吉（元当社会長）が前田氏から発行権を取得し、同時に内容を青果物流通の専門紙に。1992年には現社長の宮澤信一が就任。「青果物流通の経営指針」をめざし、また青果流通業界を次世代へ継承するべく尽力しています。

株式会社 農経新聞社　〒141-0031 東京都品川区西五反田1-27-6　市原ビル９Ｆ
http://www.nokei.jp　E-MAIL:info@nokei.jp
TEL:03-3491-0360　FAX:03-3491-0526

写真撮影にご協力頂いた方々（敬称略、順不同）

大寿青果　政義青果　定松青果　西太　北形青果
五所川原中央青果　古川青果　野上青果　かねやま

国立研究開発法人　農業・食品産業技術総合研究機構果樹茶業研究部門
吉川雅子　フーズリンク「旬の食材百科」

タキイ種苗　トキタ種苗　サカタのタネ　神田育種農場　武蔵野種苗園　横浜植木

改訂10版　野菜と果物の品目ガイド

2018年9月1日　第1刷発行
定価 3,000円（本体 2,778円）　ISBN　978-4-9901456-7-5

発行・発売　株式会社　農経新聞社
〒141-0031　東京都品川区西五反田 1-27-6　市原ビル9F
TEL：03(3491)0360　FAX：03(3491)0526
URL：http://www.nokei.jp/

文　　　　　霜村　春菜（しもむら　わかな）
2007年野菜ソムリエプロ取得。講師、ライター活動を経て、
2012年農経新聞社・非常勤取締役に就任。
生産者団体や青果流通業者への研修のほか、川村学園女子大学で
青果物に関する講義を行っている。

写真撮影　　株式会社　スタジオアトム
デザイン　　植村　奈緒（野菜ソムリエプロ）
印刷・製本　株式会社　きかんし

＊印刷・製本に不備がありました場合は、送料弊社負担でお取り換えします。
＊本書の内容を無断で複写（コピー）、転載することを固く禁じます。